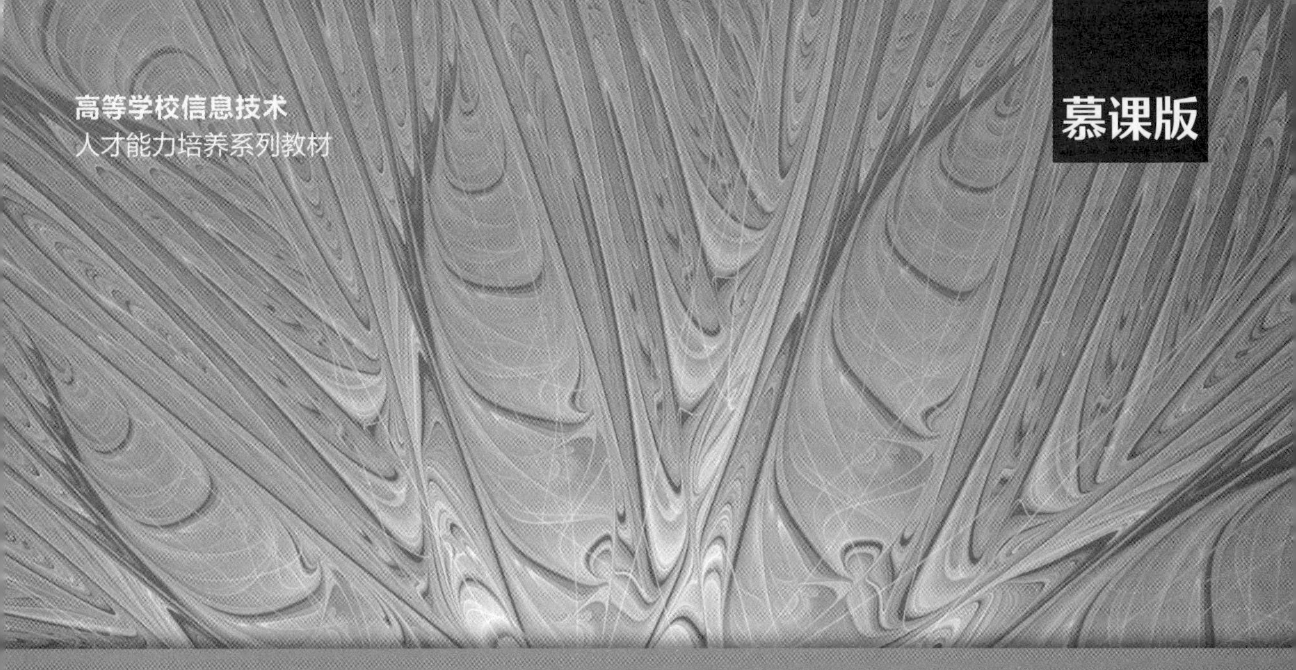

高等学校信息技术
人才能力培养系列教材

慕课版

计算机系统基础

C语言视角（RISC-V 版）

Introduction To Computer Systems

王浩然◉编著

人民邮电出版社
北京

图书在版编目（CIP）数据

计算机系统基础 : C语言视角 : RISC-V版 : 慕课版/
王浩然编著. -- 北京 : 人民邮电出版社, 2022.10
高等学校信息技术人才能力培养系列教材
ISBN 978-7-115-56511-2

Ⅰ. ①计… Ⅱ. ①王… Ⅲ. ①计算机系统－高等学校－教材②C语言－程序设计－高等学校－教材 Ⅳ. ①TP303②TP312.8

中国版本图书馆CIP数据核字(2021)第085977号

内 容 提 要

本书是一本向读者介绍计算机系统的教材，可使读者建立对计算机的系统级认识，从而理解C语言程序是如何在计算机中执行的。

本书包括3个部分：第一部分（第1章～第3章）介绍计算机的基本工作原理，包括冯·诺依曼模型、计算机系统的抽象分层、数据在计算机中的表示和数字逻辑电路等；第二部分（第4章～第7章）介绍RISC-V计算机，包括RISC-V的基础整数指令集RV32I、基本的RISC-V处理器、机器语言和汇编语言、子例程/子程序机制，以及简单的输入与输出；第三部分（第8章～第10章）介绍C语言程序在计算机中是如何执行的，包括C函数在RISC-V计算机中的实现、指针和数组在RISC-V计算机中的实现，以及C函数、指针和数组在x86指令系统下的实现。

本书适合计算机相关专业的初学者学习，读者仅需要具备C语言程序设计基础。本书可作为高等院校的教材，也可作为从事计算机软件开发与应用的工程人员的参考书。

◆ 编　　著　王浩然
　责任编辑　刘　博
　责任印制　王　郁　陈　犇
◆ 人民邮电出版社出版发行　　北京市丰台区成寿寺路11号
　邮编　100164　　电子邮件　315@ptpress.com.cn
　网址　https://www.ptpress.com.cn
　三河市中晟雅豪印务有限公司印刷
◆ 开本：787×1092　1/16
　印张：12.75　　2022年10月第1版
　字数：318千字　　2022年10月河北第1次印刷

定价：59.80元

读者服务热线：(010)81055256　印装质量热线：(010)81055316
反盗版热线：(010)81055315
广告经营许可证：京东市监广登字20170147号

前言

C 语言的初学者在学习 C 语言程序设计的过程中，时常被一些常见问题所困扰，示例如下。

例 1：使用循环结构计算 *n* 的阶乘，当 *n* 取稍大的值（如 20）时，计算结果为什么不正确？

例 2：使用“printf("%.16f\n",3.14);”语句输出 3.14 的值，输出结果是“3.1400000000000001”，小数部分末尾为什么会出现一个 1？

例 3：使用类似“sum=sum++ +i”的表达式不是好的编程风格，为什么？

例 4：为什么 switch 语句中的表达式的值只能是整数，case 必须是常量？switch 语句与级联的 if-else 到底有什么区别？

例 5：使用“scanf("%c%c",&a,&b);”语句从键盘读入两个字符，为什么从键盘输入一个字符，按“Enter”键后就结束了，不再等待下一个字符的输入？

例 6：使用递归函数计算斐波那契数列的第 *n* 项，当 *n* 是一个稍大的整数（如 50）时，为什么计算机可能计算不出结果？使用递归函数计算和使用循环结构计算有什么区别？

例 7：交换两个数的函数 Swap，为什么一定要使用指针？

想要弄清楚这些问题，就需要理解计算机系统的基本工作原理，原因如下。

例 1 和例 2：分别涉及计算机术语中的“溢出”和“浮点数类型”，要弄清楚这两个概念，首先需要理解的是，在计算机中数据是如何表示和运算的。

例 3 和例 4：一个 C 程序要在计算机上执行，必须经过编译，要弄清楚一条 C 语句可能被编译为多少条计算机指令，就需要了解计算机指令集体系结构（Instruction Set Architecture，ISA，又称指令集结构、指令系统，或简称指令集）的相关知识。此外，对于例 3，其计算结果与选择使用的编译环境也有相关性，选择 Dev-C++和 Visual Studio 得到的计算结果可能不相同。通过分析编译后的指令序列，就能看出为什么会出现这样或那样的计算结果了。

例 5：使用键盘和显示器进行输入/输出，依靠的是 C 语言库函数，库函数可调用操作系统提供的输入/输出功能，因此需要对这个系统调用过程有一定的认识。

例 6 和例 7：这两个问题虽然看似不同，但是只要了解了 C 函数运行时栈的工作原理，问题就迎刃而解了。

上机实践最常用的工具是个人计算机（Personal Computer，PC）。实际上，无论是台式计算机，还是笔记本电脑，这两种机器使用的都是 x86 CPU（Central Processing Unit，中央处理器），也就是 x86 指令系统。在计算机上可以安装不同的操作系统，如 Linux 或 Windows，也可以选择使用不同的编译器，如 GCC（GNU Compiler Collection，GNU 编译器集合）或 Visual Studio。但是，无论选择哪种指令系统的 CPU，哪种操作系统，哪种编译器，计算机系统的基本工作原理都是相同的。只要理解了计算机系统基本工作原理，就具备了分析和解决上述问题的能力。

本书将基于由美国加州大学伯克利分校开发的开源指令集结构——RISC-V 指令集，以 C 语言视角来描述计算机系统。相对于 x86 指令集，RISC-V 指令集更轻量级。由于 RISC-V 指令集的开源特性，读者很容易通过互联网获得一套开源的、完整的，包含模拟器、编译器、调试器等的工具链，易于上机实践。再进一步，如果在此基础上开始学习 x86 指令系统，也能事半功倍。

本书的结构

本书分为 3 个部分。为了帮助读者理解 C 语言程序是如何在计算机中执行的，本书首先介绍计算机的基本工作原理，然后介绍一个基于 RISC-V 的计算机实例，最后解释 C 语言程序在计算机上的执行奥秘。

第一部分（第 1 章～第 3 章）介绍计算机的基本工作原理。第 1 章对计算机系统进行概要描述，主要介绍冯·诺依曼模型，以及计算机系统的抽象分层。第 2 章介绍数据在计算机中是如何表示以及如何运算的。第 3 章给出如何使用晶体管组成可以运算的组件（加法器）、可以存储信息的组件（寄存器、存储器）和控制器等逻辑电路。

第二部分（第 4 章～第 7 章）介绍了一个计算机的实例——RISC-V 计算机。第 4 章介绍 RISC-V 指令集（仅介绍其基础整数指令集 RV32I）以及基本的 RISC-V 处理器的设计。第 5 章给出 RISC-V 计算机的机器语言程序和汇编语言程序，并介绍将汇编语言程序翻译为机器语言程序的过程。第 6 章给出 RISC-V 计算机的子例程/子程序机制，特别是可以实现递归调用的栈机制。第 7 章给出一个 RISC-V 计算机的操作系统，并给出一种简单的输入/输出服务例程。

第三部分（第 8 章～第 10 章）介绍 C 语言程序在计算机中是如何执行的。第 8 章解释 C 函数在 RISC-V 计算机中如何实现，这与第 6 章中给出的基于栈机制的子例程是一致的。第 9 章解释了指针和数组在 RISC-V 计算机中如何实现，特别是指针和数组作为函数参数时的情况。第 10 章在对 x86 进行简单介绍后，给出 Swap 函数（交换两个数的值）和 BubbleSort 函数（冒泡排序）在 x86 指令系统下的实现，以及在不同编译环境下类似“sum=sum++ +i”的表达式的实现。至此，读者就应该可以理解，在 C 程序中使用某一种结构时，计算机的底层是如何实现的。

本书的特色

- 全新视角，深入理解计算机系统

本书以一个开源指令集结构——RISC-V 指令集为线索，从 C 语言的视角来描述计算机系统，使读者通过对计算机的系统级认识，理解 C 语言程序是如何在计算机中执行的。全书采用自底向上的方式介绍计算机系统，主要分为 3 部分：计算机基本工作原理，RISC-V 计算机，以及 C 语言程序在计算机中是如何执行的。

本书适合初学者学习，读者仅需要学习过 C 语言程序设计，不需要汇编语言程序设计和数字逻辑电路相关知识背景。

- 精选知识点，辅以相应示例，适合于初学者

为便于初学者学习，本书仅保留计算机系统中的基础概念，且不是简单罗列知识点，而是以 RISC-V 计算机为线索，合理组织内容，简约而不简单。

本书提供丰富的典型示例和课后习题（包含上机题目），将计算机系统中抽象的概念实例化，并通过上机实践帮助读者加深理解。

- 配套教学资源丰富，便于教学

本书是编者在近 20 年讲授“计算系统基础”课程的基础上完成的，编者录制了与本书配套的教学视频，读者可在人民邮电出版社在线教育平台——人邮学院（www.rymooc.com）观看、学习。

除视频外，源程序、PPT、教学大纲、考试样卷和课后习题解答等资源，都可以在人邮教育社区（www.ryjiaoyu.com）下载。

读者在学习时有任何疑问，都可以与编者联系（QQ：313840611）。

本书得到内蒙古自治区科技重大专项“融合通信、计算、存储功能的多场景适用智能边缘计算设备”项目的资助。

编者

2022 年 8 月

目录

第 1 章 计算机系统概述

为了理解C语言程序（简称C程序）是如何在计算机中执行的，首先需要理解计算机的基本工作原理。本章对计算机系统进行概述，主要内容包括现代计算机的构建思想——冯·诺依曼（John Von Neumann）提出的“存储程序控制原理”，以及计算机系统的抽象分层。我们先来看看计算机与计算机系统的概念。

1.1 计算机与计算机系统

计算机与计算机系统

1.1.1 通用电子数字计算机

我们平时说的“计算机”指的是“现代计算机”，全名为“通用电子数字计算机”（General-Purpose Electronic Digital Computer）。下面依次介绍“通用”“电子”“数字”“计算机”的含义。

1. 通用

“通用”是现代计算机的设计思想，该思想要归功于英国数学家艾伦·图灵（Alan Turing）。图灵在1936年发表了一篇论文“论可计算数及其在判定问题中的应用”，给出了通用计算设备的数学描述。

采用“通用”思想设计的计算机是一种通用计算设备，而不是一种专用设备。在现代计算机出现之前，出现过加法器、乘法器等设备，这些设备只能执行专门的计算，如加法、乘法等。而计算机既可以实现加法，也可以实现乘法，还可以实现排序或其他计算。

本书将在第二部分（第4章～第7章）介绍RISC-V计算机。读者在学习RISC-V计算机后，可以更深入地理解“通用”这一思想。

2. 电子

1642年，法国数学家帕斯卡（Blaise Pascal）发明了世界上第一台加减法计算机。它基于齿轮传动原理制造而成，通过手摇方式操作运算，属于手摇机械计算机。随着电子技术的发明与发展，电子元件逐渐演变成计算机的主体，成为现代计算机硬件实现的物理基础。

计算机是非常复杂的电子设备，计算机执行的计算最终都是通过电子电路中的电流、电位等实现的。

本书将在第3章简要地介绍构成计算机的基本电子元件——晶体管，以及基于晶体管构建的电路。读者对此有一个最基本的认识后，应该就可以理解指令集中的相关概念了。

3. 数字

“数字”是现代计算机的一种基本特征，也是实现计算机通用性的关键。

在现代计算机出现之前，还出现过许多计算机器，这些计算机器大多属于模拟机。模拟机可通过测量物理量（如距离或电压）得出计算结果，例如，计算尺可通过读取两个标有对数的尺子之间的“距离”，执行乘法运算。模拟机的缺点是很难提高精度，例如，模拟表通过时针、分针和秒针的移动，根据测量的角度表示时间，这样就很难提高精度。而采用现代计算机，只要增加数字位数就可以提高精度，非常容易实现。

在现代计算机里，所有信息都是使用数字表示的。无论是整数、小数、文字，还是图像、声音等，在计算机里都统一使用数字表示。

本书将在第 2 章中介绍整数、小数和英文字符等数据在计算机中的表示和运算。

4. 计算机

“计算机”的字面含义就是，一种能够用于计算的机器。

计算机的核心处理部件是 CPU。CPU 的重要工作是执行指令，即执行加法、乘法等计算工作。

指令描述了计算机执行的一项明确定义的工作。计算机程序由指令组成，指令是计算机程序中规定的可执行的、最小的工作单位。而使用计算机高级语言编写的程序，如 C 语言程序，在被编译成一组指令后才能在计算机中执行。一条 C 语句，往往被编译为多条计算机指令。

在早期的计算机中，处理器执行的程序并不是位于机器中的，程序通常表现为一叠打了孔的卡片。机器在工作时依靠读卡机读取卡片，再由处理器完成卡片上指定的工作。这种方式因为受读卡机工作速度的限制，所以计算速度较慢。

此后，美籍匈牙利科学家冯•诺依曼提出了“存储程序控制原理”，现代计算机就是依据该理论构建出来的。计算机的核心部件除 CPU 外，还有存储器（Memory），又称内存。程序存储在存储器里，而 CPU 负责完成两项工作：指挥信息的处理和执行信息的实际处理。“指挥信息的处理”，是指从存储器里读取下一条指令；而“执行信息的实际处理”，则是指执行指令，即执行加法、乘法等计算工作。这两项工作循环进行，即读取指令，执行指令，读取指令，执行指令……

目前各类计算机的 CPU 都是采用半导体集成电路技术制造的。半导体集成电路的基础材料为硅片，通过复杂的工艺，在只有指甲大小的硅片上集成数以亿计的晶体管，就构成了“微处理器”。

本书将在第二部分介绍 RISC-V 计算机，包括 RISC-V 指令和基本的 RISC-V 处理器，读者在学习了 RISC-V 处理器执行指令的过程后，将对“存储程序控制原理”有深入的认识。

1.1.2 计算机系统

人们提到“计算机”时，往往不单指处理器、存储器等部分，还包括外部设备，如输入命令的键盘、选择菜单项的鼠标、显示计算机系统生成的信息的显示器、把信息输出到纸面的打印机、保存信息的磁盘等，此外，还有用户希望执行的程序，如操作系统（如 Linux、Windows）、数据库系统（如 Oracle、MySQL）、应用程序（如 Microsoft Office、WPS Office）等。

以上集合就构成了“计算机系统”。也就是说，计算机系统由硬件和软件两部分组成，硬件包括处理器、存储器和外部设备等，软件包括程序和文档等。

1.2 冯•诺依曼模型

1945 年，冯 • 诺依曼发表了一份关于 EDVAC（Electronic Discrete Variable Automatic Computer，离散变量自动电子计算机）的报告草案，介绍了现代计算机的构建理论。该草案描述的计算机由 5 个部分组成：存储器、处理单元（Processing Unit）、控制单元（Control Unit）、输入设备（Input Device）、输出设备（Output Device）。同时，该草案描述了这 5 个部分的职能和相互关系，即“存储程序控制原理”。

“存储程序控制原理”可表述为，由指令组成的程序和程序所需的数据位于存储器中，指令的执行由处理单元完成，指令执行的顺序由控制单元来控制，输入设备将程序和所需的数据送入计算机，输出设备将执行结果送出计算机。基于该理论构建的冯 • 诺依曼模型如图 1.1 所示。

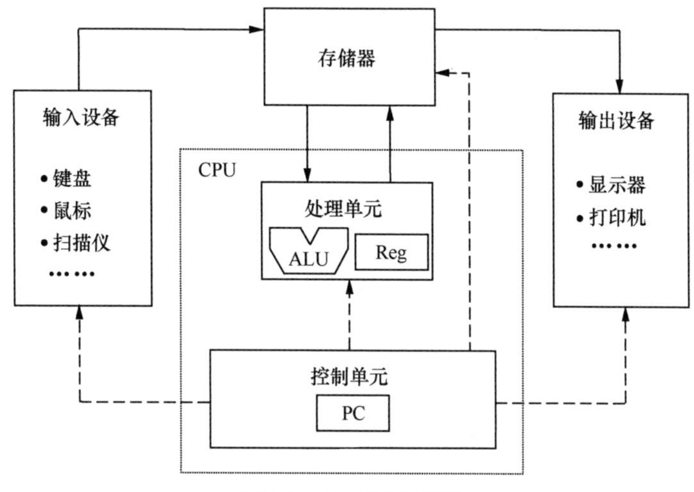

图 1.1 冯 • 诺依曼模型

注意：处理单元和控制单元是现代计算机的核心，即 CPU 的主要组成部分。

下面对这 5 个部分一一进行描述。

1.2.1 存储器

存储器是一种能够存储信息的设备。为了与计算机硬盘这样的外部存储设备区分，存储器又称为内存。存储器中存储的内容可以是组成程序的指令，也可以是程序所需的数据。

本书将在第 3 章介绍简单的存储器的设计，以便读者更好地理解存储器的逻辑结构和相关的重要概念，如内存地址、地址空间、寻址能力等，它们是计算机指令集中的重要内容。

1.2.2 处理单元

计算机里信息的处理是由处理单元完成的。现代计算机的处理单元可以包含许多复杂的功能单元，可以执行复杂的运算（如除法、求平方根等）。在图 1.1 所示的冯 • 诺依曼模型中，处理单元只包含最简单的 ALU（Arithmetic and Logic Unit，算术和逻辑单元），可以进行基本的算术运算（加法、减法）和逻辑运算（与、或、非）。

通常情况下，计算机都会在 ALU 附近提供少量存储空间，用于临时存取一些短时间内就会参与计算的数据。例如，一台计算机计算$(A+B)\times C$，会先把$A+B$的结果存储到存储器中，再读出这个结果和C相乘，由于访问存储器的时间远长于执行加法或乘法的时间，因此，几乎所有计算机都采用临时的存储空间存储$A+B$的结果，以避免不必要的内存访问。计算机普遍采用具有非常高的读写速度的一组寄存器（Register）作为临时存储空间，这组寄存器被称为寄存器堆或寄存器文件。

计算机在指令的执行过程中将大量使用寄存器。为了使读者更好地理解 ALU 和寄存器的概念，本书将在第 3 章给出加法器、寄存器等组件的设计。

1.2.3 控制单元

处理单元负责“执行信息的实际处理”，而控制单元则负责“指挥信息的处理”。

（1）处理单元的一项重要工作就是在执行程序的过程中跟踪存储器中的指令。

（2）控制单元中有一个寄存器，专门用于记录即将执行的指令在存储器中的位置。由于历史原因，这个寄存器被称为“程序计数器”（Program Counter，PC，后面章节中的 PC 均指该寄存器），它还有一个更恰当的名字——“指令指针寄存器”，因为这个寄存器的内容在某种意义上“指向”要运行的下一条指令。

值得注意的是，图 1.1 中的虚线箭头表示控制单元可包含多个控制器，它们分别从属于各个部件，例如，ALU 控制器用于控制 ALU 执行何种运算，对于输入/输出（Input/Output，I/O）则有专门的 I/O 控制器。

本书将在第 3 章介绍基于有限状态机的交通信号灯控制电路的设计，这将有助于读者理解计算机中的控制单元。

1.2.4 I/O 设备

要让计算机处理信息，信息必须被送入计算机。为了能够使用信息处理后的结果，必须以某种形式将其送到计算机外。实现 I/O 功能的设备也被称为外围设备（Peripheral）。

两个最基本的输入和输出设备分别是键盘和监视器（显示器）。

当然，当今的计算机系统中还有许多其他的 I/O 设备，例如，输入设备有鼠标、扫描仪等，输出设备则有打印机等。

本书将在第 7 章介绍一个简单的 I/O 设计案例，仅包括键盘和显示器，读者学习后可以对计算机系统的 I/O 功能有一个基本的认识。

计算机系统的抽象分层

1.3 计算机系统的抽象分层

在今天的计算机系统中，仅一个处理器就由多达数十亿甚至百亿个晶体管构建而成。要设计出如此复杂的计算机系统，设计者采用了“抽象分层”的概念。抽象分层是设计者在解决硬件和软件设计问题时使用的一种方法，每一层对它的上一层隐藏自己的实现细节。

图 1.2 展示了计算机系统的抽象分层。可以将计算机系统表示为 5 个抽象层（其中，程序层又包括两个抽象层，即语言处理层和操作系统层）。

计算机系统由硬件和软件两部分组成，而指令集结构是计算机硬件和软件之间的接口，如图 1.2 所示。从计算机硬件设计者的角度来看，指令集结构是硬件设计的依据；从软件（程序）设计者的角度来看，指令集结构指明了在一台机器上编写程序时所要注意的全部信息。

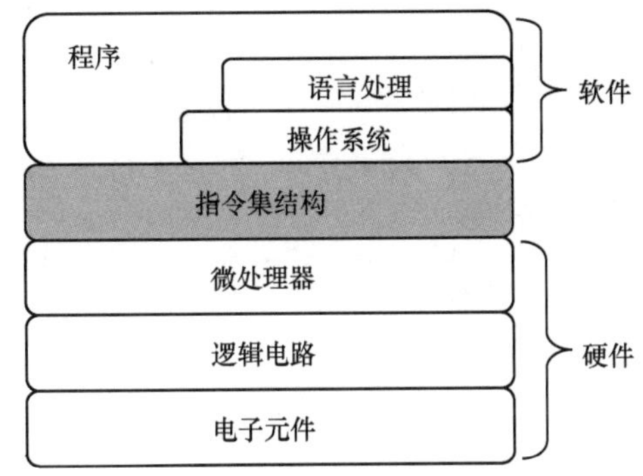

图 1.2 计算机系统的抽象分层

本书按照自底向上的顺序，依次介绍每一个抽象层，帮助读者建立起对计算机的系统级认识。本章则按照自顶向下的顺序，对各抽象层次进行简单的介绍。本章中出现的术语和概念，并不需要读者完全理解，读者可以在读完本书后，再回头来阅读这些内容。

1.3.1 程序

如果要对一组数字进行排序，我们首先需要选择一种排序算法，如简单的冒泡排序算法，然后选择一种程序设计语言把算法转换为程序。

程序设计语言可以分为高级语言与低级语言两类。高级语言和计算机底层有一定的距离，即与执行程序的计算机无直接关联，被称为“独立于机器”。C 语言、C++语言、Java 语言等都是高级语言。低级语言则与执行程序的计算机紧密相关，基本上每种计算机都有自己的低级语言——机器语言和汇编语言。机器语言程序可以直接在计算机上执行，不需要进行语言处理；汇编语言程序和高级语言程序则需要经过语言处理，翻译为机器语言后才能执行。而大部分程序，无论是高级语言程序，还是低级语言程序，均需要操作系统的支持，例如，需要调用操作系统提供的 I/O 功能。

我们可以选择用 C 语言编程实现排序（见图 1.3），在学习 RISC-V 机器语言和汇编语言后（第 5 章和第 6 章），我们也可以使用 RISC-V 汇编语言编写程序（见图 1.4），甚至可以直接使用 RISC-V 机器语言编写程序（见图 1.5）。在此，我们各给出了一个程序片段，以便进行直观的对比。注意：为了便于理解，图 1.5 展示了 RISC-V 机器语言程序（指令序列）片段，每一行中的 0 和 1 组成的内容，就是一条 RISC-V 机器指令。

```
void BubbleSort (int list[], int n)                 //整数数组 list，有 n 个元素
{
    int i, j;
    int temp;
    for (i = 1; i <= n-1; i++)
        for (j = 1; j <= n-i; j++)
            if (list[j - 1] > list[j])
            {
                temp = list[j-1];
                list[j - 1] = list[j];
                list[j] = temp;
            }
    }
```

图 1.3 冒泡排序——C 语言程序片段

```
BubbleSort:
        addi    sp, sp, -12
        ......  ......          #省略部分代码
        bge     t3, t1, exit_3  # list[j - 1] > list[j]?
        mv      s3, t1          # temp = list[j-1];
        sw      t3, 0(t0)       # list[j - 1] = list[j];
        sw      s3, 0(t2)       # list[j] = temp;
        ......  ......          #省略部分代码
        ret
```

图 1.4　冒泡排序——RISC-V 汇编语言程序片段

						解释
1111 1111 0100		00010	000	00010	0010011	addi sp, sp, -12
…	…	…	…	…	…	…
0000 000	00110	11100	101	10000	1100011	bge t3, t1, exit_3
0000 0000 0000		00110	000	10011	0010011	mv s3, t1
0000 000	11100	00101	010	00000	0100011	sw t3, 0(t0)
0000 000	10011	00111	010	00000	0100011	sw s3, 0(t2)
…	…	…	…	…	…	…
0000 0000 0000		00001	000	00000	1100111	ret

图 1.5　冒泡排序——RISC-V 机器语言程序片段

1.3.2　语言处理

要在计算机上执行用高级语言和汇编语言编写的程序，必须将其翻译成执行程序作业的机器（目标机器）的指令，即机器语言。

因此，语言处理又可分为两部分：高级语言处理和汇编语言处理，如图 1.6 所示。高级语言处理是指将高级语言程序翻译为低级语言程序的过程；而汇编语言处理是指将汇编语言程序翻译成机器语言程序的过程。上述翻译工作通常可以由翻译程序自动完成。高级语言翻译程序被称为编译器或解释器，汇编语言翻译程序被称为汇编器。

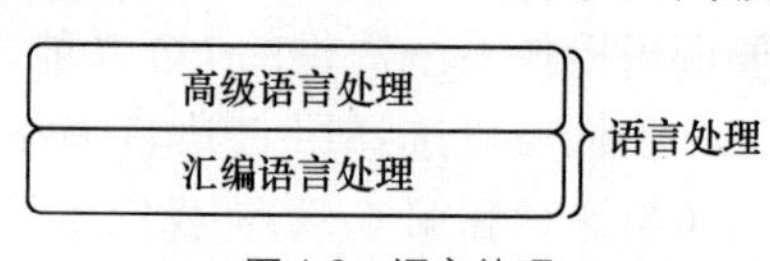

图 1.6　语言处理

对于图 1.3 给出的 C 语言编写的冒泡排序程序，可以使用 C 编译器先将其编译为目标机器的汇编语言程序，再使用汇编器翻译为目标机器的机器语言程序。如果目标机器是 RISC-V 计算机，选择 RISC-V GCC 来编译，可以得到类似于图 1.4 的汇编语言程序，再经过汇编器的翻译，就可以得到类似于图 1.5 的机器指令序列了。

本书将在第 5 章介绍汇编器的工作过程，即如何将汇编语言程序翻译为机器指令序列。

1.3.3　操作系统

如何把编写的程序输入计算机？如何把计算机执行程序的结果输出给用户？最初的操作系统包含的就是支持 I/O 操作的设备管理例程。随着技术的发展，操作系统已经具备文件管理、内存管理、进程管理等主要功能。

在计算机的发展过程中，出现了许多操作系统，如 DOS、macOS、Windows、UNIX、Linux、OS/2 等。

本书将在第 7 章介绍操作系统的 I/O 设备管理例程。操作系统又可分为两部分：I/O 服务例程和系统调用，如图 1.7 所示。

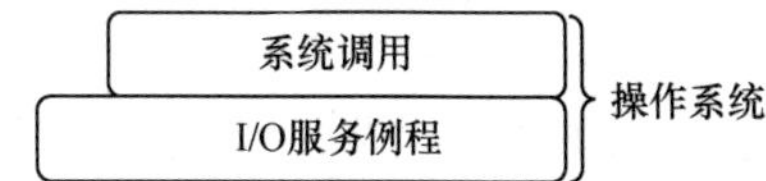

图 1.7 操作系统

1.3.4 指令集结构

将高级语言程序翻译成某种机器的低级语言程序，其依据就是目标机器的指令集结构。

指令集结构指明了计算机能够执行的指令集，即计算机能够执行的操作和每一步操作所需的数据。所需的数据被称为“操作数”，操作数在计算机中的表示方式被称为“数据类型”，而确定操作数位于什么地方的方法则被称为“寻址模式”。除了规定操作数的数据类型和寻址模式外，指令集结构还规定了计算机的存储器的特性，包括内存地址和寻址能力等。

不同的指令集结构规定的操作数、数据类型和寻址模式是不一样的。有些指令集结构有数百种操作，而有些则只有十来种。有些指令集结构只有一种数据类型，而有些却多达十几种。有些指令集结构只有一两种寻址模式，而有些却有二十多种。

1978 年英特尔（Intel）公司设计的 x86 指令集结构，至今仍广泛使用。经过数十年的发展，x86 系统指令数目从最初的数十条增加到数千条。

本书第 4 章介绍的 RISC-V 指令集结构于 2010 年由美国加州大学伯克利分校发布，是一个开源指令集。其名称中的“RISC”表示精简指令集计算机（Reduced Instruction Set Computer），“V”代表罗马数字 5。RISC-V 是美国加州大学伯克利分校设计的第 5 代指令集结构，从命名可知，其指令数目、数据类型和寻址模式更加精简。

此外，广泛使用在移动设备领域的 ARM（Advanced RISC Machine，进阶精简指令集机器）指令集结构，也是一种精简指令集。

指令集结构是计算机硬件和软件之间的接口。从计算机硬件设计者的视角来看，指令集结构是硬件设计的依据。为了便于读者理解这一点，本书的第 4 章在介绍 RISC-V 指令集结构后，将介绍基本的 RISC-V 处理器的设计。从程序设计者的角度来看，指令集结构指明了在一台机器上编写程序时所要注意的全部信息。如果需要将图 1.3 所示的 C 语言程序翻译到 RISC-V 机器上执行，必须使用相应的编译器，如 RISC-V GCC；如果要在计算机上执行这个 C 程序，则需要使用 x86 GCC。本书的第 9 章和第 10 章将分别解释图 1.3 中的 C 程序所对应的 RISC-V 指令集和 x86 指令集中的汇编代码。

1.3.5 微处理器

从硬件层来看，把一种指令集结构实现为微处理器，即 CPU，可以采取多种设计方案。对于计算机硬件设计者来说，每一种实现都是一种对微处理器的成本和性能的平衡，使用较高（低）的成本，计算机就有较好（差）的性能表现。

以 x86 指令集结构为例，从 1978 年 Intel 公司实现的 8086 微处理器，到后来的 80386、80486 微处理器，以及 1998 年推出的 Pentium（奔腾）微处理器，都是采用不同微结构对 x86 指令集结构的实现。

本书第 4 章介绍的基本的 RISC-V 处理器的设计，没有考虑性能等因素，仅仅是为了使读者更好地理解指令集中的概念。此外，从学习 RISC-V 汇编语言/机器语言程序的角度考虑，要运行 RISC-V 指令集的程序，并不需要拥有 RISC-V 硬件计算机，在现有计算机上安装 RISC-V 模拟器软件即可。例如，安装开源模拟器 QEMU，就可以模拟运行 RISC-V 指令集的程序。

1.3.6 逻辑电路

由大规模集成电路组成的 CPU，主要包括算术逻辑单元和控制单元。本书的第 3 章将介绍加法器的逻辑电路，以及基于有限状态机的简单的控制器电路。同样，这些逻辑电路并没有考虑性能等因素，仅是为了使读者理解指令集中的概念。

1.3.7 电子元件

最终，每一种基本的逻辑电路都是由特定的物理元件实现的。例如，CMOS（Complementary Metal Oxide Semiconductor，互补金属氧化物半导体）逻辑电路采用金属氧化物半导体晶体管，双极型逻辑电路则采用双极型晶体管。

本书第 3 章将介绍 CMOS 逻辑电路。需要注意的是，本书给出的是晶体管的逻辑特性，并没有涉及其物理特性。

习题

1-1 请解释计算机和计算机系统。

1-2 有两种计算机 A 和 B：A 有乘法指令，而 B 没有；二者都有加法和减法指令；在其余方面，二者相同。那么，A 和 B 相比，哪种计算机可以解决更多的问题？

1-3 现代计算机为什么采用数字设计，而非模拟机？

1-4 现代计算机的核心部件有哪些？分别具有什么功能？

1-5 在你将计算机升级（如更换 CPU）后，原来的软件（如操作系统）还能够使用吗？

1-6 当你的计算机中需要安装软件时，这些软件在安装之前是以什么形式存在的？是高级语言程序还是目标机器指令集结构兼容的机器语言程序？

1-7 请解释指令集结构是计算机硬件和软件之间的接口。

1-8 你对计算机系统中的哪些抽象层比较熟悉？熟悉程度如何？

1-9 以下 C 语言程序中的问题，分别涉及计算机系统中的哪一个抽象层？

（1）使用类似“sum=sum++ +i”的表达式不是好的编程风格，为什么？

（2）为什么 switch 语句中的表达式的值只能是整数，case 必须是常量？switch 语句与级联的 if-else 到底有什么区别？

1-10 高级语言的可移植性是指其代码是否可以在不同的目标机器（不同的计算机系统）上运行。请问，C 语言和 Java 语言的可移植性如何？提示：采用 Java 语言编写的代码的翻译、执行过程为，首先翻译成字节码文件，然后在 Java 虚拟机上执行。

1-11 上机实践。

（1）编写一个 C 程序：计算 *n* 的阶乘，并测试当 *n* 取值为多少时，计算结果会出错。假设 *n* 是 int 类型变量。

（2）编写一个 C 程序：计算斐波那契数列的第 *n* 项，并测试当 *n* 取值为多少时，计算结果会出错。假设 *n* 是 int 类型变量。

（3）编写一个实现排序的 C 程序，实现排序的 Sort 函数如图 1.3 所示。使用 GCC 的“gcc -S *.c”命令，将该程序编译为 x86 汇编文件，并对比 C 程序和 x86 汇编语言程序。

（4）编写两个 C 程序，Fibonacci 函数分别使用递归和循环实现斐波那契数列的计算。使用 GCC 的“gcc -S *.c”命令，将两个程序分别编译为汇编文件，并对比两个汇编语言程序。

第 2 章 数据的机器级表示

在现代计算机里，所有信息都是采用数字化的形式表示的，计算机执行的计算则是通过电子电路中的电流、电位等实现的。在计算机的内部，数以亿计的微小、响应速度快的电子元件控制着电子的流动，这些元件对电路中电压的有无等做出反应。如果存在电压用“1”表示，不存在电压则可以用“0”表示，这一个个的“0”或“1”被称为**比特**（bit），或**位**，是**“二进制位”**（binary digit）的缩写。

现代计算机是采用二进制表示数值的数字设备，为什么现代计算机采用二进制，而不采用十进制来表示数值呢？

2.1 位和数据类型

位和数据类型

2.1.1 信息的最小单位——位

二进制只有两个表示数值的符号，即 0 和 1。而十进制数则需要使用 0、1、2、3、4、5、6、7、8 和 9 这 10 个符号表示。

之所以采用二进制而不采用十进制表示数值，是因为自然界的事物通常具有两种稳定的状态。与电压的有无类似，存储信息的磁盘使用 1 和 0 表示磁化和未磁化，光盘使用 1 和 0 表示凹（聚光）和凸（散光）。

更确切地说，计算机的电路并不是区分电压的绝对不存在（0）和绝对存在（1）。实际上，计算机的电路区分的是接近 0 的电压和远离 0 的电压。例如，如果计算机把 3.3 伏的电压表示为 1，把 0 伏的电压表示为 0，那么 2.9 伏的电压可能会被视作 1，而 0.2 伏的电压可能会被当作 0。试想，如果采用十进制，就需要测量电压的具体值，这不仅比测量有和无要复杂，而且要求电路的电压值必须稳定，不允许从 3.3 伏波动到 2.9 伏。

计算机要解决一个真正的问题，必须能够识别出许多不同的数值，而不仅仅是 0 和 1。由于采用二进制，一条线路上的电压（1 位）只能表示为两个数值中的一个，要么为 0，要么为 1。因此，为了识别出多个数值，必须对多个位进行组合。例如，如果用 8 位对应 8 条线路上的电压，可以使用 01001110 表示某一个特定值，用 11100111 表示另一个值。事实上，如果使用 8 位，最多能区分出 256（2^8）个不同的值。如果有 k 位，最多能区分出 2^k 个不同的值。这 k 位的每一种组合都可以是一个编码，对应某个特定的值。

除了需要表示出不同的数值之外，还需要对这些表示出来的信息进行运算。1679 年，德国数学家莱布尼茨（G. W. Leibniz）发表了一篇关于二进制表示及算术运算的论文。英国数学家乔治 • 布尔（George Boole）在 1854 年给出了二进制的逻辑运算，布尔代数由此得名。这些工作奠定了现代计算机工作的数学基础。

2.1.2 数据类型

对于同一个数值，存在许多种表示法。例如，整数 6 可以用十进制表示为 6；也可以用一元记数法表示为“正一”；还可以被表示为罗马字母Ⅵ；而在计算机中，它将被用二进制表示为 0110。

可以使用 0110 表示整数 6，使用 0100 表示整数 4，下一个问题：计算机如何计算“6+4”？如果在计算机上能对以某种表示法进行编码的信息进行运算，这种表示法就可以被称为**数据类型**。每种指令集结构的计算机都有自己的数据类型集。

事实上，在大多数指令集结构的计算机上存在多种数据类型。最主要的 3 种数据类型分别是用来表示正、负整数的二进制补码整数，类似于十进制“科学记数法”的浮点数，以及用来表示从键盘输入计算机或显示在计算机显示器上的字符的 ASCII（American Standard Code for Information Interchange，美国标准信息交换码），即通常所说的整数、小数和字符。

我们先来看看如何使用二进制表示整数，以及如何进行二进制整数算术运算。

2.2 整数

无符号整数

2.2.1 无符号整数

无符号整数在计算机中有很多用途。如果需要将某个任务执行有限次，就可以使用无符号整数表示该任务已经执行的次数。例如，某门课程的选课人数，就可以使用无符号整数来表示。

首先回忆一下通常所使用的十进制系统。在一个十进制数 286 中，尽管单独的 2 的绝对值只是 8 的 1/4，但这里的 2 表示比 8 大得多的值。原因就在于这个 2 在 286 中的位置决定了它表示 200（2×10^2），而 8 则表示 80（8×10^1），个位的 6 表示 6×10^0。这就是**位置记数法**，或称为定位数制。在十进制系统里，10 被称为数制中的基数或**基**。

在计算机中，可以使用类似的采用位置记数法的一串二进制数来表示无符号整数，不同的是基数为 2，数字为 0 和 1。例如，如果使用 8 位二进制编码来表示数值，则十进制数字 30 可以表示为 00011110，即：

$$0\times2^7+0\times2^6+0\times2^5+1\times2^4+1\times2^3+1\times2^2+1\times2^1+0\times2^0$$

使用 k 位数，可以表示从 0 到 2^k-1 共 2^k 个整数。使用 4 位数，可以表示十进制整数 0 到 15。如表 2.1 所示，第 1 列为 4 位二进制编码，第 2 列为对应的十进制无符号整数，第 3 列、第 4 列和第 5 列代表了有符号整数的 3 种分配方案（2.2.2 小节将介绍原码和反码，2.2.3 小节将介绍补码）。

有符号整数

2.2.2 有符号整数

在实际的计算中，还经常会使用负数，因此只有无符号整数是不够的。为了表示有符号整数，可以将 k 位的 2^k 个不同的数字分为两半，一半表示正数，另一半表示负数。

仍以 k=4 为例，共有 2^4 即 16 个不同的编码，如表 2.1 的第 1 列所示。对于有符号整数，表 2.1 的第 3 列、第 4 列和第 5 列分别给出了 3 种分配方案。这 3 种方案都是先将其中的 14 个编码分为两个部分，一部分表示从 1 到 7 的正数，另一部分表示从−1 到−7 的负数，这样，就有 14 个整数被表示出来。那么，还有两个编码没有被分配。如果将其中一个分配给数值 0，就可以得到一个从−7 到+7 的完整的整数系列。现在，还剩下最后一个编码没有分配，如何对其进行分配呢？首先需要考虑的是从 0 到 7 或从−1 到−7，到底是哪些编码与其一一匹配。

表 2.1　　整数的二进制表示法（k=4）

4 位二进制编码	十进制无符号整数	有符号整数		
		原码	反码	补码
0000	0	0	0	0
0001	1	1	1	1
0010	2	2	2	2
0011	3	3	3	3
0100	4	4	4	4
0101	5	5	5	5
0110	6	6	6	6
0111	7	7	7	7
1000	8	−0	−7	−8
1001	9	−1	−6	−7
1010	10	−2	−5	−6
1011	11	−3	−4	−5
1100	12	−4	−3	−4
1101	13	−5	−2	−3
1110	14	−6	−1	−2
1111	15	−7	−0	−1

首先，0 和正数是按照位置记数法直接表示的。所以，在表 2.1 所示的 3 种分配方案中，从 0 到 7 的编码都是相同的，与无符号整数的编码一样。值得注意的是，0 和所有正数的编码都是以 0 开头的。因为使用 k 位编码，而且需要用 2^k 个编码的一半来表示从 0 到 $2^{k-1}-1$ 的正数，所以，所有的正数的编码都会在最高位有一个 0。在 k=4 的情况下，最大的正数 7 使用 0111 来表示。

那么，负数是如何表示的呢（在 k=4 的情况下，从−1 到−7）？通常，第 1 个想法就是，如果最高位为 0 表示正数，那么把该数字的最高位设为 1 表示其对应的负数，即最高位为符号位。这种表示法被称为**原码**，如表 2.1 的第 3 列所示。第 2 个想法是，对正数"按位取反"，就表示与其绝对值相同、符号相反的负数，例如，+7 是用 0111 来表示的，那么−7 就被记作 1000。这种表示法在计算机工程中被称为**反码**，如表 2.1 的第 4 列所示。

计算机设计者可以用任意的位组合来表示任意整数。但是究竟采用哪种表示方法更好呢？实际上，在设计加法逻辑电路时，使用原码和反码都会使问题复杂化。例如，计算"4+(−3)"，若采用与十进制加法相同的规则，在竖式中自右向左一列一列地运算，则如果某列的加法有进位，就应立即加至它的左列，进位规则与十进制相同，十进制加法是逢十进一，二进制是逢二进一。

如果使用原码表示法，计算如下：

```
  0100（4）
+ 1011（-3）
  1111（-7）
```

计算结果为-7。这就表示，如果使用原码表示法，则与十进制加法相同的计算规则不可用。

如果使用反码表示法，计算如下：

```
  0100（4）
+ 1100（-3）
(1)0000
```

计算结果为 10000，即除了得到 0000，还得到一个进位 1，该结果也不是 4+(-3)的正确结果+1。也就是说，使用反码表示法，与十进制加法相同的计算规则也不可用。

从这两个例子可以看出，原码和反码在进行加法运算时都会造成不必要的硬件需求，于是就出现了补码表示法。在现代计算机中，有符号整数采用的就是补码表示法。

2.2.3 二进制补码整数

首先，0 和正整数使用位置记数法来表示。

对负数表示法的选择基于尽可能使逻辑电路最简单的想法，几乎所有的计算机都使用相同的 ALU（Arithmetic and Logic Unit，算术和逻辑单元）进行加法运算，一个 ALU 有两个输入和一个输出。在进行加法运算时，它将要相加的两个二进制位的组合作为输入，求和产生的一个二进制位作为输出。ALU 执行二进制加法采用与十进制加法相同的规则。

首先考虑如何分配编码，使得两个绝对值相同、符号相反的整数在 ALU 中相加的结果为 0。也就是说，如果对 ALU 的输入是 A 与-A，那么，ALU 的输出应是 0。

然后，就可以为每一个负数分配编码了，原则就是当 ALU 将它加上与其绝对值相同的正数，结果会是 0。例如，既然 0101 是 5 的编码，1011 就被选作-5 的编码，因为二者在 ALU 中执行加法运算，结果为 0。确切地说，结果是 10000，有一个进位 1，但是该进位不影响结果。实际上，在执行补码算术运算时，这个进位总是被忽略。

```
  0101（5）
+  ? （-5）
  0000（0）
```

于是，对于 k=4 而言，就得到了-1 到-7 的二进制表示法，如表 2.1 中的第 5 列所示。此时，还剩下一个 1000，它应该分配给哪个整数？

在此，必须考虑的很重要的一点是，分配编码应使 ALU 在对每个数加 0001 后，都可以得到正确的结果。

因此，对于 4 位而言，将 1000 分配给-8 是恰当的，因为对其加 0001 后，可以得到正确的结果-7。

```
  1000（？）
+ 0001（1）
  1001（-7）
```

至此，就得到了所有的 4 位二进制补码整数的编码。

以上两点，足以保证 ALU 正确地执行加法运算（只要得到的结果不大于 7 或小于−8）。

特别需要注意的是，−1 和 0 的编码分别为 1111 和 0000。当对 1111 加上 0001 时，就得到 0000。

$$\begin{array}{r} 1111\ (-1) \\ +\ \ 0001\ (1) \\ \hline 0000\ (0) \end{array}$$

因此，可以使用 4 位数表示从−8 到+7 的 16 个整数。0 后面跟 3 个 1 的位组合表示+7，1 后面跟 3 个 0 的位组合表示−8，4 个 1 的位组合表示−1。

使用 k 位数，就可以表示从 -2^{k-1} 到 $2^{k-1}-1$ 的整数。0 后面跟 $k-1$ 个 1 的位组合表示 $2^{k-1}-1$，1 后面跟 $k-1$ 个 0 的位组合表示 -2^{k-1}，k 个 1 的位组合表示−1。

已知 A 的二进制表示，对 A 按位取反，然后把 A 和 A 的反码相加，得到的结果是 1111；如果再加上 0001，就得到结果 0。因此，−A 的二进制表示可以简单地通过把 A 的反码加 1 得到，即“取反加 1”，这是一个计算−A 的二进制表示的简便方法。此处的 A 既可以是正数，也可以是负数。

看一个例子。

−6 的二进制补码表示是什么（采用 4 位表示）？

（1）如果 A 是+6，它表示为

0110

（2）A 的反码是

1001

（3）加 1 到 1001 得到 1010，−6 的二进制补码表示是 1010。

可以通过对 A 和−A 的二进制表示执行加法来验证结果：

$$\begin{array}{r} 0110\ (6) \\ +\ \ 1010\ (-6) \\ \hline 0000\ (0) \end{array}$$

注意：0110 和 1010 相加，除了得到 0000，还得到一个进位。也就是说，执行 0110 和 1010 的二进制加法实际上得到 10000。然而，正如前面所提到的，在使用二进制补码的情况下，这个进位可以被忽略。

2.2.4　二进制—十进制转换

二进制—十进制转换

如何在计算机使用的二进制补码整数和现实生活中使用的十进制数之间进行转换？

1. 二进制到十进制的转换

为了举例说明，假设使用 8 位二进制补码整数。我们可以采用两种方法实现二进制到十进制的转换。

一个 8 位的二进制补码整数格式如下：

$$a_7\ a_6\ a_5\ a_4\ a_3\ a_2\ a_1\ a_0$$

其中，a_i（i=0,1,⋯,7）要么是 0，要么是 1。

转换方法一如下。

（1）检查最前面的 a_7。如果是 0，说明该整数是正数，就可以直接计算其数值。如果是 1，说明该整数是负数，必须首先得到与其绝对值相同的正数的二进制补码表示（“取反加 1”）。

（2）对“取反加 1”后得到的编码简单计算

$$a_6\times2^6+a_5\times2^5+a_4\times2^4+a_3\times2^3+a_2\times2^2+a_1\times2^1+a_0\times2^0$$

得到一个十进制数。换句话说，只需将那些系数为 1 的 2 的幂次简单相加，就可以得到该十进制数。

（3）最后，如果原数值是负数，在该十进制数前面加一个负号即可。

例 2.1 将二进制补码整数 11110010 转换为十进制数。

（1）因为最前面的一位是 1，说明该数是负数。首先必须得到与其绝对值相同的正数的二进制表示，即 00001110。

（2）计算

$$1\times2^3+1\times2^2+1\times2^1$$

得到 14。

（3）11110010 对应的十进制数是−14。

转换方法二如下。

直接计算

$$(-1)^{a_7}\times a_7\times2^7+a_6\times2^6+a_5\times2^5+a_4\times2^4+a_3\times2^3+a_2\times2^2+a_1\times2^1+a_0\times2^0$$

就可以得到十进制数。a_7 代表符号位，0 表示正数，1 表示负数。

采用此方法计算例 2.1：

$$-1\times1\times2^7+1\times2^6+1\times2^5+1\times2^4+1\times2^1$$

得到−14。

2. 十进制到二进制的转换

把一个数从十进制转换成二进制的方法要复杂一些。这种方法最重要的依据是，如果一个正的二进制数的最右端的数码为 1，则这个数为奇数，否则为偶数。

以 8 位二进制表示的正数为例，可以通过如下计算，得到其十进制数的绝对值：

$$a_6\times2^6+a_5\times2^5+a_4\times2^4+a_3\times2^3+a_2\times2^2+a_1\times2^1+a_0\times2^0$$

把一个正的十进制数转换为 8 位二进制数，就是要找到 a_i（$i=0,1,\cdots,6$）的值。下面，通过一个例子来具体说明这种转换。

假设要把十进制数 123 转化成二进制补码表示。由于该数为正数，因此二进制补码表示的最高位 a_7 为 0。

接下来需要找到满足下列等式的 a_i 的值：

$$123=a_6\times2^6+a_5\times2^5+a_4\times2^4+a_3\times2^3+a_2\times2^2+a_1\times2^1+a_0\times2^0$$

由于 123 是奇数，可知 $a_0=1$，在等式两端同时减去 1 可得：

$$122=a_6\times2^6+a_5\times2^5+a_4\times2^4+a_3\times2^3+a_2\times2^2+a_1\times2^1$$

然后，等式两端同时除以 2 得：

$$61=a_6\times2^5+a_5\times2^4+a_4\times2^3+a_3\times2^2+a_2\times2^1+a_1\times2^0$$

61 为奇数，所以 a_1 一定为 1。

现在，重复这个过程：在等式两端同时减去最右端的数字，等式两端同时除以 2，然后观察新得到的等号左边的十进制数是奇数还是偶数。

具体步骤如下。

$$30= a_6\times2^4+ a_5\times2^3+ a_4\times2^2+ a_3\times2^1+ a_2\times2^0$$

所以，a_2=0。

$$15= a_6\times2^3+ a_5\times2^2+ a_4\times2^1+ a_3\times2^0$$

所以，a_3=1。

$$7= a_6\times2^2+ a_5\times2^1+ a_4\times2^0$$

所以，a_4=1。

$$3= a_6\times2^1+ a_5\times2^0$$

所以，a_5=1。

$$1= a_6\times2^0$$

所以，a_6=1。从而得到最后的结果：二进制补码表示为 01111011。

以上的步骤可以通过“除 2 取余”的方法很方便地完成：

123/2=61	余	1	低位 ↑
61/2=30	余	1	
30/2=15	余	0	
15/2=7	余	1	
7/2=3	余	1	
3/2=1	余	1	
1/2=0	余	1	高位

将余数从高位向低位依次排列，就得到 1111011，且正数的最高位应为 0，所以，十进制数 123 的二进制补码表示为 01111011。

总结解题过程如下：已知十进制数 *N*，通过以下步骤可得其二进制补码表示。

（1）首先将 *N* 的绝对值“除 2 取余”，得到其绝对值的二进制表示。

（2）如果原来的十进制数是正数，则在二进制数前加 0，得到结果。

（3）如果原来的十进制数是负数，则在二进制数前加 0，再取反加 1，得到结果。

2.2.5 算术运算

算术运算

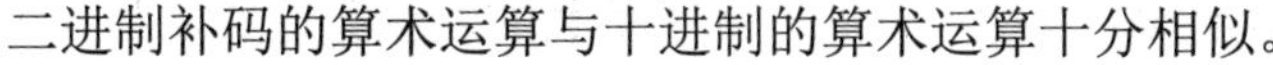

二进制补码的算术运算与十进制的算术运算十分相似。

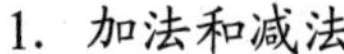

1. *加法和减法*

加法运算依然是从右向左进行的，每次一位。在每次运算后，产生一个“和”与一个“进位”，与十进制加法的“逢十进一”不同（因为 9 是最大的十进制数），二进制加法是“逢二进一”（因为 1 是最大的二进制数）。

例 2.2　使用 4 位二进制位组合表示，3+4 的值是多少？

十进制数 3 可以表示为	0011
十进制数 4 可以表示为	0100
3+4 的值是	0111

即十进制数 7。

通过将减数变为它的负数，很容易将减法转换为加法。也就是说，*A*−*B* 用 *A*+(−*B*)来实现。

例 2.3　使用 4 位二进制位组合表示，7−4 等于多少？

十进制数 7 表示为	0111
十进制数 4 表示为	0100
构造 4 的负数，也就是−4	1100
把 7 与−4 相加	0111
	+ 1100
结果是	0011

即十进制数 3。

确切地说，结果是 10011，有一个进位 1，但是该进位不影响结果。在进行补码算术运算时，这个进位是被忽略的。

例 2.4 把一个数 x 加上它自身，即乘 2，结果是什么？

假设在这个例子中采用 8 位二进制编码，即 $a_7\, a_6\, a_5\, a_4\, a_3\, a_2\, a_1\, a_0$。考虑若 x 为整数 61（二进制表示为 00111101），加上自身后，得到 01111010，即十进制数 122。观察二进制加法结果与 x 的关系，可以注意到 x 的 a_0 到 a_6 位都向左移动了 1 位。这是偶然呢，还是会发生在所有 x 加 x 的和上呢？

由于 x 的值为

$$(-1)^{a_7} \times a_7\times2^7+a_6\times2^6+ a_5\times2^5+ a_4\times2^4+ a_3\times2^3+ a_2\times2^2+ a_1\times2^1+ a_0\times2^0$$

$x+x$ 的和是 $2x$，那么，$2x$ 的值为

$$2\times[\,(-1)^{a_7} \times a_7\times2^7+ a_6\times2^6+ a_5\times2^5+ a_4\times2^4+ a_3\times2^3+ a_2\times2^2+ a_1\times2^1+ a_0\times2^0]$$

也就是

$$(-1)^{a_7} \times a_7\times2^8+ a_6\times2^7+ a_5\times2^6+ a_4\times2^5+ a_3\times2^4+ a_2\times2^3+ a_1\times2^2+ a_0\times2^1+ 0\times2^0$$

由于采用 8 位编码，忽略最左边的进位，$2x$ 就表示为

$$a_6\, a_5\, a_4\, a_3\, a_2\, a_1\, a_0 0$$

即 x 的 a_0 到 a_6 位都向左移动了 1 位，并且最右边一位为 0。

因此，一个数乘 2 等价于把该数的二进制表示中每位上的数字向左移一位。

2. 符号扩展

通常，为减少空间的占用，会采用恰当的位数来表示数值。例如，常常只用 4 位（0110）而不是用 16 位（0000 0000 0000 0110）来表示 6 这个数值。注意 4 位和 16 位表示的特点：前面的 0 对数值大小不会产生影响。

那么负数呢？通过对其相应的正数取反加一，就得到了负数的表示。这样，若 6 表示为 0110，那么−6 就表示为 1010。若 6 表示为 0000 0000 0000 0110，那么−6 就会相应地表示为 1111 1111 1111 1010。正如前面的 0 对正数的实际值没有影响，前面的 1 也不会对负数的实际值产生影响。

为了对两个具有不同位数的数执行加法运算，首先必须要做的就是将它们表示为相同的位数。假设要执行 14 和−4 的加法运算，其中 14 表示为 0000 0000 0000 1110，−4 表示为 1100。如果没有将两个数表示成相同的位数，就有

```
  0000 0000 0000 1110
+                1100
---------------------
                    ?
```

当试图去执行加法运算时，需要如何处理−4 的表示中那些缺失的位呢？如果将空位以 0 填充，那么所执行的就不再是−4 和 14 的加法运算，因为−4 被表示成了 0000 0000 0000 1100，

即 12。这样，得到的结果就是 26。

由于 4 位的−4 与 16 位的−4 唯一的区别在于开头的 1 的个数，因此，在执行加法运算之前，先将−4 的表示中的空位以 1 填充，扩展为 16 位，就得到：

```
  0000 0000 0000 1110
+ 1111 1111 1111 1100
---------------------
  0000 0000 0000 1010
```

结果即期望的 10。

如果用 0 来扩展一个正数的左端，则它的值不会改变。与此类似，如果用 1 来扩展一个负数的左端，其值亦不会改变。在这两种情况下扩展的都是符号位，这种运算被称为**符号扩展**（Sign-EXTension，SEXT）。符号扩展不改变数值，应用于不同位数的数之间进行运算的情况。

3. 溢出

例 2.5　使用 4 位二进制位组合表示，2+6 等于多少？

计算过程如下：

```
  0010
+ 0110
------
  1000
```

计算结果为−8。为什么会出现错误？原因是 2 加 6 等于 8，大于 7，即大于 0111，而 0111 是使用 4 位补码能够表示的最大正数，因此 8 不能用 4 位补码表示。出错的原因是两个正数的和太大，不能使用提供的位数来表示，这种情况被称为溢出，即计算结果超出了这种表示方法的容量。

再来计算两个负数的和。例如，−3 加−6，计算过程如下：

```
  1101
+ 1010
------
  0111
```

计算结果为+7，也出现了溢出的情况，因为−3 加−6 等于−9，小于 4 位补码能表示的最小负数−8。

当两数相加时，ALU 很容易检测到溢出。两个正数相加结果应该是正数，如果 ALU 得出一个负数结果，也就是最高位为 1，就表明计算结果溢出。同样，两个负数相加，和不可能是正数，如果最高位为 0，就表明计算结果溢出。结论就是，当两个符号相同的数相加，产生的和符号与之不同时，就表明计算结果溢出。

而一个负数和一个正数的和永远不会出现溢出，想想这是为什么。

2.3　浮点数

浮点数

在实际运算中，ALU 还需要能够处理小数，并且小数的值可能很大或很小，如阿伏加德罗常数的近似值 6.022×10^{23}。如何表示这样的数？如果使用 32 位补码整数表示，其中 1 位表示正负，其余 31 位表示值的大小，可以表示的范围为−2147483648～2147483647，即-2^{31}～$2^{31}-1$。6.022×10^{23} 远远大于 2^{31}，而数值精度却仅需表示出 4 个重要的数字（6022）就可以了。所以问题就是，表示精度的位数过多，而表示范围的位数却不足。

在计算机中，采用类似于科学记数法的浮点数解决这一问题。先观察科学记数法，

以 6.022×10^{23} 为例，包含 3 个部分：符号（这里是正号）、有效数字 6.022 以及指数 23。浮点数与之类似，一位表示符号，另一些位表示数值，再用余下的位来表示数值的精度。

在当今生产的大多数计算机中，**单精度浮点数**（float）类型共包含 32 位，按照图 2.1 所示的公式来表示数字 *N*。该公式是 IEEE（Institute of Electrical and Electronics Engineers，电气和电子工程师协会）754 浮点数算术运算标准的一部分。图 2.1 中的公式包括符号位、指数域和分数域 3 个部分。

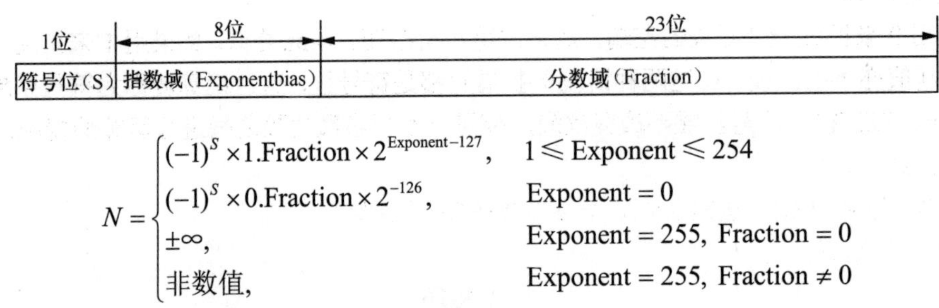

$$N=\begin{cases}(-1)^S\times 1.\text{Fraction}\times 2^{\text{Exponent}-127}, & 1\leqslant \text{Exponent}\leqslant 254\\(-1)^S\times 0.\text{Fraction}\times 2^{-126}, & \text{Exponent}=0\\\pm\infty, & \text{Exponent}=255,\ \text{Fraction}=0\\\text{非数值}, & \text{Exponent}=255,\ \text{Fraction}\neq 0\end{cases}$$

图 2.1　浮点数公式

注意，图 2.1 中的公式采用的是二进制数，解释如下。

符号位（*S*）：公式中有一个因子$(-1)^s$，当 *S*=0 时计算值为 1，当 *S*=1 时计算值为−1。因此，0 代表正数，1 代表负数。

指数域：采用 8 位二进制数表示指数的偏移值（Exponent），且以 2 为底。这里的 8 位二进制数为无符号整数，表示 0～255。注意，对于不同的指数偏移值（分别是 1～254、0 和 255），公式结合分数域给出了不同的解释。

分数域：包含 23 位二进制数。结合指数域的 3 种情况，具体解释如下。

（1）指数域偏移值为 1～254。

首先，需要注意的是，实际要表示的指数并不是这个偏移值。IEEE 754 规定，为了表示实际指数是负数的情况，实际指数是 8 位二进制数（无符号整数）减去 127 后得到的数值，即 $2^{\text{Exponent}-127}$。偏移值因此得名。例如，如果实际指数是 8，那么指数域上应该是 10000111，也就是无符号整数 135，这是因为 135−127=8。如果实际指数是−125，指数域上就是 00000010，即无符号整数 2，这是因为 2−127=−125。

此外，还需要注意，此时的分数是规格化的，也就是说，只有一位非零的二进制数出现在二进制小数点的左侧。因为这个非零数只能是 1，所以不需要另外分配一位将其明确表示出来。因此，实际表示的是 24 位有效数字，包括 23 位分数和二进制小数点左侧的没有明确表示出来的一位 1。这个 24 位有效数字被称为尾数（Mantissa）。

（2）指数域偏移值为 0，即 00000000。

实际指数是−126，且此时的分数不是规格化的，二进制小数点前是 0，不是 1。例如，浮点数 0 00000000 00001000000000000000000 可以按照此公式计算其值。

开头的 0 表示它是正数，接下来的 8 位是一个零指数，意味着它的指数是−126，后面的 23 位形成 0.00001000000000000000000，即 2^{-5}。这个数就是 $2^{-5}\times2^{-126}$，得到 2^{-131}。

这样就能表示很小的数。而当分数部分也全为 0 时，表示的数是 0。

（3）指数域偏移值为 255，即 11111111。

如果符号位为 0，分数域全为 0，那么该数表示正无穷；如果符号位为 1，分数域全为 0，那么该数表示负无穷；如果分数域不全为 0，那么该数表示“非数值”（NaN，Not a Number）。

这样，就能够以减少二进制精度位数为代价，表示出很大或很小的数。

IEEE 754 浮点数算术运算标准还定义了一种 64 位的浮点数表示法。与单精度浮点数类似，其符号位也只需 1 位，而指数域需要 11 位，分数域需要 52 位。64 位表示法与 32 位表示法相比，精度和范围都得到很大提高，采用这种表示法的浮点数被称为**“双精度浮点数”**。

例 2.6 使用 IEEE 754 32 位浮点数标准，如何表示−45.8125？

首先，45 的二进制表示为 0101101。

那么，如何用二进制表示 0.8125 呢？

先来看看十进制小数采用的位置记数法，以十进制小数 0.78 为例，0.78 表示 $7\times10^{-1}+8\times10^{-2}$。类似地，二进制小数 0.110 表示 $1\times2^{-1}+1\times2^{-2}$，即 0.75。十进制正整数“除 2 取余”，可以得到其二进制表示。类似地，对于十进制小数，用“乘 2 取整”的方法，可以得到其二进制表示。

0.8125 的二进制表示采用“乘 2 取整”方法的过程如下：

0.8125×2=1.625	整数	1	高位
0.625×2=1.25	整数	1	↓
0.25×2=0.5	整数	0	↓
0.5×2=1.0	整数	1	低位

将整数从高位向低位依次排列，就得到 1101，所以，十进制小数 0.8125 的二进制表示为 0.1101，即：

$$1\times2^{-1}+1\times2^{-2}+0\times2^{-3}+1\times2^{-4}$$

因此，45.8125 的二进制表示为 0101101.1101。

然后将其规格化为 1.011011101×2^{5}，即 $1.011011101\times2^{132-127}$。

至此，按照 IEEE 754 32 位浮点数标准，编码过程如下。

（1）−45.8125 是负数，符号位为 1。

（2）指数域是 10000100，即无符号整数 132，代表实际指数是 5（132−127=5）。

（3）分数域是 01101110100000000000000，即小数点后的 23 位。

（4）因此，−45.8125 用 IEEE 754 32 位浮点数标准表示的结果就是

11000010001101110100000000000000

例 2.7 下面是 5 个根据 IEEE 754 标准表示的 32 位浮点数，这些浮点数分别表示哪些十进制数？

第 1 个：0 01111010 00000000000000000000000

（1）符号位为 0，表示该数是正数。

（2）8 位指数域为 01111010，代表无符号整数 122，减去 127，得到实际指数−5。

（3）23 位分数域全为 0。

（4）因此这个数表示为 $1.00000000000000000000000\times2^{-5}$，也就是 $\frac{1}{32}$。

第 2 个：0 10000101 11100001111000000000000

（1）符号位为 0，表示该数是正数。

（2）指数域包含一个无符号整数 133，由于 133−127=6，因此实际指数为 6。

（3）将分数域的小数点左边加一个 1 形成 1.11100001111。

（4）这个数表示为 1.11100001111×2^6，将小数点向右移动 6 位，得到 1111000.01111，即 120.46875。

第 3 个：1 10000010 00101000000000000000000

（1）符号位为 1，表示该数是负数。

（2）指数域是 130，表示 130−127，即实际指数为 3。

（3）将分数域的小数点左边加一个 1 形成 1.00101。

（4）将小数点向右移动 3 位，得到 1001.01，即−9.25。

第 4 个：0 11111110 11111111111111111111111

（1）符号位为 0，表示该数是正数。

（2）实际指数是 254−127，即+127。

（3）将分数域的小数点左边加一个 1 形成 1.11111111111111111111111，约等于 2。

（4）因此，结果约为 2^{128}。注意：这是按照 IEEE 754 32 位浮点数标准能够表示的最大的数。

第 5 个：1 00000000 00000000000000000000001

（1）符号位为 1，表示该数是负数。

（2）指数域全为 0，表示指数是−126。

（3）将分数域的小数点左边加一个 0 形成 2^{-23}。

（4）因此，结果为 $2^{-23}\times2^{-126}$，等于 -2^{-149}。

此外，浮点数的运算也与科学记数法类似，以加法运算为例，需经过 5 步完成。

（1）对指数的操作：首先使二数的指数相等，例如，将小的指数转换为大的指数。

（2）对分数的运算：经指数相等操作后，即可直接对分数做加法运算。

（3）结果规格化：对运算结果进行规格化处理。

（4）舍入操作：对丢失的位进行舍入处理。

（5）判断溢出：判断指数是否溢出。

2.4 十六进制表示法

十六进制表示法

在计算机中，信息采用二进制表示，例如，整数可采用补码表示，小数可采用浮点数表示。而我们在手动处理这些二进制表示时，因为二进制表示占用位数多，很容易出错，所以使用由二进制的位置记数法发展而来的十六进制表示法，以避免出错。

二进制和十六进制之间的转换依据如下。

一般来说，一个 16 位的二进制位组合具有如下格式：

$$a_{15}\,a_{14}\,a_{13}\,a_{12}\,a_{11}\,a_{10}\,a_9\,a_8\,a_7\,a_6\,a_5\,a_4\,a_3\,a_2\,a_1\,a_0$$

其中，a_i（$i=0,1,\cdots,15$）要么是 0，要么是 1。

如果把这个二进制位组合作为无符号整数，它的值可以按如下方式计算：

$$2^{15}\times a_{15}+2^{14}\times a_{14}+2^{13}\times a_{13}+2^{12}\times a_{12}+2^{11}\times a_{11}+2^{10}\times a_{10}+2^9\times a_9+2^8\times a_8$$
$$+2^7\times a_7+2^6\times a_6+2^5\times a_5+2^4\times a_4+2^3\times a_3+2^2\times a_2+2^1\times a_1+2^0\times a_0$$

将上式每 4 项分为一组，可以从前 4 项中分解出因子 2^{12}，从第 2 个 4 项中分解出 2^8，从第 3 个 4 项中分解出 2^4，从第 4 个 4 项中分解出 2^0，得到：

$$2^{12}\times[2^3\times a_{15}+2^2\times a_{14}+2^1\times a_{13}+2^0\times a_{12}]+2^8\times[2^3\times a_{11}+2^2\times a_{10}+2^1\times a_9+2^0\times a_8]+2^4\times[2^3\times a_7+2^2\times a_6+2^1\times a_5+2^0\times a_4]+2^0\times[2^3\times a_3+2^2\times a_2+2^1\times a_1+2^0\times a_0]$$

注意：中括号里的式子最大值为 15（当 4 位的每一位都为 1 时）。如果用一个符号代替每个中括号中的值（从 0 到 15），用等价的 16^3 代替 2^{12}，16^2 代替 2^8，16^1 代替 2^4，16^0 代替 2^0，就有

$$16^3\times h_3+16^2\times h_2+16^1\times h_1+16^0\times h_0$$

这里的 h_3 表示符号，如下：

$$2^3\times a_{15}+2^2\times a_{14}+2^1\times a_{13}+2^0\times a_{12}$$

既然这些符号表示了 0～15 的值，可以为这些值分配符号如下：0,1,2,3,4,5,6,7,8,9,A,B,C,D,E,F。也就是说，用 0 表示 0000，用 1 表示 0001……用 9 表示 1001，用 A 表示 1010，用 B 表示 1011……用 F 表示 1111。这种记数法就是十六进制，或称以 16 为基。

下面，将一个二进制数 01101100010111110011110101101110 转换为十六进制数。

首先，将这个位组合按照每 4 位一组进行分割：

0110 1100 0101 1111 0011 1101 0110 1110

然后，将每 4 位转换为与之相等的十六进制数：

6 C 5 F 3 D 6 E

很容易得到其十六进制表示为“x6C5F3D6E”（为了与十进制数、二进制数相区分，在十六进制数前使用了前缀 x）。

反过来，若要将十六进制转换为二进制，则只需将十六进制数的每一位转换为对应的 4 位二进制位组合。例如，一个十六进制数“x41”，很容易得到其二进制表示“0100 0001”。

如果十六进制编码 xE20A 表示一个 16 位的二进制补码整数，如何得知这个整数的值是正数还是负数？首先将 E20A 的每个十六进制位转换为二进制，即 1110 0010 0000 1010，通过这个二进制表示，就可以知道该整数是负数，因为最高位为 1。

总之，十六进制记数法的采用方便了人们对数据的表达。它能表达整数、浮点数等。通过将二进制数中每 4 位的位组合用十六进制的一位（0,1,2,⋯,F）来表示，大大减少了数字的位数，同时也降低了因使用过多的 0 或 1 而造成错误的概率。

2.5 ASCII

ASCII

如何表示从键盘输入计算机或显示在显示器上的字符呢？

ASCII 是几乎所有的计算机设备生产商用于在计算机处理单元和 I/O 设备之间转换字符的编码，它极大地简化了不同公司生产的键盘、主机、显示器之间的接口。

键盘上的每个键都对应唯一的 ASCII，需要用 8 个二进制位来表示。例如，数字 1 是 00110001，数字 2 是 00110010，小写字母 a 是 01100001，空格是 00100000。当你在键盘上敲击某个键时，相应的 8 位码被存储，并提供给计算机。

表 2.2 所示为 ASCII 标准集（表头中 D 为字符对应的 ASCII 的十进制表示，而 H 为相应的十六进制表示）。

表 2.2　　　　ASCII 标准集

字符	ASCII		字符	ASCII		字符	ASCII		字符	ASCII	
	D	H		D	H		D	H		D	H
NUL	0	00	SP	32	20	@	64	40	`	96	60
SOH	1	01	!	33	21	A	65	41	a	97	61
STX	2	02	"	34	22	B	66	42	b	98	62
ETX	3	03	#	35	23	C	67	43	c	99	63
EOT	4	04	$	36	24	D	68	44	d	100	64
ENQ	5	05	%	37	25	E	69	45	e	101	65
ACK	6	06	&	38	26	F	70	46	f	102	66
BEL	7	07	'	39	27	G	71	47	g	103	67
BS	8	08	(	40	28	H	72	48	h	104	68
HT	9	09	)	41	29	I	73	49	i	105	69
LF	10	0A	*	42	2A	J	74	4A	j	106	6A
VT	11	0B	+	43	2B	K	75	4B	k	107	6B
FF	12	0C	,	44	2C	L	76	4C	l	108	6C
CR	13	0D	-	45	2D	M	77	4D	m	109	6D
SO	14	0E	.	46	2E	N	78	4E	n	110	6E
SI	15	0F	/	47	2F	O	79	4F	o	111	6F
DLE	16	10	0	48	30	P	80	50	p	112	70
DC1	17	11	1	49	31	Q	81	51	q	113	71
DC2	18	12	2	50	32	R	82	52	r	114	72
DC3	19	13	3	51	33	S	83	53	s	115	73
DC4	20	14	4	52	34	T	84	54	t	116	74
NAK	21	15	5	53	35	U	85	55	u	117	75
SYN	22	16	6	54	36	V	86	56	v	118	76
ETB	23	17	7	55	37	W	87	57	w	119	77
CAN	24	18	8	56	38	X	88	58	x	120	78
EM	25	19	9	57	39	Y	89	59	y	121	79
SUB	26	1A	:	58	3A	Z	90	5A	z	122	7A
ESC	27	1B	;	59	3B	[	91	5B	{	123	7B
FS	28	1C	<	60	3C	\	92	5C	|	124	7C
GS	29	1D	=	61	3D	]	93	5D	}	125	7D
RS	30	1E	>	62	3E	^	94	5E	~	126	7E
US	31	1F	?	63	3F	_	95	5F	DEL	127	7F

注意，表中没有给出各字符的二进制表示，因为二进制表示占用位数多，手工处理容易出错，且各字符的二进制表示很容易通过十六进制转换得到。例如，大写字母 A 的 ASCII 的十进制表示是 65，十六进制表示是 x41，很容易得到其二进制表示 0100 0001。

表 2.2 中 0～32 及 127（共 34 个）是控制字符或通信专用字符，例如，32 是空格；33～126（共 94 个）是可见字符，包括阿拉伯数字、英文字母、英文标点等，可以通过标准键盘

直接输入。

表 2.2 中阿拉伯数字、英文字母的位置和顺序说明如下。

（1）英文字母的 ASCII 是按照顺序分配的。

（2）大、小写英文字母的 ASCII 的差值均相同。

（3）阿拉伯数字的 ASCII 也是按照顺序分配的。

（4）这些规律可用于处理一些字符问题。例如，已知 A 的 ASCII 值为 65，则可推断出 Z 的 ASCII 值。

ASCII 的相关运算都是整数运算。

C 语言中的数据类型与二进制表示

2.6　C 语言中的数据类型与二进制表示

了解了整数、浮点数和字符的二进制表示和运算后，我们就可以更深入地理解 C 语言支持的数据类型了。

2.6.1　C 语言中的数据类型

C 语言支持 3 种基本数据类型 int、char 和 double，以及赋值、算术、关系、逻辑等运算符。在计算机内部，int 类型采用二进制补码整数表示，char 类型采用 ASCII 表示，double 类型则采用双精度浮点数表示。

此外，C 语言也提供了单精度浮点数类型，即 float 类型。

还有 3 个用来修饰 int 类型的关键字：short、long 和 unsigned。使用 short int 或 long int，计算机将使用更少或更多的位数表示二进制补码整数。使用 unsigned int 代表使用无符号整数表示数值。这些 int 类型分别使用多少位来表示？在 C 语言中，具体位数取决于使用的计算机系统，包括编译器、操作系统和目标机器的指令集结构。

问题 1：如下代码是否会造成无限循环？

```
int i = 1;
while (i > 0)
    i++;
```

乍一看，这个 while 循环可能无法结束。但是，反复计算 i++，当计算至计算机系统能够表示的最大整数 $2^{k-1}-1$ 时（二进制表示：0 后面跟 $k-1$ 个 1），再计算 i++，将产生溢出，计算结果为 -2^{k-1}，其二进制表示为 1 后面跟 $k-1$ 个 0。此时，i 小于 0，循环结束。

以 $k=32$ 为例，循环结束时，i 的值是−2147483648。

问题 2：使用 float 类型和 double 类型的区别是什么？

二者的区别就在于表示数值的范围和精度。

采用浮点数表示法，精度是由分数域的位数决定的。单精度浮点数类型即 float 类型，用 23 位表示分数域，2^{23} 为 8388608，共 7 位，意味着最多有 7 位有效数字，即 float 类型的精度为 6～7 位；双精度浮点数类型即 double 类型，用 52 位表示分数域，2^{52} 为 4503599627370496，共 16 位，即 double 类型的精度为 15～16 位。

而指数域决定了浮点数能表达的范围。根据 2.3 节例 2.7 中的第 4 个示例可知，单精度浮点数类型能够表示的最大的数约为 2^{128}，约 3.40×10^{38}，因此 float 类型的范围为 -3.40×10^{38}～3.40×10^{38}；而双精度浮点数类型能够表示的最大的数约为 2^{1024}，即 double 类型的范围为

$-1.79\times10^{308}\sim1.79\times10^{308}$。

问题 3：对于“float x = 3.14;”，x 在计算机中的二进制表示是什么？

首先，3 的二进制表示为 011；然后，用“乘 2 取整”的方法得到 0.14 的二进制表示：

0.14×2=0.28	整数	0	高位
0.28×2=0.56	整数	0	↓
0.56×2=1.12	整数	1	
0.12×2=0.24	整数	0	低位

…

我们发现，这个计算无法以乘 2 的结果为零结束。计算至小数点后 22 位的结果为 0010 0011 1101 0111 0000 10，小数点后第 23 位以后的结果为 10001111…。3.14 的二进制表示为

011.0010 0011 1101 0111 0000 10 10001111…

将其规格化为 $1.1001\ 0001\ 1110\ 1011\ 1000\ 010\ 10001111\cdots\times2^1$。

对于计算至小数点后 23 位的结果，需要进行舍入操作。如果选择进 1 操作，则为

$1.1001\ 0001\ 1110\ 1011\ 1000\ 011\times2^{128-127}$

按照 IEEE 754 32 位浮点数标准，编码过程如下。

（1）符号位为 0。

（2）指数域为 10000000，即无符号整数 128，代表实际指数是 1。

（3）分数域为 1001 0001 1110 1011 1000 011。

（4）因此，3.14 用浮点数表示为

0　10000000　1001 0001 1110 1011 1000 011

用十六进制表示为 x4048 F5C3。

因为上述过程存在舍入操作，所以 3.14 与其二进制浮点数表示之间存在误差。也就是说，计算机使用二进制浮点数表示十进制小数，经常出现无法精确表示出来的情况，对于浮点数产生的误差问题，程序员必须谨慎对待。

2.6.2 数据类型转换

如果需要对不同数据类型的数进行运算，首先需要进行数据类型转换，将数转换为相同类型后，再进行计算。

问题 1：若“i = 3.1;”（i 被声明为 int 类型），i 的值是多少？

在 C 语言中，一个变量的数据类型是不能被改变的。所以，浮点数 3.1 会被转换为整数，赋值给 i。在 C 语言中，浮点数值通过省略小数部分转换为整数值。例如，当从浮点数转换为整数时，3.1 会被舍为 3，3.9 也会被舍为 3。因此，i 的值为整数 3。

问题 2：说明表达式“i + 3.1”（i 被声明为 int 类型）在计算机中的计算过程。

一般地，在 C 语言中，类似“i + 3.1”这样的“混合类型”表达式会先将整数转换为浮点数，再进行计算。

如果把 i + 3.1 的值赋值给 i，即“i = i + 3.1”，会怎么样？参考问题 1，表达式“i + 3.1”的浮点计算结果将被转换成整数，再赋值给 i。

问题 3：表达式“x + 'a'”（x 被声明为 int 类型）的值是多少？

如果一个表达式包含整数与字符型（char 类型）数据，那么字符型数据被转换为整数后再进行计算。如果 int 类型变量 x 取值为 1，字符'a'的 ASCII 为 97，则计算 1 + 97，表达式的

值为 98。

问题 4：如下代码片段的输出结果是什么？

```
float x = 3.14;
if (x == 3.14)
      printf ("true");
else
      printf ("false");
```

在 C 语言中，“3.14”是 double 类型的浮点数，即双精度浮点数，在计算机中使用 64 位二进制表示。而 x 被声明为 float 类型，使用 32 位二进制表示 3.14 的值。二者都存在舍入误差，区别是 double 类型的分数域位数较多，误差较小。

在计算关系表达式“x == 3.14”时，先将 x 的值从 float 类型转换为 double 类型，在转换时，其分数域位数增加，但值不变，即精度不变，因此，与 double 类型浮点数 3.14 的二进制表示进行比较，二者并不相同。

所以，输出结果是 false。如果将关系表达式改为“x == 3.14f”，则比较的就是两个 float 类型的数，输出结果就是 true。

2.6.3　输入和输出的格式说明符

在 C 语言中，可以使用格式化输出函数 printf 输出变量、表达式的值，使用格式化输入函数 scanf 从标准输入设备输入数值。

问题 1：如下 printf 函数使用了不同的格式说明符，表达式“25 + 76”的输出结果分别是什么？

```
printf ("25 plus 76 in decimal is %d. \n", 25 + 76);
printf ("25 plus 76 in hexadecimal is %x. \n", 25 + 76);
printf ("25 plus 76 in octal is %o. \n", 25 + 76);
printf ("25 plus 76 as a character is %c. \n", 25 + 76);
```

在计算机中，整数采用二进制补码表示，而输出在显示器上的字符则采用 ASCII 表示。

在 printf 函数中，%d 表示将整数运算值输出为十进制数。所以，使用%d，就是将一个存储在计算机中的二进制补码整数转换为对应的十进制数的 ASCII 字符序列。与之类似，%x 和%o 分别是将一个二进制补码整数转换为对应的十六进制数和八进制数的 ASCII 字符序列。而%c 是将一个二进制补码整数直接解释为 ASCII。

在计算机中，表达式“25 + 76”的结果以二进制补码表示为 0110 0101（十进制数 101）。

在第 1 个 printf 函数中，格式说明符%d 将 0110 0101 转换为 0011 0001、0011 0000 和 0011 0001，这是 3 个 ASCII 二进制表示，代表 1、0、1 这 3 个字符。

在第 2 个 printf 函数中，格式说明符%x 将 0110 0101 转换为 0011 0110 和 0011 0101 这两个 ASCII，代表 6、5 这 2 个字符。

在第 3 个 printf 函数中，格式说明符%o 将 0110 0101 转换为 0011 0001、0011 0100 和 0011 0101，即 1、4、5 这 3 个字符（因为十进制数 101 的八进制表示为 145）。

在第 4 个 printf 函数中，格式说明符%c 将 0110 0101 直接解释为 ASCII，对应小写的英文字母 e。

因此，这 4 条语句的输出结果是

```
25 plus 76 in decimal is 101.
25 plus 76 in hexadecimal is 65.
25 plus 76 in octal is 145.
25 plus 76 as a character is e.
```

问题 2：如下 printf 函数的输出结果是什么？

```
float x = 3.14;
printf ("%.7f\n", x);
```

格式说明符%f 表示将存储的二进制浮点数转换为一个小数形式的字符序列输出，且小数点后保留 6 位小数。

%.7f 表示在小数点后保留 7 位小数。在计算机中 x 的二进制表示为 0 10000000 1001 0001 1110 1011 1000 011，我们可以计算出其十进制数值为 3.1400001049041748046875。保留 7 位小数的字符序列如下：

0011 0011（数字字符“3”），0010 1110（小数点“.”），0011 0001（数字字符“1”），0011 0100（数字字符“4”），0011 0000（数字字符“0”），0011 0000（数字字符“0”），0011 0000（数字字符“0”），0011 0000（数字字符“0”），0011 0001（数字字符“1”）。

因此，printf 函数的输出结果是 3.1400001。在此，我们可以观察到浮点数的误差。

问题 3：对于 scanf 函数，格式说明符%f 和%lf 的区别是什么？

从键盘输入一个 ASCII 字符序列，scanf 函数的格式说明符用于将输入的字符序列转换为相应的二进制表示，并将其存储到变量中。

例如，从键盘输入字符序列 15.0，格式说明符%f 将其转换为 float 类型的浮点数，而%lf 则将其转换为 double 类型的浮点数。因此，应该分别使用 float 类型和 double 类型变量存储，不能混淆。示例如下：

```
float x;
double y;
scanf ("%f", &x);
scanf ("%lf", &y);
```

如果使用格式说明符%d，那么对应的变量应为整数类型；如果使用格式说明符%c，那么对应的变量应为 char 类型。

2.6.4 十六进制字面常量

字面常量指的是出现在源代码中的没有命名的数值，从其字面形式即可得知它的值和类型。在 C 语言中，字面常量也可以采用十六进制表示。十六进制字面常量使用前缀 0x 表示，位数不足时，采用零扩展。

问题：下面的代码片段的输出结果是什么？

```
int memoryAddress = 0x30000000;
int valueE = 0xE;
printf("%x\n", memoryAddress);
printf("%d\n", valueE);
```

0x30000000 的二进制表示是 0011 0000 0000 0000 0000 0000 0000 0000，0xE 的二进制表示是 1110。计算机系统采用 *k* 位表示 int 类型的变量，memoryAddress 和 valueE 的值都是在

二进制表示前补 0 至 k 位（零扩展）。

分别采用格式说明符%x 和%d 输出结果，即分别输出十六进制字符序列和十进制字符序列，也就是字符序列 30000000 和 14。

习题

2-1 请回答如下问题：

（1）8 位二进制原码、反码和补码整数类型，能够表示的最大的正数分别是多少？请分别以二进制和十进制形式写出结果。

（2）8 位二进制原码、反码和补码整数类型，能够表示的最小的负数分别是多少？请分别以二进制和十进制形式写出结果。

（3）n 位二进制原码、反码和补码整数类型，能够表示的最大的正数分别是多少？

（4）n 位二进制原码、反码和补码整数类型，能够表示的最小的负数分别是多少？

2-2 将下列二进制数转换为十进制数，假设此二进制数为补码整数。

（1）0111

（2）1110

（3）11111111

（4）10000000

2-3 将下列十进制数转换为 8 位二进制补码整数。

（1）−86

（2）85

（3）−127

（4）127

2-4 如果二进制补码整数最后一位是 0，则表明该数是偶数。如果最后两位是 00，则表明该数的什么特点？

2-5 进行下列二进制加法运算，给出二进制形式的结果。

（1）1010+0101

（2）0001+1111

（3）1110+0001

（4）0111+0110

2-6 一个二进制数如果向右移一位，则意味着进行了什么运算？

2-7 进行下列二进制补码整数加法运算，给出十进制形式的结果，并判断是否产生溢出。

（1）1101+01010101

（2）0111+0101

（3）11111111+01

（4）01+1110

（5）0111+0001

（6）1000+11

（7）1100+00110011

（8）1010+101

2-8 求下列十进制数的 IEEE 754 32 位浮点数，结果采用十六进制表示。

（1）32.9375

（2）$-32\frac{45}{128}$

（3）-2^{-140}

（4）65536

2-9 请给出下列 IEEE 浮点数的十进制表示。

（1）0 00000001 00000000000000000000000

（2）0 00000000 00000000010000000000000

（3）1 11111011 00000000000000000000000

（4）1 10000001 10101000000000000000000

（5）0 01111101 01010100000000000000000

2-10 如下代码分别输出哪些内容？

（1）printf ("%c\n", 13 + 'A');

（2）printf ("%x\n", 130);

2-11 请解释如下代码段的作用。

```
char nextChar;
int x;
scanf ("%c", &nextChar);
printf ("%d\n", nextChar);
scanf ("%d", &x);
printf ("%c\n", x);
```

2-12 求满足条件 1+2+3+⋯+*n*≤2147483647 的最大整数 *n*。对于如下程序段，请解释：为什么会出现无限循环？

```
int n=1, sum=0;
while (sum <= 2147483647)
{
     sum+=n;
     n++;
}
printf ("n=%d\n", n-1);
```

2-13 使用“printf("%.16f\n", 3.14);”语句，输出 3.14 的值，为什么输出结果是“3.1400000000000001”，即小数末尾为什么会出现一个 1？提示：IEEE 754 64 位浮点数标准的分数域为 52 位。

2-14 上机实践：在你的计算机上，编写一个 C 程序，输出 int 类型的最大值和最小值。

第 3 章 数字逻辑电路

现代计算机是基于晶体管构建的电子设备。

我们已经知道，计算机在内部采用二进制表示数值，那么计算机的电子元件是如何存储这些二进制数值并且进行计算的呢？冯·诺依曼模型的处理单元、控制单元和存储器是如何工作的呢？

我们从计算机电路工作的数学基础——二进制逻辑运算开始介绍。

二进制逻辑运算

3.1 二进制逻辑运算

“逻辑”这个名称源于使用 0 和 1 表示逻辑值“假”和“真”。注意：二进制逻辑运算与算术运算的区别在于，二进制逻辑运算为按位运算，是按位进行的，而算术运算如加法，位与位之间有进位关系。

下面介绍的一些基本的逻辑函数，是大部分 ALU 都能实现的逻辑运算。

3.1.1 与函数

与函数（AND）是一个二元函数，即它需要两个源操作数。每个源操作数都是一个逻辑变量，值为 0 或 1。只有当两个源操作数的值都是 1 时输出才为 1，否则为 0。

表示逻辑运算的一个方便的方法是使用真值表。一个真值表有 n+1 列和 2^n 行。前面 n 列对应 n 个源操作数。既然每个源操作数都是 0 或 1 中的一个，那么源操作数组合就有 2^n 种可能。每种源操作数组合（或称为输入组合）用真值表的一行表示。真值表最后一列表示每种组合的输出。

在有两个源操作数的与函数例子中，真值表中有 2 列源操作数，4 种输入组合，对应的输出如下。

A	B	AND
0	0	0
0	1	0
1	0	0
1	1	1

如果把逻辑运算扩展为两个 m 位的位组合的运算，就要对两个源操作数中对应位上的数

字按位做与运算。例如，*a*、*b* 是 8 位的位组合，*c* 是 *a* 和 *b* 按位做与运算的结果，这个运算过程通常叫作**按位与运算**。

下面，我们采用如下规则对位组合进行编号：自右向左，顺序编号，最右边的一位编号是［0］；如果有 *n* 位，最左边的一位编号是[*n*−1]。例如，一个 32 位的位组合被称为 *A*，*A* 中的内容为

0001 0010 0011 0100 0101 0110 0111 1000

[31]位是 0，[30]位是 0，[29]位是 0，[28]位是 1，依此类推。

也可以把 *A* 记为 *A*[31:0]，表示 *A* 包含 32 位。

注意：这种自右向左的编号方案是人为决定的，也可以将最左边的位表示为［0］，并从左向右依次编号。但是，在给定的环境下编号方式必须是一致的，也就是说，总是按照同一种方式编号。

例 3.1 如果 *c* 是 *a* 和 *b* 进行按位与运算的结果，此处 *a*=00111010，*b*=11110000，则 *c* 的值是什么？

通过对 *a* 和 *b* 进行按位与运算，得到 *c* 的值。

这意味着对每一对 *a*[*i*]和 *b*[*i*]分别进行与运算，得到 *c*[*i*]。例如，既然 *a*[0]=0，*b*[0]=0，那么 *c*[0]是 *a*[0]和 *b*[0]进行与运算的结果，值为 0；既然 *a*[7]=0，*b*[7]=1，那么 *c*[7]是 *a*[7]和 *b*[7]进行与运算的结果，值为 0。

所以，*c* 的值计算如下。

a: 00111010
b: 11110000
c: 00110000

可以注意到一点：*b* 的左边 4 位均为 1，右边 4 位均为 0，*a* 和 *b* 进行按位与运算之后得到 *c*，*c* 的左边 4 位与 *a* 的左边 4 位相同，而 *c* 的右边 4 位均为 0。这是因为和 0 进行与运算结果为 0，和 1 进行与运算保持不变。应用这一特点，可以解决例 3.2 的问题。

例 3.2 假设有一个 8 位的位组合，称为 *A*，最右边的两位有特殊的重要性。如何把这两位提取出来？

使用掩码（Mask，又称为位屏蔽）就可以做到这一点，例 3.1 的 *b* 就是掩码的例子。掩码能够将一个二进制位组合分隔为两部分，一部分被屏蔽，另一部分被提取出来。

在本例中，使用掩码 00000011，和 *A* 进行按位与运算，结果被称为 *C*。*C*[7:2]全为 0，而 *C*[0]和 *C*[1]的值则为 *A*[0]和 *A*[1]的值。掩码屏蔽了 *A*[7:2]中的值，提取出有特殊的重要性的 *A*[1:0]。

如果 *A* 是 00111010，*A* 和掩码 00000011 进行按位与运算，得到 00000010。如果 *A* 是 00111000，*A* 和掩码 00000011 进行按位与运算，得到 00000000。

也就是说，掩码 00000011 和任意一个 8 位的位组合做按位与运算，结果将是 4 种组合之一，这 4 种组合分别是 00000000、00000001、00000010、00000011。和掩码进行按位与运算可以将最右边的两位提取出来。

3.1.2 或函数

或函数（OR）也是一个二元函数。它需要两个操作数，这两个操作数都是逻辑变量。如果两个操作数中有一个为 1，那么或函数的输出就为 1。当且仅当两个操作数都为 0 时，或函

数的输出为 0。

有两个输入的或函数的真值表有 4 种输入组合，对应的输出如下。

A	*B*	OR
0	0	0
0	1	1
1	0	1
1	1	1

采用和按位与运算相同的方式，也可以对两个 *m* 位的位组合进行按位或运算。

例 3.3　如果 *c* 是 *a* 和 *b* 进行按位或运算的结果，*a*=00111010，*b*=11110000，则 *c* 的值是什么？

通过对 *a* 和 *b* 进行按位或运算，得到 *c* 的值。这意味着对每一对 *a*[*i*]和 *b*[*i*]分别进行或运算，得到 *c*[*i*]。例如，既然 *a*[0]=0，*b*[0]=0，那么 *c*[0]是 *a*[0]和 *b*[0]进行或运算的结果，值为 0；既然 *a*[7]=0，*b*[7]=1，那么 *c*[7]是 *a*[7]和 *b*[7]进行或运算的结果，值为 1。

所以，*c* 的值计算如下。

a:　00111010
b:　11110000
c:　11111010

可以注意到一点：*b* 的左边 4 位均为 1，右边 4 位均为 0，*a* 和 *b* 进行按位或运算之后得到 *c*，*c* 的左边 4 位均为 1，而 *c* 的右边 4 位与 *a* 的右边 4 位相同。这是因为和 1 进行或运算结果为 1，和 0 进行或运算保持不变。

有时，或运算也被称为包含或运算（inclusive-OR），区别于 3.1.4 小节中的异或函数（exclusive-OR，XOR）。

3.1.3　非函数

非函数（NOT）是一个一元函数，即只作用于一个操作数。其输出结果是通过对输入进行取反操作得到的，也被称作补运算。当输入为 1 时，输出为 0；当输入为 0 时，输出为 1。

非函数的真值表如下。

A	NOT
1	0
0	1

类似地，也可以对一个 *m* 位的位组合进行按位非运算。假设 *a* 仍是 00111010，*c* 是对 *a* 进行按位非运算的结果，则 *c* 的值计算如下。

a:　00111010
c:　11000101

3.1.4　异或函数

异或函数（XOR）是一个二元函数。它需要两个源操作数，这两个数都是逻辑变量。若两个源操作数不同，则异或运算输出为 1，否则为 0，即“相异为 1，相同为 0”。异或函数的真值表有 4 种输入组合，对应的输出如下。

A	*B*	XOR
0	0	0
0	1	1
1	0	1
1	1	0

注意区分 XOR 真值表和 OR 真值表。在异或运算中，若两个源操作数相异，则结果必定为 1；若两个源操作数相同，则结果为 0，因此被称为“异或”。而或运算是当两个数之一为 1 或两个数全为 1 时，结果都为 1，因此，又称为“包含或/同或”。

类似地，也可以对 *m* 位的位组合进行按位异或运算。

例 3.4 如果 *c* 是 *a* 和 *b* 进行按位异或运算的结果，*a*=00111010，*b*=11110000，则 *c* 的值是什么？

c 的值计算如下。

a: 00111010
b: 11110000
c: 11001010

b 的左边 4 位均为 1，右边 4 位均为 0，与 *a* 进行按位异或运算之后，*c* 的左边 4 位是 *a* 的左边 4 位按位取反的结果，而 *c* 的右边 4 位则与 *a* 的右边 4 位相同。因为，与 1 进行异或运算结果取反，与 0 进行异或运算保持不变。

例 3.5 如果 *c* 是 *a* 和 *b* 进行按位异或运算的结果，*a*=00111010，*b*=11111111，则 *c* 的值是什么？

c 的值计算如下。

a: 00111010
b: 11111111
c: 11000101

可以看出，*c* 为 *a* 按位取反的结果。

例 3.6 判断两个位组合是否相同。

既然只有当相应的位上是相同的值时，XOR 函数才输出 0，那么如果 XOR 函数的输出全为 0，两个位组合就是相同的。

3.1.5 C 语言的按位运算符

C 语言具备一些低级语言的特征，按位运算就是其中之一。

C 语言可以对一个数的位组合进行按位与、或、非、异或运算，这个运算符集合被称作**按位运算符**集合。

C 语言的按位运算符集合包括 6 个运算符，其中“&”“|”“~”“^”分别是按位与、或、非、异或运算符，“<<”和“>>”是左移和右移运算符。注意，它们只能用于 int 类型的操作数。

对于“<<”和“>>”运算符，第一个操作数是被移位的数，第二个操作数是移动的位数。在左移中，右边空出的位用零填充。在右移中，对有符号整数进行符号扩展，又称为算术右移。表达式的值就是移位的结果，而两个源操作数的值都不会被改变。

例 3.7 执行下列 C 语句后，x 的值是什么？

```
int x;
```

```
int a = 3;          /* 二进制位组合0011 */
int b = 4;          /* 二进制位组合0100 */
x = a & b;          /* 0000，即0 */
x = a | b;          /* 0111，即7 */
x = a ^ b;          /* 0111，即7 */
x = a << 1;         /* 0110，即6，3×2^1 */
x = b << a;         /* 0010 0000，即32，4×2^3 */
x = b >> a;         /* 0000，即0 ，4/2^3的商*/
x = ~a | ~b;        /* 1100|1011，1111，即-1，因为x是有符号整数*/
```

注意，x、a和b都是int类型，采用多少位二进制位组合来表示，与使用的计算机系统有关。本例假设使用的计算机系统位数不小于8，在注释中给出了每条语句执行后的x的值。

通过例3.7也可以看出，左移n位相当于乘2^n，右移n位相当于除以2^n后得到的商。

3.2　晶体管

晶体管

当今的大多数计算机，或者确切地说大多数微处理器（计算机的核心）是由MOS（Metal Oxide Semiconductor，金属氧化物半导体）晶体管组成的。本节主要关注的是MOS晶体管的逻辑特性。

MOS晶体管有两种类型，即N型和P型，逻辑上起到开关的作用。

图3.1显示了一个基本的包括电源、开关和电灯的电路。为了使电灯发光，必须有电子流动。而为了使电子流动，则必须存在一个从电源到电灯、再回到电源的闭合电路。通过操纵开关就可以控制电路的闭合与断开，从而使电灯亮或灭。

可以使用一个N型或P型MOS晶体管来代替开关，控制电路的闭合。图3.2（a）所示为一个N型MOS晶体管。N型晶体管有3个终端，控制端被称为栅极（Gate），接地一端被称为源极（Source），接正电压一端被称为漏极（Drain）。

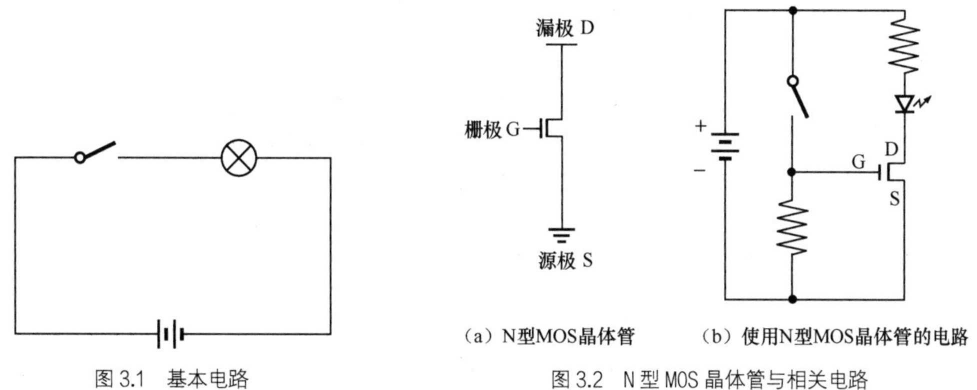

图3.1　基本电路

图3.2　N型MOS晶体管与相关电路

如果N型晶体管的栅极被加以3.3伏电压，从源极到漏极的连接就相当于一段电线，也就是说，源极和漏极之间导通。如果N型晶体管的栅极被加以0伏电压，源极和漏极之间的连接就被断开，也就是说，在源极和漏极之间存在一个断路，即截止。

图3.2（b）所示为使用MOS晶体管代替开关的电路，包括一个N型晶体管、一个电池组、一个开关和一个LED（Light Emitting Diode，发光二极管）。闭合开关，N型晶体管的栅极就被加以3.3伏电压，此时，晶体管相当于一段导线，电路形成回路，LED亮。打开开关，

栅极被加以 0 伏电压，晶体管相当于一个断路，电路被断开，LED 不亮。

P 型晶体管的工作原理与 N 型晶体管恰恰相反。图 3.3 所示为 P 型 MOS 晶体管，接地一端是漏极，接正电压一端是源极。当给栅极提供的电压为 0 伏时，P 型晶体管像一段电线；当提供的电压为 3.3 伏时，就出现断路。

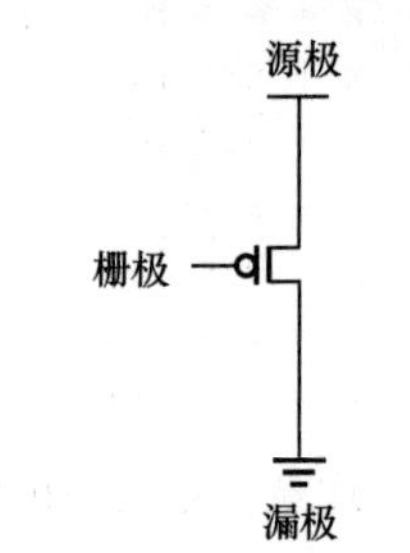

图 3.3　P 型 MOS 晶体管

因为 P 型和 N 型晶体管以互补的方式工作，所以把既包含 P 型晶体管又包含 N 型晶体管的电路称为 CMOS 电路，即互补金属氧化物半导体电路。

注意，N 型 MOS 晶体管要求源极不能接电源正极；而 P 型 MOS 晶体管则要求源极不能接地。

3.3 门电路

了解了 N 型和 P 型晶体管的逻辑特性，我们就可以使用 N 型和 P 型晶体管，构建出实现二进制逻辑运算的门电路。

门电路

3.3.1 非门

图 3.4（a）所示为计算机中最简单的门电路——非门电路，它由两个 MOS 晶体管构成：一个 P 型晶体管和一个 N 型晶体管。二者的栅极连在一起，作为输入端；漏极连在一起，作为输出端；P 型晶体管的源极接电源正极；N 型晶体管的源极接地。

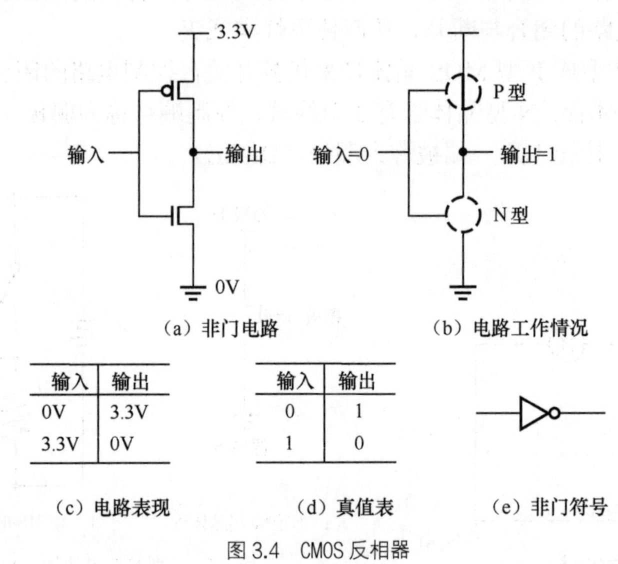

输入	输出
0V	3.3V
3.3V	0V

（c）电路表现

输入	输出
0	1
1	0

（d）真值表

（e）非门符号

图 3.4　CMOS 反相器

图 3.4（b）所示为当输入电压为 0 伏时该电路的工作情况，此时 P 型晶体管导通而 N 型晶体管截止，因此，输出与 3.3 伏一端连接。另一方面，如果输入电压为 3.3 伏，P 型晶体管截止而 N 型晶体管导通，输出与地（0 伏）连接。

电路的完整表现可以通过列表的方式描述，如图 3.4（c）所示。如果使用符号 0 代替 0 伏，用符号 1 代替 3.3 伏，就得到二进制逻辑运算——非函数的真值表，如图 3.4（d）所示。

此电路构建了二进制逻辑运算——非函数，被称为非门，或反相器。非门在数字逻辑电路和数字计算机中应用非常普遍，Pentium IV微处理器里有上百万个非门。为了方便，通常使用图 3.4（e）所示的标准符号来表示非门，圆圈表示补（非）函数。

3.3.2 或非门、或门

图 3.5（a）所示为实现或非门（也可以称为非或门）的电路。它包含两个 P 型晶体管（标记为 1 和 2）和两个 N 型晶体管（标记为 3 和 4），其中，两个 P 型晶体管串联，而两个 N 型晶体管并联。

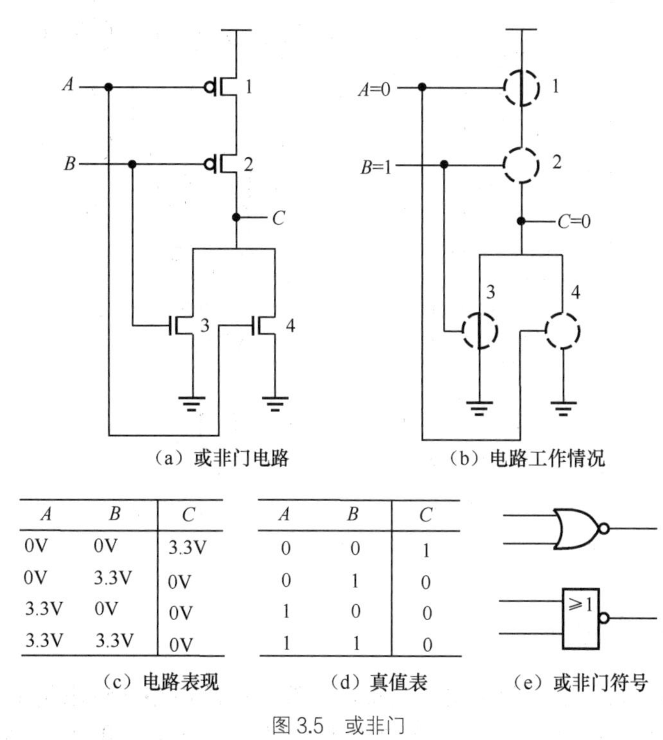

（a）或非门电路　　（b）电路工作情况

A	B	C
0V	0V	3.3V
0V	3.3V	0V
3.3V	0V	0V
3.3V	3.3V	0V

（c）电路表现

A	B	C
0	0	1
0	1	0
1	0	0
1	1	0

（d）真值表

（e）或非门符号

图 3.5　或非门

图 3.5（b）所示为当 *A* 被加以 0 伏、*B* 被加以 3.3 伏时电路的表现。在这种情况下，P 型晶体管 2 出现断路，使得输出 *C* 与 3.3 伏不相连。而 N 型晶体管 3 像一根电线，将输出 *C* 与 0 伏相连。

如果 *A* 和 *B* 都被加以 0 伏，两个 P 型晶体管导通，输出 *C* 被连到 3.3 伏。同时，因为两个 N 型晶体管的作用都是形成断路，所以 *C* 与地不相连。

如果给 *A* 或 *B* 提供 3.3 伏电压，则对应的 P 型晶体管为断路，这就切断了从 *C* 到 3.3 伏的连接。然而提供给其中任何一个 N 型晶体管的栅极 3.3 伏都可使该晶体管导通，使得 *C* 接地（0 伏）。

图 3.5（c）总结了此电路的全部特性，即给 *A* 和 *B* 提供 4 组不同电压时的电路表现。

如果使用等价的逻辑值代替电压，就得到图 3.5（d）所示的真值表。不难发现，输出 *C* 恰恰就是二进制逻辑运算——逻辑或函数的相反结果。实际上它是非或函数（NOR）。实现非或函数的电路被称为或非门。可以使用图 3.5（e）所示的 IEEE 形状特征型符号（上），或 IEC（International Electrotechnical Commission，国际电工委员会）矩形国标符号（下）来表示或非门。

如果在或非门输出端增加一个非门，如图 3.6（a）所示，输出 *D* 就是逻辑或函数的结果。这个电路就是或门。

图 3.6（b）所示为当输入变量 *A* 为 0 且输入变量 *B* 为 1 时的电路工作情况。

图 3.6（c）所示为该电路的真值表。

可以使用图 3.6（d）所示的标准符号来表示或门电路。

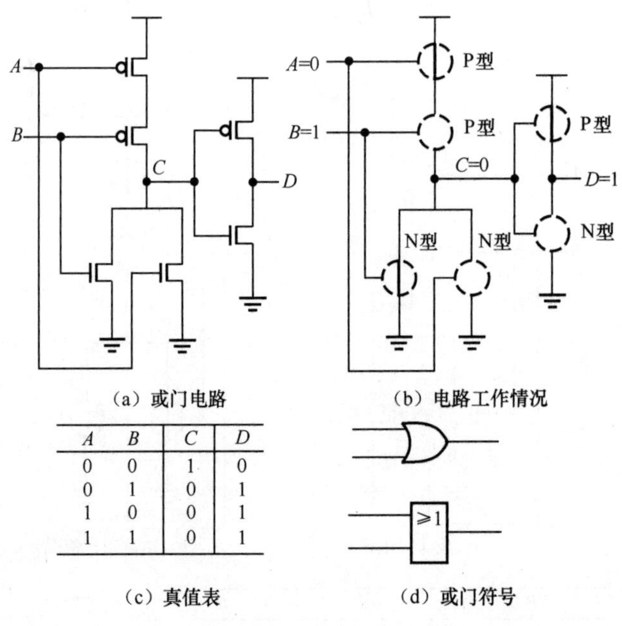

（a）或门电路　　（b）电路工作情况

A	*B*	*C*	*D*
0	0	1	0
0	1	0	1
1	0	0	1
1	1	0	1

（c）真值表　　（d）或门符号

图 3.6　或门

3.3.3　与门、与非门

图 3.7（a）所示为一个与门电路。注意，虚线框中的电路（输出是 *C*）是一个与非门电路（也可以称为非与门电路），它由两个 P 型晶体管（标记为 1 和 2）并联，而两个 N 型晶体管（标记为 3 和 4）串联的方式构建而成。

注意，当 *A*、*B* 中有一个输入是 0 伏电压时，*C* 直接连接到 3.3 伏。*C* 有 3.3 伏的电压，则栅极与 *C* 相连的 N 型晶体管（标记为 6）就提供了一条从 *D* 到地的通路。因此，只要 *A*、*B* 中有一个为 0，图 3.7（a）中电路的输出 *D* 就为 0。

同时，当 *A*、*B* 中至少有一个被提供 0 伏电压时，栅极和 *A*、*B* 相连的两个 N 型晶体管（标记为 3、4）中至少有一个为断路，因此，*C* 不接地。此外，*C* 为 3.3 伏意味着栅极和 *C* 相连的 P 型晶体管（标记为 5）为断路，因此，*D* 与 3.3 伏不相连。

另一方面，当 *A*、*B* 都被供给 3.3 伏电压时，和它们相对应的 P 型晶体管（标记为 1 和 2）都是断路。然而，和它们相对应的 N 型晶体管（标记为 3 和 4）就像电线，直接使 *C* 接地。因为 *C* 接地，所以右端的 P 型晶体管（标记为 5）导通，使得 *D* 有 3.3 伏的电压。

可以使用真值表总结图 3.7（a）中的电路特性，如图 3.7（b）所示。可以分别使用图 3.7（c）和图 3.7（d）所示的标准符号来表示与非门和与门。

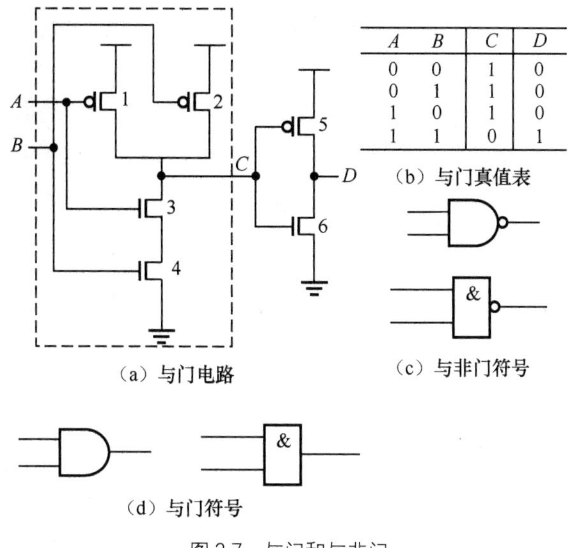

A	B	C	D
0	0	1	0
0	1	1	0
1	0	1	0
1	1	0	1

图 3.7 与门和与非门

与门、或门、与非门、或非门还可以有更多输入（多于 2 个）。例如，可以构建一个 3 个输入的与门或者 4 个输入的或门。一个有 N 个输入的与门仅当所有的输入都为 1 时，输出才为 1；只要有一个输入为 0，输出就为 0。一个有 N 个输入的或门只要任意一个输入为 1，输出就为 1；也就是说，仅当所有的输入都为 0 时输出才为 0。

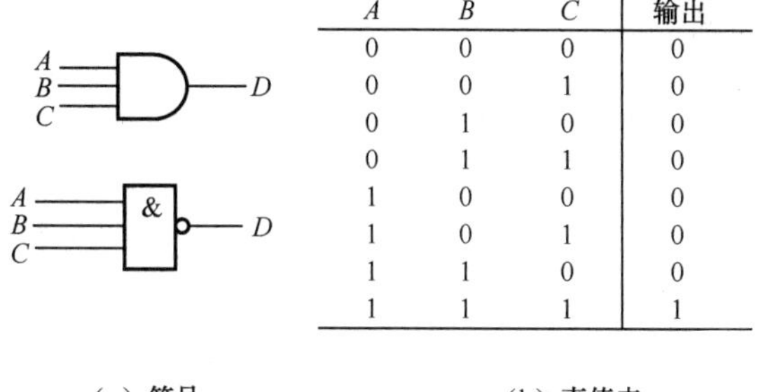

A	B	C	输出
0	0	0	0
0	0	1	0
0	1	0	0
0	1	1	0
1	0	0	0
1	0	1	0
1	1	0	0
1	1	1	1

图 3.8 有 3 个输入的与门

图 3.8（a）所示为有 3 个输入的与门的符号。图 3.8（b）所示为有 3 个输入的与门的真值表。

思考 1：一个有 3 个输入的与门的晶体管级电路如何构建？一个有 4 个输入的或门的晶体管级电路如何构建？

思考 2：如果现有若干有 2 个输入的与门，如何构建一个有 3 个输入的与门？

3.4 组合逻辑电路

将门电路连接起来构建的逻辑结构，可以组成制造计算机所需的单元，以实现信息的运算和存储。

逻辑结构可以分为两种基本类型：能存储信息的逻辑结构、不能存储信息的逻辑结构。

不能存储信息的逻辑结构，即“判定元件”，通常被称为组合逻辑结构。它们的输出仅由当前输入值的组合决定，不由任何过去存储在其中的信息所决定，信息不能被存储在组合逻辑电路中。

组合逻辑结构主要用于处理信息，如可实现二进制加法运算的加法器。下面依次介绍译码器、多路选择器、全加法器。

3.4.1 译码器

图 3.9（a）所示为一个有两个输入的译码器的门级电路。译码器的特性：只有一个输出为 1，其他输出全为 0。为 1 的输出对应要被检测的输入组合。通常，译码器有 n 个输入，2^n 个输出。被检测的输入组合的输出线被设置为 1，即输出为 1，所有其他的输出则为 0。在输入 A 和输入 B 的 4 种可能的组合中，只有一个输出为 1。

例如，在图 3.9（b）中，译码器的输入是 10，结果第 3 根输出线的输出为 1。

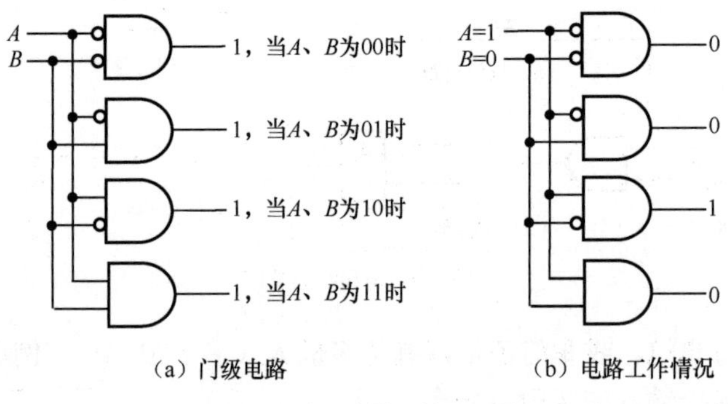

图 3.9 有两个输入的译码器

译码器可以用来判断某个位组合。

3.4.2 多路选择器

图 3.10（a）所示为一个有 2 个输入的多路选择器（Mux）的门级电路。这种多路选择器的功能是选择一个输入连接到输出。选择线（图 3.10 中的 S）决定由哪个输入连接到输出。假设 S=0，如图 3.10（b）所示，由于与 0 做“与”运算结果为 0，与 1 做“与”运算保持不变，因此，右边的与门输出为 0，左边的与门的输出与 A 相同。因为右边的与门输出为 0，所以对或门不起作用。因此，C 的输出与左边的与门的输出相同。综上所述，如果 S=0，那么 C 的输出就是 A 的值。

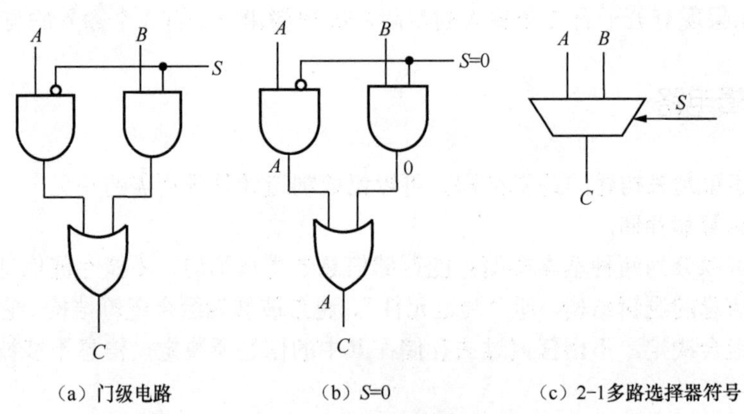

图 3.10 2-1 多路选择器

如果 S=1，那么 B 与 1 进行“与”运算，或门的输出将为 B 的值。

总之，C 的输出要么与 A 的输入有关，要么与 B 的输入有关——取决于选择线 S 的值。

一个有 2 个输入的多路选择器的标准表示方法如图 3.10（c）所示。

一般来说，一个多路选择器由 n 条选择线和 2^n 个输入组成。

图 3.11（a）所示为一个有 4 个输入的多路选择器（4-1 多路选择器）的门级电路，它需要两条选择线。

使用通用符号 S[1:0]描述被标记为 S_1、S_0 的位组合。

有 4 个输入的多路选择器的标准表示方法如图 3.11（b）所示，交叉斜线加标记“2”表示该线内共有两条线，每条用来传送 1 位的信息。

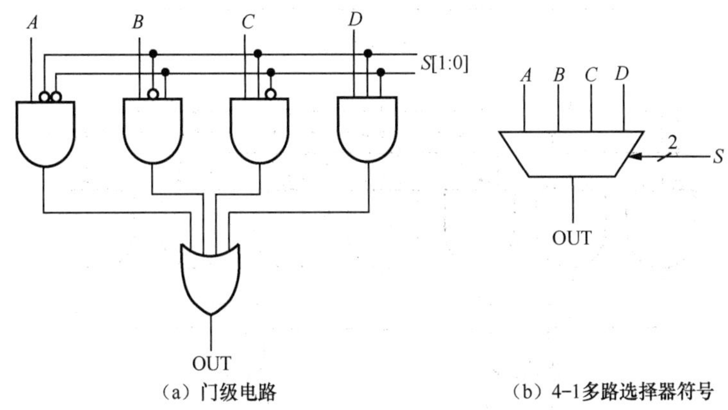

（a）门级电路　　（b）4-1多路选择器符号

图 3.11　4-1 多路选择器

如何构建一个有 8 个输入的多路选择器？需要多少根选择线？

3.4.3　全加法器

二进制加法运算与十进制加法运算一样，自右向左，一次一列，两数的对应位和进位进行加法运算，产生一个和和一个与下一位相加的进位。二者的区别只是二进制加法是在 1 后进位而不是在 9 后进位。

图 3.12（a）所示为两个 n 位操作数的某一列进行二进制加法运算的真值表。每一列都有 3 个要进行加法运算的数值：两个操作数中各取一位，以及从前一列得到的进位。分别定义这 3 位为 A_i、B_i 和 C_i。有两个输出，一个是和 S_i，另一个是与下一列相加的进位 C_{i+1}。当 A_i、B_i 和 C_i 中只有一个数是 1 时，得到和 S_i 为 1，进位 C_{i+1} 为 0。如果 3 个数中有两个为 1，那么得到和为 0 而进位为 1。如果 3 个数都为 1，那么和为 3，在二进制加法中，和与进位都是 1。

图 3.12（b）所示为真值表的门级电路表示。

注意，对于真值表中的 A_i、B_i 和 C_i 的 7 种输入组合（除 000 组合之外的 7 种组合），都有一个与门输出 1。

当输入是使真值表中 C_{i+1} 为 1 的相应组合时，或门的输出 C_{i+1} 必为 1。因此，输出为 C_{i+1} 的或门的输入，就是相应的组合经过与门产生的输出。

类似地，输出为 S_i 的或门的输入，就是真值表中 S_i 为 1 的输入组合经过与门产生的输出。

值得注意的是，既然输入组合 000 对于 S_i 或 C_{i+1} 都不会产生值为 1 的输出，它对应的与门输出就不是任何或门的输入。

A_i	B_i	C_i	C_{i+1}	S_i
0	0	0	0	0
0	0	1	0	1
0	1	0	0	1
0	1	1	1	0
1	0	0	0	1
1	0	1	1	0
1	1	0	1	0
1	1	1	1	1

（a）真值表

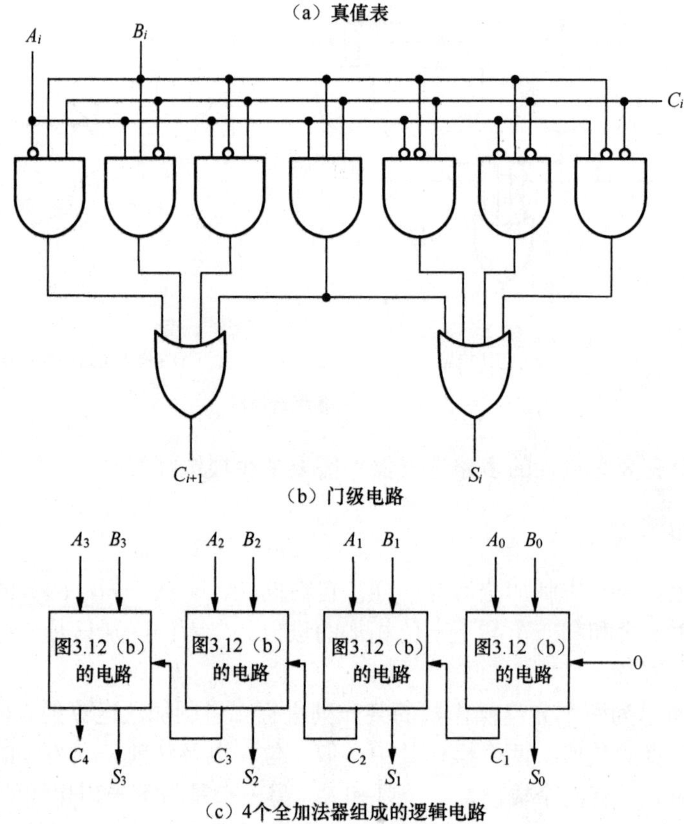

（c）4个全加法器组成的逻辑电路

图 3.12 全加法器

这种提供 3 个输入（A_i、B_i 和 C_i）得到两个输出（S_i 和 C_{i+1}）的逻辑电路被称为**全加法器**。

图 3.12（c）所示为一个能做两个 4 位的二进制数加法的逻辑电路，它由 4 个全加法器组成。注意第 i 列的进位是第 i+1 列进行加法运算的一个输入。

3.4.4 逻辑完备性

图 3.13 所示为可以实现任意逻辑函数的通用组件示例。这个组件被称为 PLA（Programmable Logic Array，可编程逻辑阵列），它由一组与门（被称为与阵列），以及其后的一组或门（被称为或阵列）组成。与门的数目对应真值表中输入组合（行）的数目，对于有 n 个输入的逻辑函数，PLA 将包括 2^n 个与门，每个与门有 n 个输入。图 3.13 中共有 2^3 个与

门，每个与门有 3 个输入。或门的数目对应真值表中输出的列数。对于真值表中输出为 1 的列对应的行，只需将 PLA 中该与门的输出与或门的输入相连，就可以实现该真值表，因此称该阵列可编程。也就是说，通过连接与门的输出与或门的输入进行编程，可实现希望实现的逻辑函数。

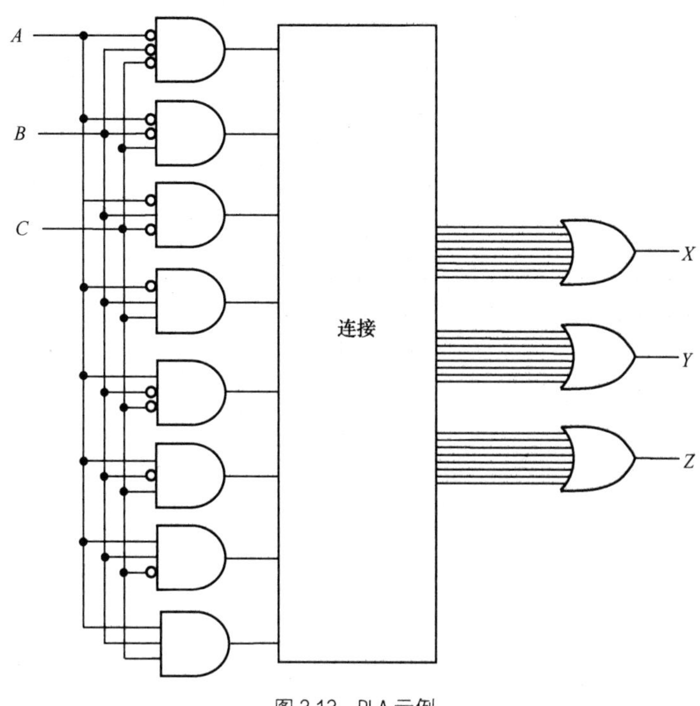

图 3.13 PLA 示例

图 3.13 所示的 PLA 中，对于 3 个变量（A、B、C）的任意 3 种函数（X、Y、Z），通过适当地将与门的输出连接到或门的输入即可实现。如果用 A、B、C 分别表示 A_i、B_i 和 C_i，用 X 表示 S_i，用 Y 表示 C_{i+1}，经过适当连接，就可以得到全加法器电路。那么如何连接呢？

任意逻辑函数都可以通过 PLA 来实现，而 PLA 只由与门、或门和非门组成。这就意味着，只要提供足够多的与门、或门、非门，就可以实现任意逻辑函数。因此，称门集合{与、或、非}在逻辑上是完备的，因为其不需要使用其他种类的门就可以实现任何一个真值表的电路。也就是说，由于一定量的与门、或门和非门足以构建并实现任意真值表的逻辑电路，因此门集合{与、或、非}在逻辑上是完备的，这一特性被称为逻辑完备性（Logical Completeness）。

3.5 基本存储元件

基本存储元件

由上可知，译码器、多路选择器和全加法器是 3 个不能存储信息的逻辑结构的例子。下面讨论能够存储一位信息的基本存储元件（Storage Element）——锁存器。

3.5.1 SR 锁存器

SR 锁存器（简称 SR 锁）是一种简单的存储元件，它能存储一位信息。SR 锁有很多种实现方式，其中最简单的实现方式如图 3.14 所示，即将两个有两个输入的或非门连在一起，其中任意一个或非门的输出都是另外一个或非门的一个输入。

下面讲解 SR 锁的工作原理。从“保持”状态开始，即输入 S 和 R 都为逻辑值 0。首先考虑输出 Q 为 1 的情况，这意味着 B 的输入为 1，因此，输出 Q' 一定为 0。同时这也意味着输入 A 为 0，结合输入 R 为 0（因为在保持状态），导致输出 Q 为 1。只要 R 和 S 保持为 0，该电路的状态就不会变。因此，称 SR 锁存储了一个值 1（输出 Q 的值）。

假设输出 Q 为 0，则输入 B 必定为 0，结合输入 S 为 0（因为在保持状态），输出 Q' 一定为 1。接下来，输入 A 为 1，这导致输出 Q 的值为 0。同样，只要输入 R 和 S 保持为 0，这个电路的状态就不会改变。在这种情况下，称 SR 锁存储了值 0。

也就是说，当输入 R 和 S 的值保持为 0 时，Q 的值可以为 1，也可以为 0。那么，这个 1 或 0 是如何得到的？

可以通过保持 R 的值为 0 并将 S 的值瞬间设为 1 的方式，将 Q 的值设为 1。如果 S 为 1，则 Q' 等于 0，这将导致 A 为 0，因为 R 也为 0，所以 Q 的值为 1。这导致 B 的值为 1，从而使 Q' 的值为 0，这被称为“置位”状态，S 即 Set，意思是置位。

这时，如果把 S 的值设为 0，它不会影响 Q 的值，因为 A 的值仍为 0。在 R 保持为 0 的情况下，可确保或非门的输出为 1。这样 SR 锁在 S 返回 0 后很久，仍能存储一个值 1。

类似地，可以通过将 R 的值瞬间设为 1 并保持 S 的值为 0 的方式，把 Q 的值设为 0，这被称为“复位”状态，R 即 Reset，意思是复位。

这时，再将 R 的值设为 0，刚才设置的 0 就被存储在 SR 锁存器中了。

为了使 SR 锁正常工作，切记不要把 R 和 S 的值同时设为 1。如果 R 和 S 的值同时设为 1，那么这个锁的最后状态将取决于组成门的晶体管的电子特性，而不取决于被操作的逻辑值。

SR 锁存器的真值表如图 3.15 所示。

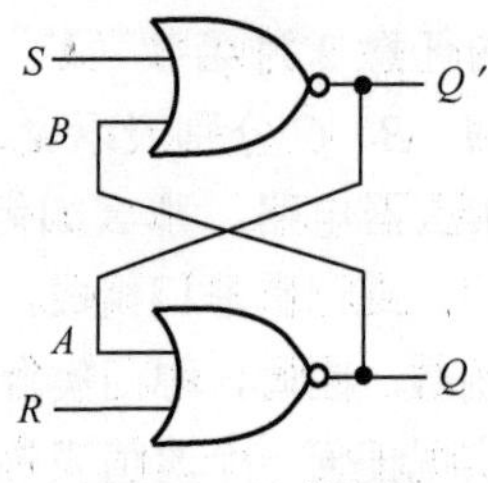

图 3.14　SR 锁存器

S	R	Q	Q'
0	0	保持	
0	1	0	1
1	0	1	0
1	1	不定	

图 3.15　SR 锁存器的真值表

组成 SR 锁存器的或非门也可以用与非门来代替，同样可以实现存储信息的功能。只是 S 和 R 的设置与或非门正好相反。

3.5.2　门控 D 锁存器

为了使 SR 锁存器更具实用价值，有必要对其何时置位、何时复位进行控制，并且必须确保 S 和 R 不同时为 1。一个简单的方法就是使用门控锁存器。

图 3.16 所示为一个实现门控 D 锁存器的逻辑电路。它包括一个 SR 锁存器，此外，增加了两个与门和一个非门。

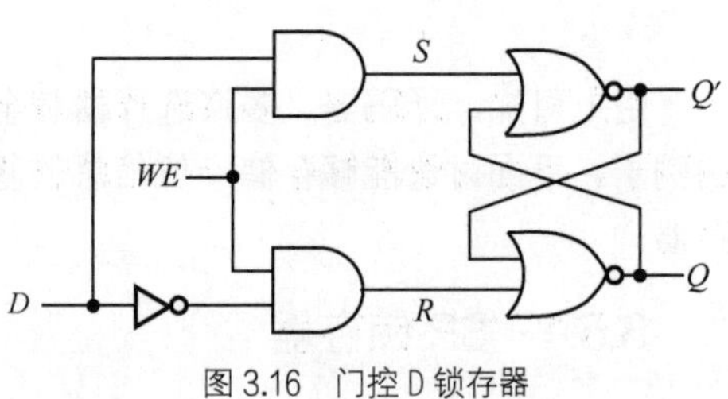

图 3.16　门控 D 锁存器

D（Data）代表数据，*WE*（Write Enable）代表写使能。

当 *WE* 被设置为 1 时，锁存器的输出 *Q* 被设为输入 *D* 的值。因为 *WE* 被设置为 1，所以 *S* 的值与 *D* 相同，*R* 的值与 *D* 相反。如果 *D* 等于 0，*R* 的值被设为 1，*S* 的值被设为 0，那么 *Q* 将设为 0。如果 *D* 的值是 1，则 *S* 的值为 1，*R* 的值为 0，*Q* 被设为 1。因此，SR 锁存器的输出 *Q* 是 1 或 0，是由 *D* 的值是 1 还是 0 决定的。

当 *WE* 返回 0 时，*S* 和 *R* 都将返回 0。因为 *S* 和 *R* 是锁存器的输入，如果它们的值都是 0，存储在锁存器里的值将保持不变。

3.5.3　寄存器

门控 D 锁存器只能实现一位信息的存储，下面介绍更具实用价值的由多位组成的位组合的存储。寄存器就是将多位数据存储于一个独立单元的结构，它可以把多位数据“捆绑”成一个单元。寄存器可以根据需要包含 1 位或多位数据。

图 3.17 所示为一个由 4 个门控 D 锁存器组成的 4 位寄存器，4 个门控 D 锁存器的输入端并联，共享一个 *WE* 信号。寄存器的输入为 *D*[3:0]，输出为 *Q*[3:0]。当 *WE* 被设为 1 时，*D*[3:0]被写入 *Q*[3:0]。当 *WE* 返回 0 时，*Q*[3:0]的值保持不变，4 位信息被存储到寄存器中。

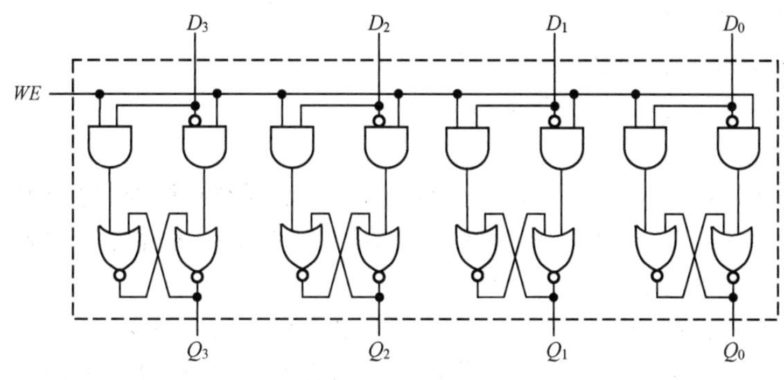

图 3.17　4 位寄存器

时序逻辑电路

3.6　时序逻辑电路

有了能够处理信息的组合逻辑结构和能够存储信息的存储元件，我们就可以构建出时序逻辑电路。

时序逻辑电路可以根据现在输入的信息和先前存储的信息进行判定。基于时序逻辑电路，我们就可以了解冯·诺依曼模型中的重要组件——控制器，即控制单元的工作原理了。

组合逻辑电路能够处理信息，其输出仅取决于当前的输入，电路中没有过去的信息。时序逻辑电路与组合逻辑电路有着显著区别，时序逻辑电路包含让它记住历史信息的电路。图 3.18 所示为时序逻辑电路的简图，包含一个组合逻辑电路和一个用于存储多位信息的寄存器。其中，组合逻辑电路的输出既取决于当前的输入，也取决于存储在寄存器中

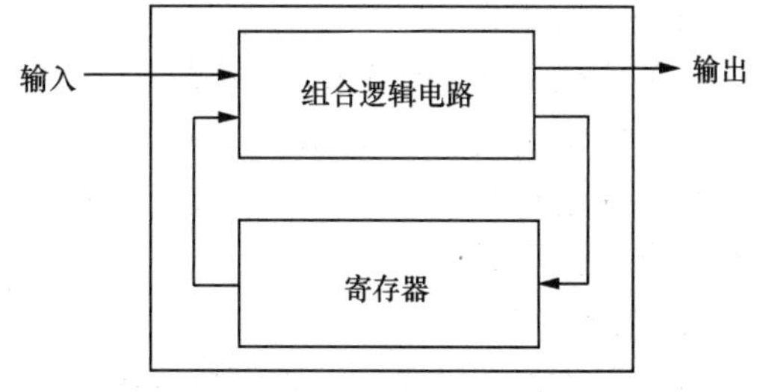

图 3.18　时序逻辑电路的简图

的值，而存储在寄存器中的值来自先前的组合逻辑电路的输出。

时序逻辑电路可用来实现一种非常重要的、被称为有限状态机的机制。有限状态机可被用作电子系统、机械系统、航空系统等的控制器，如交通信号灯控制器，它根据当前亮的灯（历史信息）和传感器（如监视交通状况的光学设备）的输入，将交通信号灯设为红、黄或绿色。

作为计算机核心的就是有限状态机控制器。

3.6.1 有限状态机

我们先来看一个简单的电话应答机的例子。电话应答机可以根据响铃的次数（如 3 次），决定是否开启录音机录音。电话应答机的输出（是否开启录音机）不仅仅取决于当前的输入（是否响铃），还取决于这次输入（响铃）之前的一系列输入（已经响过 2 次铃）。因此，电话应答机就是一个时序逻辑电路的例子。

1. 状态

为了实现电话应答机，必须能够记录响铃的次数。应答机根据如下相关状况，判定是否开启录音机：

A．不开启录音机，还未响铃；

B．不开启录音机，但已响铃 1 次；

C．不开启录音机，但已响铃 2 次；

D．开启录音机。

这 4 种情况分别被标记为 A、B、C 和 D，每一种情况都被称为应答机的一种状态。

一个系统的状态，就是在某一特定时刻，系统内所有相关元素的一个瞬态图。在其他时刻，系统可能处于其他状态。

应答机有 4 个状态 A、B、C 和 D，要么开启录音机（状态 D），要么不开启录音机，但是铃声已经响了 0 次（状态 A）、1 次（状态 B），或 2 次（状态 C）。这是所有可能存在的状态的总数。也就是说，对于此应答机，不存在第 5 个可能的状态的瞬态图。

2. 有限状态机

因为寄存器容量是有限的，所以一个系统的状态必须是有限的。通常，使用有限状态机来描述系统的行为。

有限状态机由 5 个元素组成：

（1）有限数目的状态；

（2）有限数目的外部输入；

（3）有限数目的外部输出；

（4）明确定义的状态转换函数；

（5）明确定义的外部输出函数。

状态的集合表示了系统中所有可能的状态（或瞬态图）。每一个状态转换描述了是什么使一个状态转换为另一个状态。

3. 状态图

有限状态机可以通过状态图被方便地表示出来。状态图由一组圆（每一个圆对应一个状态）和圆之间的一组带箭头的连接线组成。每一条连接线确定一个状态的转换。每条连接线的箭头说明系统从哪一个状态来，要到哪一个状态去。把来的状态称为当前状态，要去的状态称为下一个状态。

图 3.19 所示为电话应答机的状态图，4 个状态被标为 A、B、C 和 D。

相关说明如下。

（1）外部输入是响铃，0 表示在规定的时间内不再响铃。

（2）系统的输出值仅由系统的当前状态决定，或者由当前状态和当前外部输入的组合决定。在这个例子中，应答机的输出为是否录音，仅与系统当前状态相关，若系统当前处于状态 A、B 或 C，则不录音；若系统当前处于状态 D，则录音。

（3）通常对于一个当前状态，存在多个到下一个状态的转换，发生哪一个状态转换取决于外部输入的值。从每一个状态出去的连接线可能有多条，分别表示不同的输入引发的状态转换。例如，从状态 C 出发的连接线有两条，若再次响铃则到达状态 D，即开始录音，若超过一定时间不再响铃则返回状态 A。简而言之，下一个状态是由当前状态和当前外部输入的组合决定的。

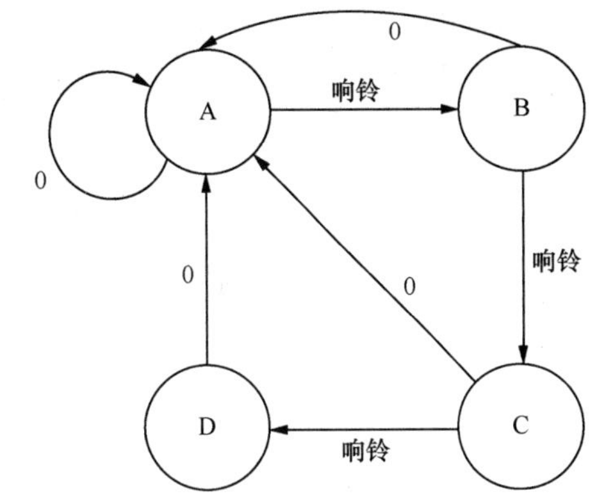

图 3.19　电话应答机的状态图

4. 时钟

在电话应答机的例子中，当前状态向哪一个状态转换取决于在一定时间内是否响铃。通常使用时钟发生器来计时。

时钟发生器元件是一个石英晶体振荡器，它能够产生图 3.20 所示的震荡电压，在 0 伏和某个特殊的、固定的电压值之间交替，使用数字逻辑术语来说就是，时钟的信号值在 0 和 1 之间交替。图 3.20 显示了时钟信号值是时间的函数。时钟周期是指重复的时间间隔序列中的一个时间间隔。

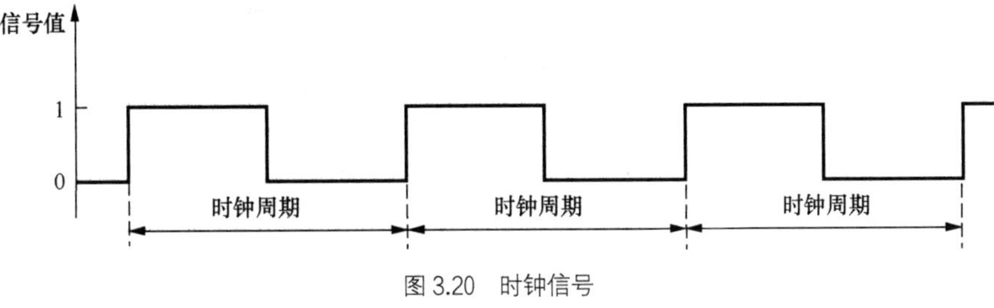

图 3.20　时钟信号

在实现有限状态机的电路中，从一个状态向另一个状态的转换发生于每一个时钟周期的起点。

3.6.2　示例：交通信号灯控制器

与许多时序逻辑电路类似，控制器的作用是指挥系统的行为。交通信号灯控制器的使用场景是东西向大街和南北向大街相交的十字路口，在东西向和南北向各有一组交通信号灯。为简单起见，这里每组灯只包括红灯和绿灯，不包括黄灯。交通信号灯如图 3.21 所示，1 表示东西向红灯，2 表示东西向绿灯，3 表示南北向红灯，4 表示南北向绿灯。此外，还有一组通行按钮，由希望过马路的行人按下。下面给出实现这个交通信号灯控制器的时序逻辑电路。

控制器的工作就是让这组灯按如下顺序变化。当没有行人时，在第一个时钟周期，1 号灯和 4 号灯亮；下一周期，2 号灯和 3 号灯亮；然后，重复这个变化。当有行人按下通行按钮时，在当前的时钟周期结束后，1 号灯和 3 号灯亮（东西向和南北向红灯都亮），并保持一个时钟周期，然后，1 号灯和 4 号灯亮，恢复正常周期变化。每一周期持续 0.5 分钟。

图 3.22 所示为描述交通信号灯控制器行为的状态图。交通信号灯共有 3 个状态，即 1、4 号灯亮，2、3 号灯亮以及 1、3 号灯亮，分别使用 00、01 和 10 表示这 3 个状态。如果无行人按下通行按钮（用 0 表示），交通信号灯就按照时钟周期从状态 00 转换到状态 01，再转换到状态 00，如此重复；如果有行人按下通行按钮（用 1 表示），在当前时钟周期结束后，状态总是转换到 10，此时如果无行人按下通行按钮，在下一时钟周期转换到状态 00，如果有行人按下通行按钮，则保持在状态 10。

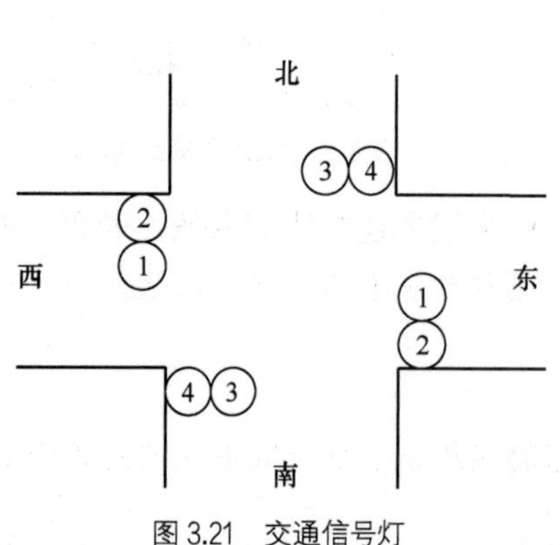

图 3.21　交通信号灯

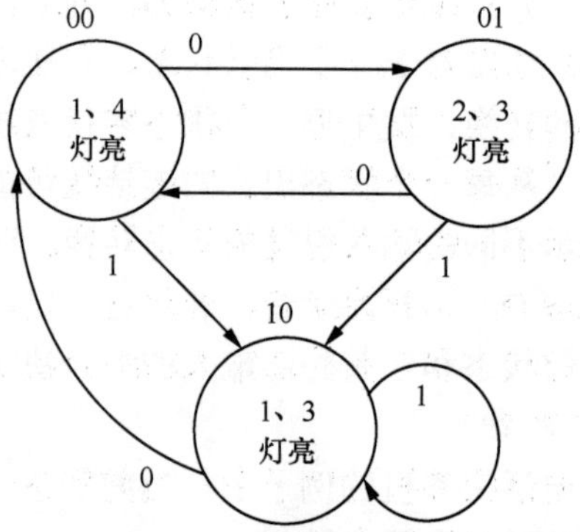

图 3.22　描述交通信号灯控制器行为的状态图

图 3.23 所示为交通信号灯控制器的时序逻辑电路简图。电路简图中有 1 个外部输入，表示行人的按钮行为，有 4 个外部输出，用于控制 1、2、3、4 号灯何时亮。电路中存在一个周期为 0.5 分钟的时钟信号，使状态转换每隔 0.5 分钟发生一次。

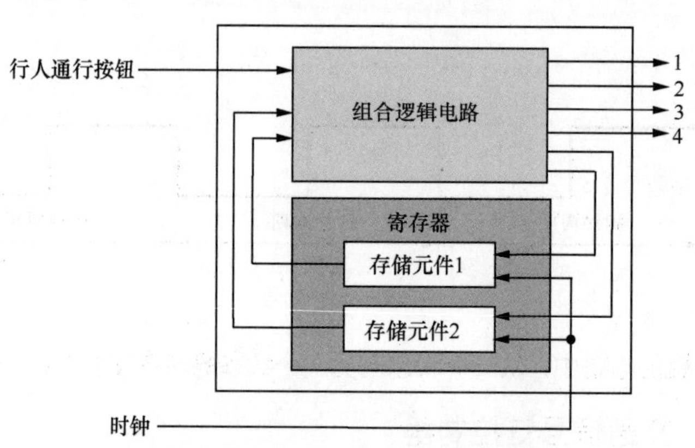

图 3.23　交通信号灯控制器的时序逻辑电路简图

唯一必须被保存的历史信息就是交通信号灯控制器过去的行为，即状态。既然有 3 种状态，就可以使用 2 位来识别，这 3 个状态的 2 位编码分别为 00、01 和 10。因此，需要一个能够存储 2 位信息的寄存器，对应图 3.23 中的 2 个内部存储元件，记录交通信号灯控制器处于哪一个状态。

1. 组合逻辑电路

组合逻辑电路有两组输出：一组输出用于控制灯的亮灭，一组输出用于寄存器输入信号。

首先，来看用于控制灯亮灭的一组外部输出。有 4 个输出（标记为 1、2、3 和 4）用来控制 4 组灯的亮与灭。这 4 个输出仅与系统当前状态相关：在状态为 00 时，1 号灯和 4 号灯会亮；在状态为 01 时，2 号灯和 3 号灯会亮；在状态为 10 时，1 号灯和 3 号灯会亮。关于这一点，可以通过输出表来描述，如表 3.1 所示。

表 3.1　输出表

当前状态[1]	当前状态[0]	1 号灯	2 号灯	3 号灯	4 号灯
0	0	1	0	0	1
0	1	0	1	1	0
1	0	1	0	1	0

接下来，看一下用于寄存器输入信号的一组内部输出。这组输出有 2 个，记为下一状态[1]和[0]。这 2 个输出是由当前状态和当前的外部输入的组合决定的：当当前状态是 00 且无行人按下通行按钮时，下一个状态是 01；当当前状态是 01 或 10 且无行人按下通行按钮时，下一个状态是 00；当有行人按下通行按钮时，无论当前是什么状态，下一个状态都为 10。关于这一点，可以通过状态转换表来描述，如表 3.2 所示。

表 3.2　状态转换表

行人通行按钮	当前状态[1]	当前状态[0]	下一状态[1]	下一状态[0]
0	0	0	0	1
0	0	1	0	0
0	1	0	0	0
1	0	0	1	0
1	0	1	1	0
1	1	0	1	0

根据输出表和状态转换表，可以得到交通信号灯控制器的组合逻辑电路，如图 3.24 所示。

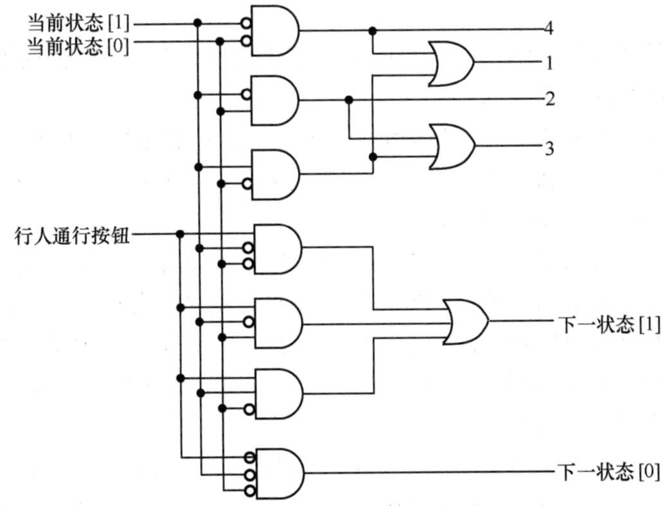

图 3.24　交通信号灯控制器的组合逻辑电路

2. 寄存器

交通信号灯控制器的寄存器由 2 个存储元件组成，图 3.25 所示为一个存储元件的逻辑电路。注意，此处的存储元件不能使用门控 D 锁存器。原因如下：在当前的时钟周期里，寄存器的输出是传给组合逻辑电路的内部输入，组合逻辑电路的内部输出则是寄存器的输入，而这个输入应该在下一个时钟周期发挥作用，如果使用门控 D 锁存器，输入会立即发挥作用，马上改写寄存器中的值，而不是等到下一个周期开始再改写。

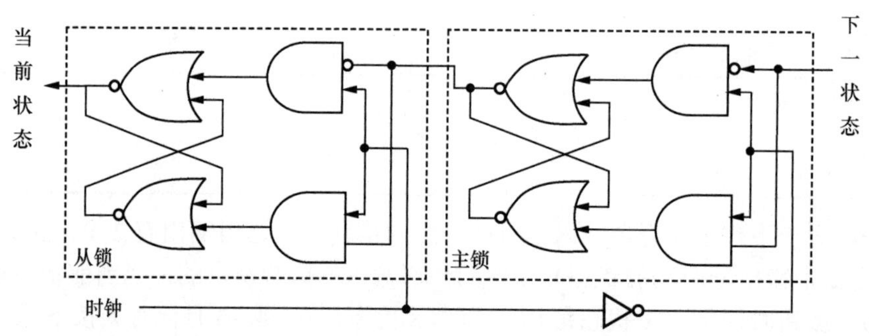

图 3.25　交通信号灯控制器的一个存储元件的逻辑电路

实现寄存器的简单的逻辑电路将使用主从触发器。主从触发器可以由 2 个门控 D 锁存器构成，分别被称为主锁和从锁，如图 3.25 所示。在时钟周期的前半段里，即当时钟信号为 1 时，不能改变存储在主锁中的值，这样，无论主锁中存储的是什么值，都会传给从锁，作为组合逻辑电路的内部输入。在时钟周期的后半段里，即当时钟信号为 0 时，不能改变存储在从锁中的值，所以，在时钟周期的前半段保存在从锁中的值仍是整个周期内组合逻辑电路的输入。然而，在时钟周期的后半段里，存储在主锁中的值将被改变。这样，主从触发器就允许当前状态在整个周期内保持不变，在周期的后半段，组合逻辑产生的下一状态改变主锁中的值，为下一周期改变从锁中的值做好准备。

3.7　存储器

存储器

锁存器和触发器是能够存储一位信息的基本存储元件，由锁存器或触发器构成的寄存器可以存储多位信息。

现代计算机中有一个最重要的存储结构——存储器。存储器是一个能够存储信息的二维阵列，由 2^n 行组成，每一行存储 *m* 位。每一行又可称为一个存储单元（Memory Unit）。图 3.26 所示为一个 n=32、m=8 的存储器示例。

存储器由一定数量（通常很多）的单元组成，每一个单元可被唯一识别。在计算机中，任何事物都被表示为 0 和 1 的序列，同样，用于识别存储单元的标识符，也采用二进制序列表示。可以把每一个单元的标识符称作它的地址，使用 *n* 位，能够识别出 2^n 个单元。如果 *n* 为 32，每个存储单元的地址如图 3.26 左侧所示，注意，此处给出的是十六进制表示，从 x00000000 到 xFFFFFFFF，共 2^{32} 个地址。

每一个单元都有存储一个数值的能力。图 3.26 所示的存储器示例中，*m* 为 8，即每个单元存储了 8 位信息，例如，单元 x4000 0000 中存储的二进制信息为“0111 1000”。

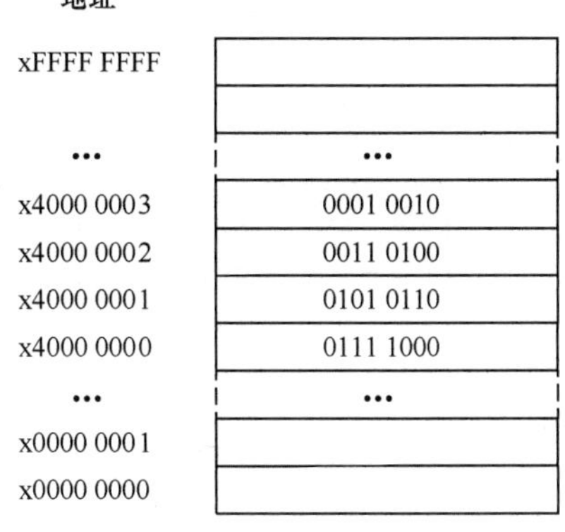

图 3.26 存储器示例

3.7.1 地址空间

唯一可识别的单元总数被称为存储器的地址空间。使用 10 位表示每一个地址，可识别 2^{10} 个单元，即 1024 个单元，近似地表示为 1000，即 1K。如果用 20 位来表示每一个地址，就有 2^{20} 个唯一可识别的单元，近似地表示为 100 万，即 1M。如果用 30 位来表示每一个地址，则有 2^{30} 个唯一可识别的单元，近似地表示为 10 亿，即 1G。

如果使用 32 位表示每一个地址，其地址空间为 2^{32}，称为 4G，确切地说是 4294967296 个单元，而不是 40 亿。

3.7.2 寻址能力

存储在每个单元中的信息的位数是存储器的寻址能力。大多数存储器的寻址能力是 8 位，也称为字节可寻址。可以使用大写字母 B（Byte，字节）表示 8 位的信息量。

大多数存储器是字节可寻址的。这一点有其历史原因：大多数计算机获得的原始操作数据，是键盘上输入的某个字符所对应的一个 8 位的 ASCII。如果存储器是字节可寻址的，每个 ASCII 在存储器中就占用一个单元。因此，只需访问一个存储单元，就可以读或写 1 个字符。

可以使用“4GB”这样的形式来表示一台计算机存储器的容量。“4GB 的存储容量”表明这台计算机包含约 40 亿个存储单元，每个单元包含 1 字节（8 位）的信息。

3.7.3 一个 4×2 的存储器

图 3.27 所示为一个 4×2 的存储器。也就是说，这个存储器有 4 个单元（2^2）的地址空间，2 位的寻址能力。

因此，此存储器需要使用 2 位表示地址，而每个地址的存储单元中存储了 2 位的信息。$A[1:0]$定义了地址位，访问存储器需要对地址位进行译码。

地址译码器根据输入 $A[1:0]$的值，将 4 个输出之一设为 1，该输出就是被寻址的“字线”。存储器的每一行对应一个 2 位的“字”，“字线”由此命名。

字中的每一位由一个存储元（Memory Cell）组成。存储元可以是一个门控 D 锁存器。锁存器的输出与其“字线”进入与门，然后其输出再与其他字相应的位进入或门，或门的输出为 $Q[1:0]$。既然在某一时刻只有一个“字线”被设为 1，这就形成了一个多路选择器——地址译码器的输出为每一位提供了选择功能。$Q[1:0]$就是存储器的输出位。

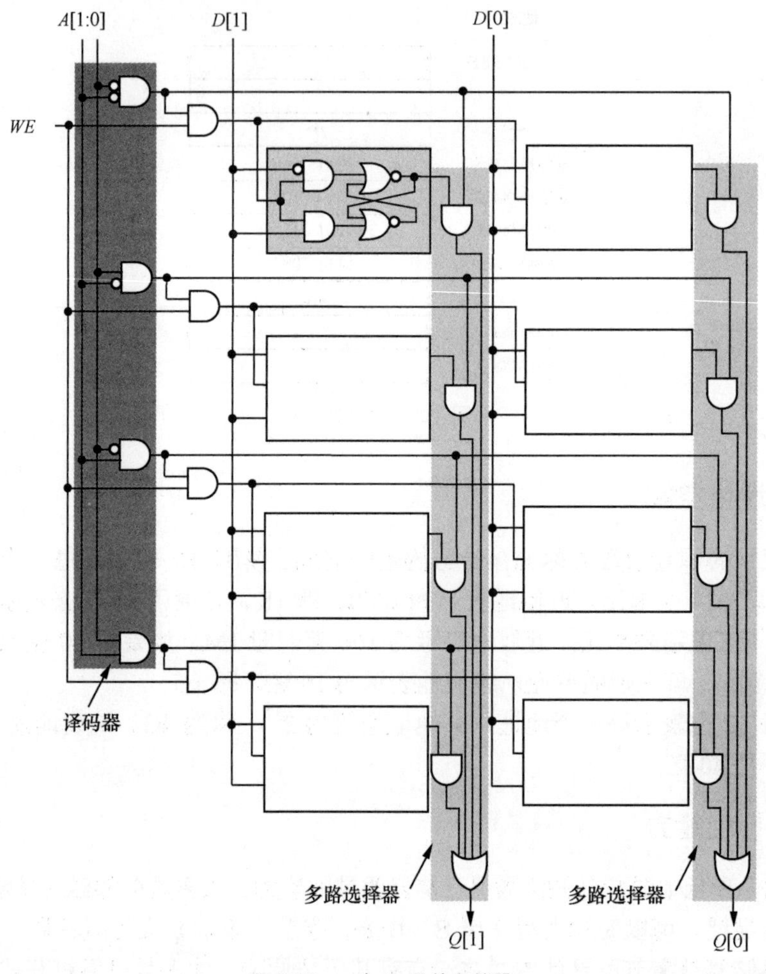

图 3.27　一个 4×2 的存储器

门控 D 锁存器的输入 *D* 是 *D*[1]或 *D*[0]，*D*[1:0]就是存储器的输入位。图 3.27 中的 *WE* 与其“字线”经过与门，输出的就是该字的 *WE* 信号。

图 3.28 所示为读取 4×2 存储器的单元 2 的过程。2 的编码是 10，地址 *A*[1:0]=10 被译码，相应的“字线”被设为 1。注意，译码器其他 3 个输出的值都为 0。存储在单元 2 中的值是 01，这两位的每一位都与“字线”进入与门，产生输出值 01，然后输出值被提供给两个或门。注意，或门的所有其他输入都是 0，因为它们都是与值为 0 的“字线”进入与门产生的。结果 *Q*[1:0]=01。也就是说，存储在单元 2 中的值被或门输出。

存储器可以以同样的方式写入数据，由 *A*[1:0]所定义的地址被提供给地址译码器，导致相应的“字线”被设为 1。随着 *WE* 的值被设为 1，*D*[1:0]中的 2 位将被写入两个与该字线相对应的门控锁存器。

图 3.27 给出的存储器是 SRAM（Static Random Access Memory，静态随机访问存储器），其结构相对简单。只要给它供电，其内部数据就不会丢失，可以一直保存，“静态”由此得名。“随机访问”是指存储器可以以任意顺序访问，而不必关心前一次访问的是哪一个单元。此外，每一个存储元也可以用更少的晶体管实现，例如，可以用 4～6 个晶体管构造一个存储元。

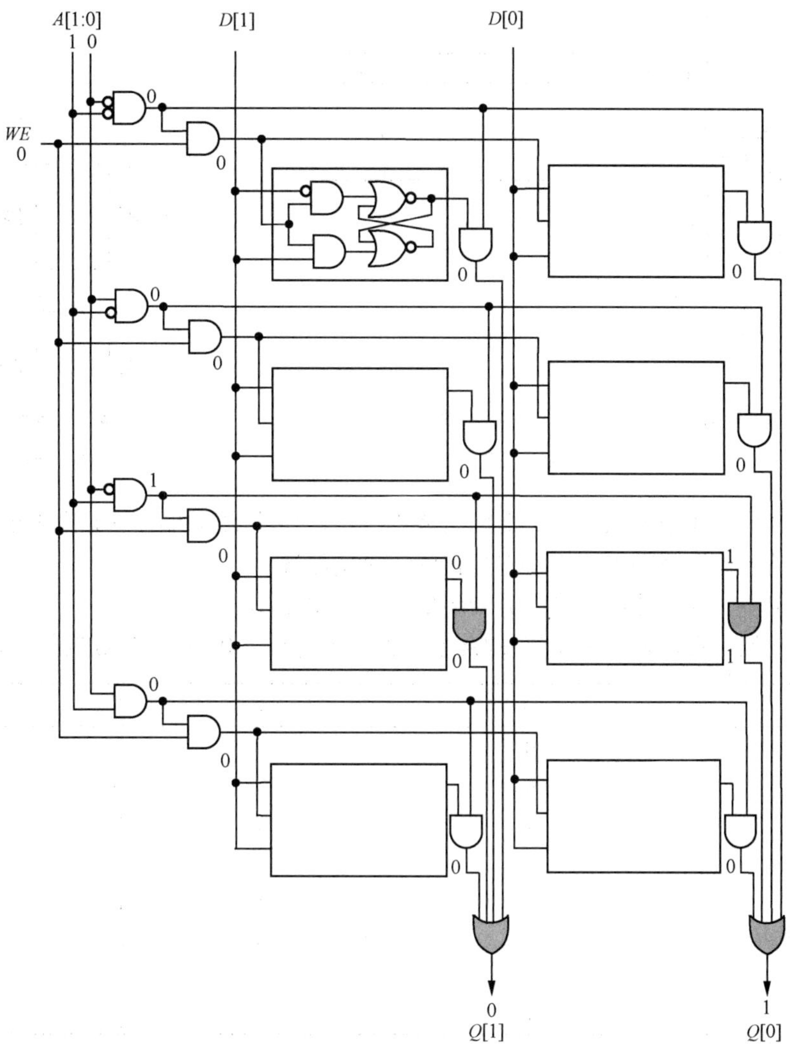

图 3.28　读取 4×2 存储器的单元 2

习题

3-1　完成以下任务。

（1）请分别画出有 3 个输入的与门和有 3 个输入的或门的晶体管级电路图。

（2）对于如下输入，请分别在其与门和或门晶体管级电路图中标出其表现。

① A=0, B=0, C=0

② A=0, B=0, C=1

③ A=1, B=1, C=1

3-2　完成以下任务。

（1）根据图 3.29（a）所示的晶体管级电路，完成图 3.29（b）所示的真值表的填写。

（2）使用与、或、非门，给出该真值表的门级电路图。

3-3　图 3.30 所示的电路图有一个缺陷，请指出该缺陷。

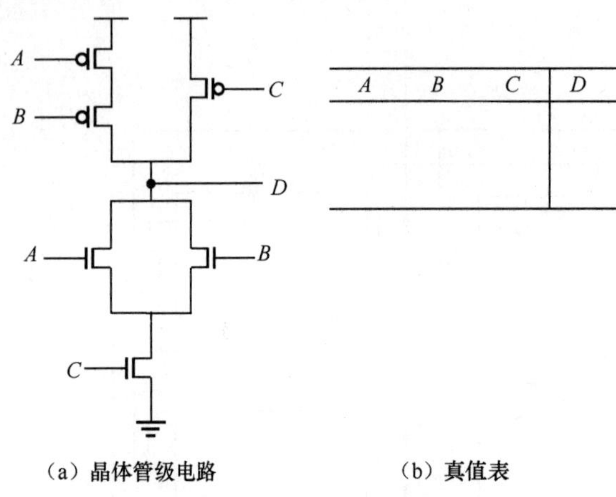

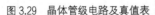

（a）晶体管级电路　　（b）真值表

图 3.29　晶体管级电路及真值表

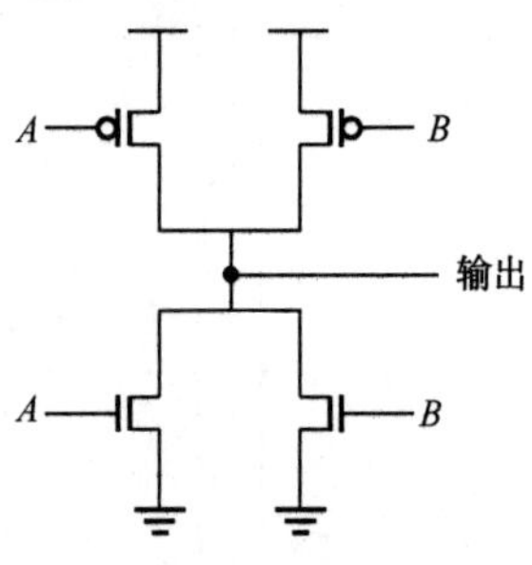

图 3.30　电路图

3-4　请画出有 4 个输入的译码器的门极电路图，并注明各输出为 1 的条件。

3-5　请画出有 8 个输入的多路选择器的门极电路图。

3-6　使用与、或、非门，给出异或函数的门级电路图。

3-7　对于如下真值表，请使用 3.4.4 小节给出的算法（PLA），生成其门级逻辑电路。

A	*B*	*C*	*X*
0	0	0	1
0	0	1	0
0	1	0	1
0	1	1	0
1	0	0	1
1	0	1	0
1	1	0	0
1	1	1	0

3-8　只使用 2 选 1 的多路选择器，就可以实现 4 选 1 的多路选择器，给出其电路图。

3-9　根据图 3.31 所示的逻辑电路图，写出相应的真值表。

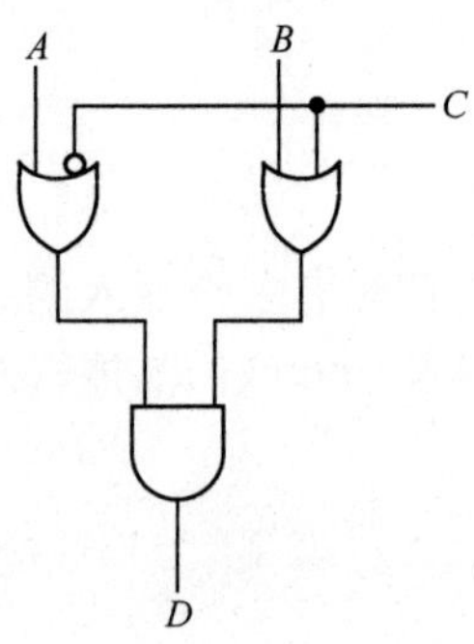

图 3.31　逻辑电路图

3-10　回答问题并完成电路图。

（1）图 3.32 中的每个矩形都表示一个全加法器，当 X=0 和 X=1 时，电路的输出分别是什么？

（2）在该电路图的基础上，构建一个可以实现加法/减法运算的逻辑电路图。提示：X=0 时，S 的值是 A+B 的值；X=1 时，S 的值是 A−B 的值。

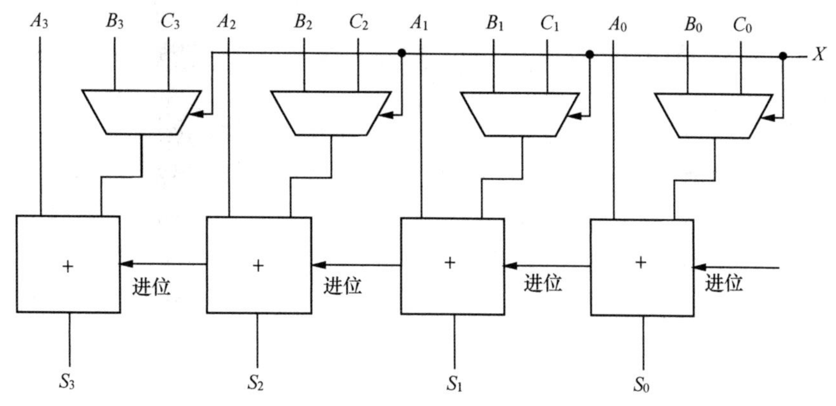

图 3.32　电路图

3-11　一个逻辑结构的运算速度与从输入到达输出需经过的逻辑门的最长路径有关。假设与、或、非门都被计为一个门延迟，例如，有两个输入的译码器的传递延迟等于 2（参照图 3.9），这是因为有些输出需经过两个门的传递。

（1）有两个输入的多路选择器的传递延迟是多少（参照图 3.10）？

（2）1 位的全加法器的传递延迟是多少（参照图 3.12（b））？

（3）4 位的全加法器的传递延迟是多少（参照图 3.12（c））？

（4）32 位的全加法器的传递延迟是多少？

3-12　设计一个 1 位的比较器，该比较器的电路有两个 1 位的输入 A 和 B，有 3 个 1 位的输出 G（Greater，大于）、E（Equal，等于）和 L（Less，小于）。当 $A>B$ 时，G 为 1，否则 G 为 0；当 $A=B$ 时，E 为 1，否则 E 为 0；当 $A<B$ 时，L 为 1，否则 L 为 0。

（1）给出此 1 位比较器的真值表。

（2）使用与、或、非门实现此比较器电路。

3-13　根据图 3.33 回答问题。

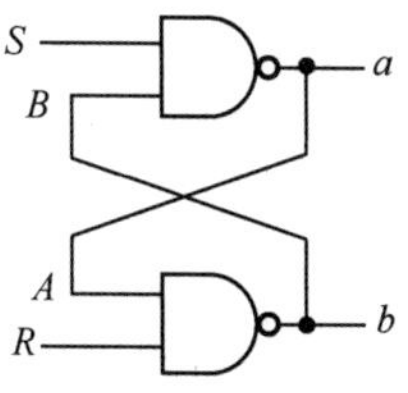

图 3.33　逻辑电路图

（1）当 S 和 R 都为 1 时，此逻辑电路的输出是什么？

（2）如果 S 从 1 转换到 0，输出是什么？

（3）此逻辑电路是存储元件吗？

3-14　某个计算机有 4 字节的寻址能力，访问其存储器的一个单元需要 64 位，该存储器的大小是多少（以字节为单位）？此存储器共存储多少位？

3-15　8 位被称为 1 字节，4 位被称为 1 个单元组（Nibble）。1 字节可寻址的存储器使用 14 位的地址，那么，此存储器共存储了多少个单元组？

3-16　对于图 3.27 所示的 4×2 的存储器，回答以下问题。

（1）如果向单元 3 存储数值，*A*[1:0]和 *WE* 必须被设置为什么值？

（2）如果将此存储器的单元数目从 4 增长到 10，需要多少条地址线？存储器的寻址能力是否发生变化？

3-17　设计一个简单的交通信号灯控制器。与 3.6.2 小节的场景类似，在东西向大街和南北向大街相交的十字路口，设有一组交通信号灯 1、2、3 和 4。当没有行人时，在第一个时钟周期，1 号灯和 4 号灯亮；下一周期，2 号灯和 3 号灯亮；然后，重复这个变化。与 3.6.2 小节不同的是，如果有行人按下按钮，1 号灯和 3 号灯总是立即亮起，而不是等到当前时钟周期结束。

（1）画出状态图。

（2）给出输出表和状态转换表。

（3）给出此交通信号灯控制器的时序逻辑电路。

3-18　上机实践：编写 C 程序，从键盘输入一个十进制整数，输出该数的二进制表示（32 位）。例如，如果输入是 10，则输出为 00000000000000000000000000001010。提示：使用按位运算符。

第4章 指令集结构

若我们编写了一个 C 程序，则需要使用编译器，将其翻译为可以在某种计算机上执行的二进制指令。将高级语言程序翻译成某种机器的低级语言程序，其依据就是目标机器的**指令集结构**。指令集结构给出了计算机能够执行的操作和操作所需的数据、内存以及寄存器等的定义。

本章将介绍 RISC-V 指令集结构、RV32I 指令及 RISC-V 处理器。

RISC-V 指令集结构

4.1 RISC-V 指令集结构

RISC-V 指令集结构是由美国加州大学伯克利分校发布的一个开源指令集，该项目始于 2010 年。RISC-V 指令集结构的核心是一个被命名为 RV32I 的基础整数指令集，即 32 位整数指令集。在此基础上，扩展出了 RV32M（乘法）、RV32F（单精度浮点数）、RV32D（双精度浮点数）和 RV64I（64 位整数）等指令集。

在此，我们仅介绍其核心指令集——RV32I。

4.1.1 内存

RV32I 定义的内存地址是 32 位的，地址空间为 2^{32}（4G），寻址能力是 8 位，即字节可寻址，如图 4.1 所示。

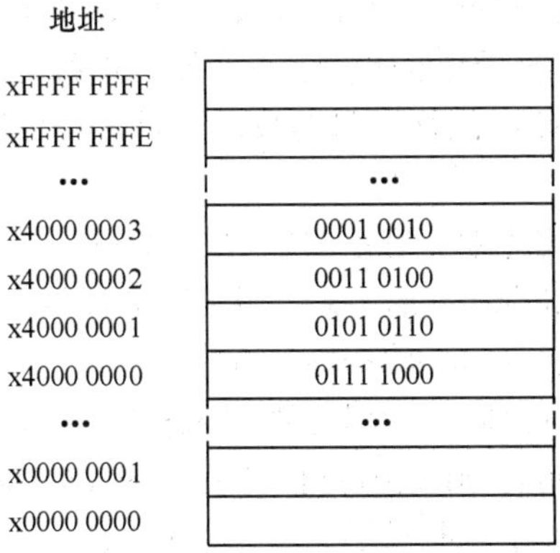

地址	
xFFFF FFFF	
xFFFF FFFE	
···	···
x4000 0003	0001 0010
x4000 0002	0011 0100
x4000 0001	0101 0110
x4000 0000	0111 1000
···	···
x0000 0001	
x0000 0000	

图 4.1　RV32I 内存示意

ALU 正常处理的信息量的大小，通常被称为计算机的字长，每一个元素被称为一个字（Word）。RV32I 规定的字长是 32 位。

既然字长是 32 位，那么，每个字占 4 字节的存储空间，这样，当需要从内存中获得一个 32 位的字来计算时，必须访问 4 个存储单元。一个 32 位的字是连续存储在内存中的。

在图 4.1 所示的例子中，在地址 x4000 0000～x4000 0003 的 4 个存储单元中，存放了一个字。当访问这个字时，只需使用其起始地址 x4000 0000。

问题：图 4.1 中的字是 x1234 5678，还是 x7856 3412？即字中的各字节是按照什么顺序在内存中存储的？如果把一个字左边的字节称为高位字节，右边的字节称为低位字节，高位字节是位于内存的高地址中，还是位于低地址中？

答案：RISC-V 使用的是**小尾端**（Little-Endian）的方式，即将字的高位字节存放在内存的高地址中，低位字节存放在低地址中。据此，在地址最高的 x4000 0003 中存放的 x12 是这个字的最高位字节，即最左边的字节，接下来，依次是 x34、x56 和 x78，x78 位于最低地址 x4000 0000 中，是最低位字节，即最右边的字节。因此，这个字应该是 x1234 5678，如图 4.2 所示。

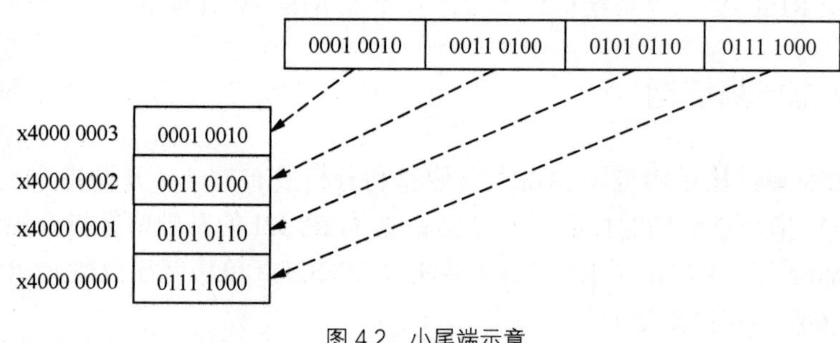

图 4.2 小尾端示意

此外，当需要从内存中获得一个 8 位的字节来计算时，如一个字符的 ASCII，则只需访问 1 个存储单元。访问时，根据其所在单元的地址，就可以得到该字节了。

4.1.2 寄存器

鉴于从内存中读取数据花费的时间通常远大于 ALU 执行一次运算的时间，大多数计算机都在 CPU 内部提供了一组读写速度更快的寄存器，被称为寄存器堆/寄存器文件。寄存器中存储的是不久后就会在 ALU 中执行运算的数据。因此，寄存器中的位数通常与 ALU 的字长相同。

RV32I 定义了 32 个整数寄存器，规定的位数是 32 位，并将它们命名为 x0,x1,…,x31。其中寄存器 x0 存储硬件连线的常量 0，x1～x31 用于存储整数数值。x1～x31 这 31 个寄存器，被称作**通用寄存器**（General-Purpose Register，GPR）。

图 4.3 所示为 RV32I 的寄存器堆/寄存器文件的瞬态图，在 x0,x1,…,x31 中分别存储了 0x0000 0000（即十进制整数 0）,0x0040 0000,0x3FFF FFF0,0x1000 0000,…,0xFFFF FFFA（即十进制整数-6）,0xFFFF FFF8（即十进制整数-8）这 32 个值。注意：由于 RV32I 定义的 32 个整数寄存器命名为 x0～x31，容易与十六进制表示的数值混淆，本章使用前缀 0x 表示十六

进制数。此外，由于 RV32I 定义的内存地址均为 32 位，采用 8 位十六进制表示，很容易与寄存器区分开来，使用前缀 x 或 0x 表示均可。没有前缀的数值，表示十进制数。

x0	0000	0000	0000	0000	0000	0000	0000	0000
x1	0000	0000	0100	00000	0000	0000	0000	0000
x2	0011	1111	1111	1111	1111	1111	1111	0000
x3	0001	0000	0000	0000	0000	0000	0000	0000
…	…							
x30	1111	1111	1111	1111	1111	1111	1111	1010
x31	1111	1111	1111	1111	1111	1111	1111	1000

图 4.3 寄存器堆/寄存器文件的瞬态图

除通用寄存器外，还有一些重要的寄存器，如控制器中的 PC，它记录了下一条要执行的指令的地址。

4.1.3 CISC 和 RISC

计算机处理的基本单位是**指令**。每一条指令对应了一个程序中要执行的任务。指令由两个部分组成：操作码（让计算机做的事情）和操作数（要操作的对象）。

有些指令集合结构拥有一个非常大的指令集，有些指令集结构则拥有一个非常小的指令集。CISC（Complex Instruction Set Computer，复杂指令集计算机）和 RISC（Riduced Instruction Set Computer，精简指令集计算机）因此得名。CISC 指令集具有复杂化的倾向，提供了功能强大的复杂指令，开发程序比较容易，但是由于指令复杂，指令执行效率较低，Intel 的 x86 指令集就是典型的 CISC。RISC 的指令集较小，指令执行效率比 CISC 高，但是，在开发程序方面则有所欠缺。

RV32I 定义了共 47 条指令，是典型的 RISC。

4.1.4 指令格式

在 RV32I 中，每条指令都由 32 位（一个字）组成，从左向右依次编号为 31,30,…,0。使用符号［l:r］表示位组合的子单元，l（left）是子单元的最左边一位，而 r（right）是最右边一位。这种子单元又被称为字段。

根据不同的字段分配方案，RV32I 共分为 6 种指令格式，分别是 R-类型、I-类型、S-类型、B-类型、U-类型和 J-类型。具体格式如下。

（1）R-类型

31 25	24 20	19 15	14 12	11 7	6 0
funct7	rs2	rs1	funct3	rd	opcode

（2）I-类型

31 20	19 15	14 12	11 7	6 0
imm[11:0]	rs1	funct3	rd	opcode

（3）S-类型

31 25	24 20	19 15	14 12	11 7	6 0
imm[11:5]	rs2	rs1	funct3	imm[4:0]	opcode

（4）B-类型

31	30 25	24 20	19 15	14 12	11 8	7	6 0
imm[12]	imm[10:5]	rs2	rs1	funct3	imm[4:1]	imm[11]	opcode

（5）U-类型

31 12	11 7	6 0
imm[31:12]	rd	opcode

（6）J-类型

31	30 21	20	19 12	11 7	6 0
imm[20]	imm[10:1]	imm[11]	imm[19:12]	rd	opcode

操作码（Opcode）由指令的[6:0]位定义，既然有 7 位用于表示操作码，那么最多可定义 128 种操作码。但是，RV32I 只定义了 11 种操作码，R-类型的操作码为 0110011，I-类型的操作码分为 0000011、0010011、1100111、0001111 和 1110011 5 种，S-类型的操作码为 0100011，B-类型的操作码为 1100011，U-类型的操作码为 0110111 和 0010111 两种，J-类型的操作码为 1101111。

除了 U-类型和 J-类型外，其他几种指令的[14:12]位为函数（Function）码。这意味着每种操作码最多可以定义 8 种不同的函数。此外，在 R-类型中，指令的[31:25]位也是函数码，最多可定义 1024 种不同的函数。

因此，U-类型和 J-类型可定义 3 条指令，S-类型和 B-类型最多可定义 16 条指令，I-类型最多可定义 40 条指令，R-类型最多可定义 1024 条指令。

然而，RV32I 只定义了 47 条指令，未被定义的部分可用于后续扩展。

指令的其他字段则定义了操作数，包括源寄存器（Register Source，RS）、目标寄存器（Register Destination，RD）和立即数（Immediate，Imm）。RV32I 共定义了 32 个整数寄存器，每个寄存器使用 5 位编码来识别，因此，在指令格式中，为寄存器分配的字段是 5 位。

4.2 RV32I 指令

RV32I 定义的 47 条指令，按照功能可以分为不同类型，分别是整数运算、数据传送、条件分支、无条件跳转和其他功能。整数运算包括整数的算术、逻辑和移位运算等；数据传送指令用于在内存和寄存器之间传送数据；条件分支指令根据两个寄存器的比较结果进行分支跳转；无条件跳转指令用于改变指令执行的顺序；其他功能包括控制状态寄存器、系统调用，以及将控制转移到调试环境等。

图 4.4 中列出了 37 条 RV32I 指令，这 37 条指令包括整数运算、数据传送、条件分支、无条件跳转指令。

注意，图 4.4 在每条指令的右边都给出了指令名。

31 25	24 20	19 15	14 12	11 7	6 0	指令名
0000000	rs2	rs1	000	rd	0110011	add
0100000	rs2	rs1	000	rd	0110011	sub
0000000	rs2	rs1	001	rd	0110011	sll
0000000	rs2	rs1	010	rd	0110011	slt
0000000	rs2	rs1	011	rd	0110011	sltu
0000000	rs2	rs1	100	rd	0110011	xor
0000000	rs2	rs1	101	rd	0110011	srl
0100000	rs2	rs1	101	rd	0110011	sra
0000000	rs2	rs1	110	rd	0110011	or
0000000	rs2	rs1	111	rd	0110011	and
imm[11:0]		rs1	000	rd	0010011	addi
imm[11:0]		rs1	010	rd	0010011	slti
imm[11:0]		rs1	011	rd	0010011	sltiu
imm[11:0]		rs1	100	rd	0010011	xori
imm[11:0]		rs1	110	rd	0010011	ori
imm[11:0]		rs1	111	rd	0010011	andi
0000000	shamt	rs1	001	rd	0010011	slli
0000000	shamt	rs1	101	rd	0010011	srli
0100000	shamt	rs1	101	rd	0010011	srai
imm[31:12]				rd	0110111	lui
imm[31:12]				rd	0010111	auipc
imm[11:0]		rs1	000	rd	0000011	lb
imm[11:0]		rs1	001	rd	0000011	lh
imm[11:0]		rs1	010	rd	0000011	lw
imm[11:0]		rs1	100	rd	0000011	lbu
imm[11:0]		rs1	101	rd	0000011	lhu
imm[11:5]	rs2	rs1	000	imm[4:0]	0100011	sb
imm[11:5]	rs2	rs1	001	imm[4:0]	0100011	sh
imm[11:5]	rs2	rs1	010	imm[4:0]	0100011	sw
imm[12|10:5]	rs2	rs1	000	imm[4:1|11]	1100011	beq
imm[12|10:5]	rs2	rs1	001	imm[4:1|11]	1100011	bne
imm[12|10:5]	rs2	rs1	100	imm[4:1|11]	1100011	blt
imm[12|10:5]	rs2	rs1	101	imm[4:1|11]	1100011	bge
imm[12|10:5]	rs2	rs1	110	imm[4:1|11]	1100011	bltu
imm[12|10:5]	rs2	rs1	111	imm[4:1|11]	1100011	begu
imm[20|10:1|11|19:12]				rd	1101111	jal
imm[11:0]		rs1	000	rd	1100111	jalr

图 4.4　RV32I 部分指令

4.2.1　整数运算指令

整数运算指令包括整数的算术、逻辑和移位运算等共 21 条指令（即图 4.4 中的前 21 条指令）。算术运算包括加法和减法等运算，逻辑运算包括与、或和异或等运算，移位运算包括左移、逻辑右移和算术右移等运算，此外，还有小于则置位（slt/slti/sltu/sltiu）、加载高位立即数（lui）、PC 加高位立即数（auipc）等指令。

除 lui 和 auipc 外，其他运算指令都是三地址指令：需要两个源操作数（待运算的数据）

和一个目标操作数（运算执行后的结果）。源操作数可以来自通用寄存器或从指令中直接获得，执行结果存储在通用寄存器中。第一个源操作数均来自寄存器，即指令[19:15]所标识的寄存器 rs1。第二个源操作数有两种来源：来自指令[24:20] 所标识的寄存器 rs2，或从指令[31:20]中直接获得。

如果第二个源操作数来自寄存器，其指令格式就是 R-类型，R 代表寄存器。如果第二个源操作数来自指令[31:20]，其指令格式就是 I-类型，I 代表立即数（Immediate），即可以从指令中立即获得的数。

lui 和 auipc 的指令格式是 U-类型，指令中只有一个源操作数和一个目标操作数。源操作数从指令[31:12]中直接获得，U 代表高位（Upper）。

整数运算指令执行的结果都被放入指令[11:7]所标识的目标寄存器 rd 中。

R-类型运算指令

1. R-类型运算指令

对于 R-类型运算指令来说，操作码为 0110011，它的两个源操作数都来自寄存器，第一个源操作数来自指令[19:15]所标识的寄存器 rs1，第二个源操作数来自指令[24:20]所标识的寄存器 rs2，运算结果存入指令[11:7]所标识的目标寄存器 rd。

（1）add（加法）

31　　25	24　　20	19　　15	14　12	11　　7	6　　0
0000000	01010	01001	000	01000	0110011
	x10	x9	加法	x8	

如果寄存器 x9 中存储数值 6，x10 中存储数值 3，执行 add 后，寄存器 x8 将会被写入数值 9。

add 的操作码为 0110011，该指令属于 R-类型运算指令，函数码包括指令[14:12]和指令[31:25]，分别为 000 和 0000000，这两个函数码表示要执行的是加法运算。要相加的两个操作数分别来自指令[19:15]和指令[24:20]所标识的 x9 和 x10 中，加法运算结果存入指令[11:7]所标识的 x8。上面这条指令编码的解释就是“将 x9 和 x10 里的内容相加，结果存入 x8”。

（2）sub（减法）

31　　25	24　　20	19　　15	14　12	11　　7	6　　0
0100000	01010	01001	000	01000	0110011
	x10	x9	减法	x8	

sub 的操作码为 0110011，该指令属于 R-类型运算指令，函数码分别为 000 和 0100000，这两个函数码表示要执行的是减法运算（Subtract）。rs1 中的数是被减数，rs2 中的数是减数，rd 中存储减法运算结果。

类似地，如果 x9 中存储数值 6，x10 中存储数值 3，执行 sub 后，x8 将会被写入数值 3。

（3）and（与）

31　　25	24　　20	19　　15	14　12	11　　7	6　　0
0000000	01010	01001	111	01000	0110011
	x10	x9	与	x8	

and 的操作码为 0110011，该指令属于 R-类型运算指令，函数码分别为 111 和 0000000，表示要执行的是位组合的按位与运算。

类似地，如果 x9 中存储数值 6，x10 中存储数值 3，执行 and 后，x8 将会被写入数值 2，是 0110 和 0011 进行按位与运算的结果（0010）。

（4）or（或）

31 25	24 20	19 15	14 12	11 7	6 0
0000000	01010	01001	110	01000	0110011
	x10	x9	或	x8	

or 的操作码为 0110011，该指令属于 R-类型运算指令，函数码分别为 110 和 0000000，表示要执行的是按位或运算。

类似地，如果 x9 中存储数值 6，x10 中存储数值 3，执行 or 后，x8 将会被写入数值 7，是 0110 和 0011 进行按位或运算的结果（0111）。

（5）xor（异或）

31 25	24 20	19 15	14 12	11 7	6 0
0000000	01010	01001	100	01000	0110011
	x10	x9	异或	x8	

xor 的操作码为 0110011，该指令属于 R-类型运算指令，函数码分别为 100 和 0000000，表示要执行的是按位异或运算。

类似地，如果 x9 中存储数值 6，x10 中存储数值 3，执行 xor 后，x8 将会被写入数值 5，是 0110 和 0011 进行按位异或运算的结果（0101）。

（6）sll（逻辑左移）

31 25	24 20	19 15	14 12	11 7	6 0
0000000	01010	01001	001	01000	0110011
	x10	x9	逻辑左移	x8	

sll 的操作码为 0110011，该指令属于 R-类型运算指令，函数码分别为 001 和 0000000，表示要执行的是逻辑左移（Shift Left Logical）运算。rs1 中的数被左移，左移的位数是 rs2 中的数的低 5 位，右边补 0。值得注意的是，由于 ALU 是对 32 位的位组合执行移位运算，移动的位数不能超过 32 位，因此，实际代表移动位数的是 rs2 中的数的低 5 位，其高位被忽略。

类似地，如果 x9 中存储数值 6，x10 中存储数值 3，执行 sll 后，x8 将会被写入数值 48，是 0110 向左移 3 位的结果（011 0000），也可以表示为 6×2^3。

（7）srl（逻辑右移）

31 25	24 20	19 15	14 12	11 7	6 0
0000000	01010	01001	101	01000	0110011
	x10	x9	逻辑右移	x8	

srl 的操作码为 0110011，该指令属于 R-类型运算指令，函数码分别为 101 和 0000000，表示要执行的是逻辑右移（Shift Right Logical）运算。rs1 中的数被右移，右移的位数是 rs2 中的数的低 5 位，左边补 0。

类似地，如果 x9 中存储数值 6，x10 中存储数值 3，执行 srl 后，x8 将会被写入数值 0，是 0110 向右移 3 位的结果（0000）。

（8）sra（算术右移）

31 25	24 20	19 15	14 12	11 7	6 0
0100000	01010	01001	101	01000	0110011
	x10	x9	算术右移	x8	

sra 的操作码为 0110011，该指令属于 R-类型运算指令，函数码分别为 101 和 0100000，表示要执行的是算术右移（Shift Right Arithmetic）运算。rs1 中的数被右移，右移的位数是 rs2 中的数的低 5 位，按照 rs1 中的数的符号，正数补 0，负数补 1。

类似地，如果 x9 中存储数值 6，x10 中存储数值 3，执行 sra 后，x8 将会被写入数值 0，是 0110 算术右移 3 位的结果（0000），也可以表示为 $6/2^3$。如果 x9 中存储数值−6，x10 中存储数值 1，执行 sra 后，x8 将会被写入数值−3，是 1010 算术右移 1 位的结果（1101），也可以表示为 $-6/2^1$。

（9）slt（小于则置位）

31 25	24 20	19 15	14 12	11 7	6 0
0000000	01010	01001	010	01000	0110011
	x10	x9	小于则置位	x8	

slt 的操作码为 0110011，该指令属于 R-类型运算指令，函数码分别为 010 和 0000000，表示要执行的是小于则置位（Set Less than）操作。如果 rs1 中的值小于 rs2 中的值，就将 rd 中的值设置为 1（真），否则设置为 0（假）。

类似地，如果 x9 中存储数值 6，x10 中存储数值 3，执行 slt 后，x8 将会被写入数值 0，因为 6 不小于 3。

（10）sltu（无符号小于则置位）

31 25	24 20	19 15	14 12	11 7	6 0
0000000	01010	01001	011	01000	0110011
	x10	x9	无符号小于则置位	x8	

sltu 的操作码为 0110011，该指令属于 R-类型运算指令，函数码分别为 011 和 0000000，表示要执行的是无符号小于则置位（Set Less than Unsigned）操作。如果 rs1 中的值小于 rs2 中的值，就将 rd 中的值设置为 1（真），否则设置为 0（假）。在比较时，将 rs1 和 rs2 中的数看作无符号数。

I/U−类型运算指令

类似地，如果 x9 中存储数值 6，x10 中存储数值 3，执行 sltu 后，x8 将会被写入数值 0，因为 6 不小于 3。

2. I-类型运算指令

对于 I-类型运算指令来说，操作码是 0010011，第二个源操作数来自指令[31:20]中。

addi、andi、ori、xori、slti 和 sltiu 的第二个源操作数来自指令[31:20]中的立即数（记作 imm[11:0]，一个 12 位的立即数）。首先对来自指令[31:20]中的 12 位立即数进行符号扩展，再与来自寄存器 rs1 的数进行运算，结果存于 rd 中。

（1）addi（加立即数）

31 20	19 15	14 12	11 7	6 0
0000 0000 0001	01001	000	01000	0010011
1	x9	加立即数	x8	

addi 的操作码为 0010011，该指令属于 I-类型运算指令，函数码是指令[14:12]中的 000，表示要执行的是加立即数（Add Immediate）运算。要相加的两个操作数，一个来自指令[19:15]所标识的 rs1 中，一个来自指令[31:20]中的 12 位立即数，将立即数通过符号扩展扩展至 32 位，再与 rs1 中的数相加，结果存入指令[11:7]所标识的 rd 中。

如果寄存器 x9 中存储数值 6，imm[11:0]中的立即数是 0x001，执行 addi 后，x8 将会被写入数值 7。

类似地，andi、ori、xori 对 imm[11:0]进行符号扩展，再与来自寄存器 rs1 的数进行与、或、异或运算，结果存于 rd 中。slti 对 imm[11:0]进行符号扩展，再与来自寄存器 rs1 的数进行比较，如果 rs1 中的数较小，就将 rd 中的值设置为 1（真），否则设置为 0（假）。sltiu 与 slti 类似，不同之处是其将 imm[11:0]符号扩展的结果和 rs1 中的数都看作无符号整数。

问题 1：没有定义减立即数指令，如何实现减立即数运算？

将指令 addi 的 imm[11:0]中的立即数设置为负数即可，示例如下：

31　　20	19　15	14　12	11　7	6　0
1111 1111 1111	01000	000	01000	0010011
−1	x8	加立即数	x8	

立即数是 xFFF，符号扩展的结果是 xFFFF FFFF，即−1，所以，执行指令后，寄存器 x8 中的值减 1。

注意：在同一条指令中，一个寄存器既可以用作源寄存器，也可以用作目标寄存器。这对所有的运算指令都是适用的。

问题 2：没有定义非运算指令，如何实现位组合的按位非运算（按位取反操作）？

将指令 xori 的 imm[11:0]中的立即数设置为 0xFFF 即可，示例如下：

31　　20	19　15	14　12	11　7	6　0
1111 1111 1111	01000	100	01000	0010011
0xFFF	x8	异或	x8	

立即数是 0xFFF，符号扩展的结果是 0xFFFF FFFF，即全为 1，所以，执行指令后，寄存器 x8 中的值按位取反。

问题 3：I-类型运算指令的立即数的取值范围是多少？

因为立即数来自指令[31:20]中，共 12 位，所以其取值范围是-2^{11}～$2^{11}-1$。

因为移位运算的移动位数仅需 5 位，所以在 I-类型运算指令中，slli、srli 和 srai 的第二个源操作数是指令[31:20]中的立即数的低 5 位，即指令[24:20]中的数，被命名为 shamt（Shift Amount，移位操作的位数）。指令[31:20]中的立即数的高 7 位，则用于设置移位运算的类型（逻辑或算术移位）。

（2）slli（逻辑左移立即数）

31　25	24　20	19　15	14　　12	11　7	6　0
0000000	00011	01001	001	01000	0010011
	shamt	x9	逻辑左移立即数	x8	

slli 的操作码为 0010011，该指令属于 I-类型运算指令，指令[14:12]的函数码为 001，代表左移运算，结合指令[31:25]的立即数 0000000，表示要执行的是逻辑左移立即数（Shift Left Logical Immediate）运算。rs1 中的数被左移，左移的位数是指令[24:20]中的数，右边

补 0。

类似地，如果 x9 中存储数值 6，执行 slli 后，x8 将会被写入数值 48，是 0110 向左移 3 位（shamt 的值）的结果（011 0000）。

（3）srli（逻辑右移立即数）

31 25	24 20	19 15	14 12	11 7	6 0
0000000	00011	01001	101	01000	0010011
	shamt	x9	逻辑右移立即数	x8	

srli 指令的操作码为 0010011，该指令属于 I-类型运算指令，指令[14:12]的函数码为 101，代表右移运算，结合指令[31:25]的立即数 0000000，表示要执行的是逻辑右移立即数（Shift Right Logical Immediate）运算。rs1 中的数被右移，右移的位数是指令[24:20]中的数，左边补 0。

类似地，如果 x9 中存储数值 6，执行 srli 后，x8 将会被写入数值 0，是 0110 向右移 3 位（shamt 的值）的结果（0000）。

（4）srai（算术右移立即数）

31 25	24 20	19 15	14 12	11 7	6 0
0100000	00001	01001	101	01000	0010011
	shamt	x9	算术右移立即数	x8	

srai 的操作码为 0010011，该指令属于 I-类型运算指令，指令[14:12]的函数码为 101，代表右移运算，结合指令[31:25]的立即数 0100000，表示要执行的是算术右移立即数（Shift Right Arithmetic Immediate）运算。rs1 中的数被右移，右移的位数是指令[24:20]中的数，左边按照符号补 0 或 1。

类似地，如果 x9 中存储数值−6，执行 srai 后，x8 将会被写入数值−3，是 1010 向右移 1 位（shamt 的值）的结果（1101）。

3. U-类型运算指令

对于 U-类型运算指令来说，只有一个源操作数，即来自指令[31:12]中的立即数。

（1）lui（加载高位立即数）

31 12	11 7	6 0
0001 0100 0000 0000 0000	00011	0110111
0x1400	x3	加载高位立即数

lui 的操作码为 0110111，代表加载高位立即数（Load Upper Immediate）运算。将指令[31:12]的 20 位立即数写入指令[11:7]标识的 rd 的高 20 位，低 12 位补 0。

如果 imm[31:12]中的立即数是 0x14000，执行 lui 后，x3 将会被写入数值 0x1400 0000。

（2）auipc（PC 加高位立即数）

31 12	11 7	6 0
0000 0000 0000 0000 0000	00101	0010111
0x0000	x5	PC 加高位立即数

auipc 的操作码为 0010111，代表 PC 加高位立即数（Add Upper Immediate to PC）运算。以低 12 位补 0，高 20 位写入指令[31:12]的立即数的方式形成一个 32 位的值，加到 PC 上，结果写入指令[11:7]标识的 rd。

如果 imm[31:12]中的立即数是 0x00000，执行 auipc 后，当前的 PC 值被写入 x5。

4.2.2 数据传送指令

数据传送指令

数据传送指令可以在内存和通用寄存器之间传送数据。将数据从内存移动到寄存器的过程叫作**加载**（Load），将数据从寄存器移动到内存的过程叫作**存储**（Store）。

数据传送指令共 8 条（图 4.4 中的第 22～29 条），包括 5 条加载指令和 3 条存储指令。lb、lh、lw、lbu 和 lhu 都是加载指令，操作码为 0000011，采用 I-类型指令格式。sb、sh 和 sw 是存储指令，操作码为 0100011，采用 S-类型指令格式，S 代表存储。

对存储单元进行读写操作需要使用存储单元地址。一个存储单元的地址是 32 位，所以，无法在一条 32 位的指令中直接声明一个地址。计算将要读取或写入的存储单元的地址的机制，被称为寻址模式。

加载/存储指令使用被称为“基址+偏移量”的寻址模式，计算存储单元的地址。

1. 寻址模式：基址+偏移量

之所以称之为“基址+偏移量”寻址模式，是因为存储单元的地址是通过将一个 12 位的立即数（imm[11:0]）进行符号扩展后，与寄存器 rs1 中的值相加得到的，这个寄存器被称为“基址寄存器”，12 位的立即数被称作“偏移量”。

基址寄存器中的数是一个基址，12 位的立即数是一个偏移量，这个偏移量的数值范围是 $-2^{11}\sim2^{11}-1$。

2. 加载指令

指令 lw（加载字）示例如下：

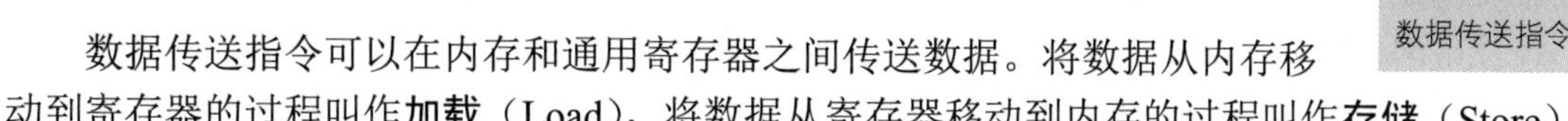

lw 的操作码为 0000011，该指令属于 I-类型加载指令，函数码是指令[14:12]的 010，表示要执行的是加载字（Load Word）操作，即从内存将一个字（32 位）传送到目标寄存器 rd 中。也就是需要从 4 个连续的存储单元中读出一个 32 位的数据，并将其写到寄存器中。

如果 x2 中的 32 位数据是 0x3FFF 0000，执行指令后，将 0x3FFF 0004～0x3FFF 0007 中的内容（假设其值为 0x0000 0006）加载到 x10 中。

首先，x2 中的内容（0x3FFF 0000）与 imm[11:0]经过符号扩展得到的值（0x0000 0004）相加，结果（0x3FFF 0004）为一个存储单元的地址，从该地址起，读取连续 4 个单元（0x3FFF 0004～0x3FFF 0007）中的值（0x0000 0006）并将其加载到 x10 中。

执行这条指令，即“进入指定的存储单元，从该单元开始，读取连续 4 个存储单元包含的值，并将结果存入目标寄存器”。

值得注意的是，如果加载指令的 rs1 为 x0，由于 x0 中的值是零，“基址+偏移量”的计算结果就是 imm[11:0]经过符号扩展得到的值，该值就是访问内存的地址。因此，这种情况下的偏移量表示的是一个绝对地址。

而 x0 中的值必须是零，所以，加载指令不可使用 x0 作为目标寄存器。

注意，lw 用于加载一个 32 位的字，因此，“基址+偏移量”的计算结果是 4 个连续的存储单元的低地址。

类似地，其他 4 条加载指令也采用相同的寻址模式，计算出存储单元的地址。各指令含义如下。

B 代表字节，H 代表半字（Halfword），U 代表无符号数（Unsigned）。因此，指令 lb 是从计算出的存储单元地址中读取 1 字节（8 位），经符号扩展为 32 位后，将其写入目标寄存器 rd。指令 lh 是从计算出的存储单元地址中读取连续的 2 字节（16 位，半字），经符号扩展为 32 位后，将其写入目标寄存器 rd。指令 lbu 是从计算出的存储单元地址中读取 1 字节，经零扩展后，将其写入目标寄存器 rd。指令 lhu 是从计算出的存储单元地址中读取连续的 2 字节，经零扩展后，将其写入目标寄存器 rd。

因此，lb 和 lbu 可用于读取 ASCII，而 lh 和 lhu 则可用于读取 16 位的 Unicode（一种可以容纳世界上所有文字和符号的字符编码）。

3. 存储指令

指令 sw（存储字）示例如下：

31 25	24 20	19 15	14 12	11 7	6 0
0000000	00110	00101	010	01000	0100011
imm[11:5]	x6	x5	存储字	imm[4:0]	

sw 的操作码为 0100011，该指令属于 S-类型，函数码是指令[14:12]的 010，表示要执行的是存储字（Store Word）操作。将寄存器 rs2 中的值（32 位）传送到内存中，也就是将寄存器中的值写到 4 个连续的存储单元中。注意，S-类型指令格式的 imm[11:0]是由指令[31:25]和指令[11:7]组合而成的。

如果 x6 中的数是 3，x5 中的数是 x3000 0000，imm[11:0]的值为 x008，那么执行指令后，数值 3 存储到 x3000 0008～x3000 000B 中。

类似地，指令 sb 代表存储字节（Store Byte）操作，将寄存器 rs2 中的值的低 8 位（1 字节）传送到内存的一个存储单元中；指令 sh 代表存储半字（Store Halfword）操作，将寄存器 rs2 中的值的低 16 位（2 字节）传送到两个连续的存储单元中。

为了提高性能，加载/存储指令计算出来的“基址+偏移量”的值应该尽量对齐地址。例如，对于 lw/sw，“基址+偏移量”的值应该是 4 字节对齐，即地址应为 4 的倍数；对于 lh/lhu/sh，则应该是 2 字节对齐，即地址应为 2 的倍数。

4.2.3 示例：指令序列

示例：指令序列

假设在内存单元 x0040 0000～x0040 000F 中存储了 4 条指令，如图 4.5 所示。注意：由于在 RV32I 中每条指令都由 32 位组成，占用 4 个连续的存储单元，为了便于理解，图 4.5 中的每一行代表连续的 4 个存储单元，左边给出了 4 个存储单元的起始地址，例如，x0040 0000 是第一条指令的起始地址，该指令位于存储单元 x0040 0000～x0040 0003 中，即图 4.5 中最下面一行，依此类推。本章均采用了类似的指令序列示意图。

检查执行这 4 条连续的指令的结果。

首先，存储在单元 x0040 0000～x0040 0003 中的第 1 条指令被执行。该指令的操作码是 0110111，代表加载高位立即数指令（lui）。执行 lui，将指令[31:12]放入指令[11:7]标识的目标寄存器 rd 的高 20 位，低 12 位补 0。因此，当 lui 执行结束时，x5 寄存器包含 0x1000 0000。

地址	31 25	24 20	19 15	14 12	11 7	6 0	解释
x1000 0010	0000 0000 0000 0000 0000 0000 0000 0101						5
…	…						…
x0040 000C	0000 0001 0000		00101	010	00111	0000011	lw
x0040 0008	0000000	00110	00101	010	10000	0100011	sw
x0040 0004	0000 0000 0101		00000	000	00110	0010011	addi
x0040 0000	0001 0000 0000 0000 0000				00101	0110111	lui

图 4.5 指令序列示例

第 2 条被执行的指令是存储在 x0040 0004～x0040 0007 中的指令。该指令的操作码是 0010011，代表 I-类型运算指令，指令[14:12]的函数码为 000，代表加立即数指令（addi）。执行 addi，将指令[19:15]标识的寄存器 rs1 中的数与指令[31:20]中的立即数符号扩展的结果相加，结果存储于指令[11:7]标识的 rd 中。rs1 为 x0 寄存器，x0 寄存器中的值总是 0，与立即数 5 相加，结果存储于 x6 中。当该指令执行结束时，x6 包含 0x0000 0005。

第 3 条被执行的指令存储在 x0040 0008～x0040 000B 中。该指令的操作码是 0100011，代表存储指令，指令[14:12]的函数码为 010，代表存储字指令（sw）。将指令[24:20]标识的寄存器 rs2 中的内容存储到内存中，存储单元地址通过“基址+偏移量”寻址模式得到，即将指令[19:15]标识的寄存器 rs1 中的内容与偏移量符号扩展的结果相加，得到存储单元地址。偏移量为由指令[31:25]和指令[11:7]组合得到的立即数，即 0x010，符号扩展后为 0x0000 0010，与 x5 寄存器中的数值 0x1000 0000 相加，结果为 0x1000 0010。因此，当该指令执行结束时，存储单元 x1000 0010～x1000 0013 将包含 x6 中的内容，即 0x0000 0005，如图 4.5 所示。

第 4 条被执行的指令存储在 x4000 000C～x4000 000F 中。该指令的操作码是 0000011，代表 I-类型加载指令，指令[14:12]的函数码为 010，代表加载字指令（lw）。读取内存中的一个字，将其加载到指令[11:7]标识的寄存器 rd 中，存储单元地址通过“基址+偏移量”寻址模式得到，即将指令[19:15]标识的寄存器 rs1 中的内容与偏移量符号扩展的结果相加，得到存储单元地址。偏移量为指令[31:20]中的立即数，即 0x010，符号扩展后为 0x0000 0010，与 x5 寄存器中的数值 0x1000 0000 相加，结果为 0x1000 0010。执行 lw 后，x7 包含 0x0000 0005，即十进制数 5。

通过这个指令序列示例，可以看出内存中存储的二进制内容可以是数据，也可以是指令。

指令 lui 常用于将某个较大的数，如内存地址，赋值给某个寄存器。而指令 addi 则通过 x0 寄存器与一个较小的立即数相加，为某个寄存器赋值。

图 4.5 中的指令序列的执行，基于计算机程序按顺序执行这一前提，即第一条指令被执行，接着是第二条，然后是第三条，依此类推。整数运算指令和数据传送指令都不会改变指令执行的顺序。

由于控制器中的 PC 记录了下一条要执行的指令的地址，因此，在执行整数运算指令和数据传送指令时，PC 中的值将变为序列中下一条指令的地址。由于一条指令是 32 位，占用连续的 4 个存储单元，因此，执行整数运算指令和数据传送指令后，PC 中的值被 PC+4 的值取代。

如果想要改变指令执行的顺序，例如，有时需要先执行第一条指令，接着第二条、第三条，然后又执行第一条，接着第二条、第三条，接着又是第一条……即循环结构，应该使用什么指令？由于 PC 包含下一条即将执行的指令的地址，因此，如果想要改变指令执行的顺序，就要在 PC 中设置需要执行的指令的地址。

能够改变 PC 中的地址的指令有条件分支指令、无条件跳转指令和系统调用指令等。其中，条件分支指令和无条件跳转指令被称为控制指令。

条件分支指令和无条件跳转指令

4.2.4 条件分支指令

条件分支指令根据两个寄存器的比较结果，决定是否改变指令执行的顺序，即改变 PC 的值。PC 包含下一条要执行的指令地址，如何在条件分支指令中计算出这个指令地址？条件分支指令采用“PC-相对”寻址模式。

之所以称之为“PC-相对”寻址模式，是因为指令地址可通过将一个 13 位的立即数（imm[12:0]）进行符号扩展，再与当前 PC 的值相加得到，这个 13 位的立即数是一个相对于 PC 的偏移量。

值得注意的是，这个立即数是由 5 个部分组合而成的，依次是指令[31]、指令[7]、指令[30:25]、指令[11:8]和 0。注意：imm[0]在指令中没有出现，其值被定义为 0，也可以理解为 imm[12:0]的值是 imm[12:1]左移一位得到的。

条件分支指令共 6 条（图 4.4 中的第 30～35 条），操作码为 1100011，采用 B-类型指令格式，B 代表分支（Branch）。

指令 beq（相等时分支）示例如下：

地址	31　　25	24　　20	19　　15	14　12	11　　7	6　　0
x0040 0000	0 000000	00110	00101	000	0100 0	1100011
	imm[12|10:5]	x6	x5	相等时分支	imm[4:1|11]	

beq 的操作码为 1100011，该指令属于 B-类型，函数码是指令[14:12]的 000，表示要执行的是相等时分支（Branch if Equal）操作。比较寄存器 rs1 和寄存器 rs2 中的值是否相等，如果相等，则 PC 的值被设置为“PC+SEXT(imm[12:0])”的值。

例如，如果 x5 中的值是 6，x6 中的值也是 6，指令 beq 位于 x0040 0000～x0040 0003 中，执行这条指令后，PC 的值被设置为 x0040 0008。下一条要执行的指令就是位于 x0040 0008～x0040 000B 中的指令，而不是位于 x0040 0004～x0040 0007 中的指令了。

计算过程如下。

13 位的立即数为 0 0 000000 0100 0，分别来自指令[31]、指令[7]、指令[30:25]、指令[11:8]和末尾的 0，符号扩展后为 x0000 0008，再与 PC 中的值即指令地址 x0040 0000 相加，得到 x0040 0008。

如果 x5 和 x6 中的值不相等，那么，PC 中的值被设置为 PC+4 的值，即 x0040 0004，也就是按顺序执行下一条指令。

类似地，指令 bne（Branch if Not Equal，不相等时分支）用于判断 rs1 与 rs2 中的值是否不相等；指令 blt（Branch if Less Than，小于时分支）用于判断 rs1 中的值是否小于 rs2 中的值；指令 bge（Branch if Greater Than or Equal，大于等于时分支）用于判断 rs1 中的值是否大于或等于 rs2 中的值；指令 bltu（Branch if Less Than, Unsigned，无符号小于时分支）将 rs1 和 rs2 中的值看作无符号整数，再判断 rs1 中的值是否小于 rs2 中的值；指令 bgeu（Branch if Greater Than or Equal, Unsigned，无符号大于等于时分支）将 rs1 和 rs2 中的值看作无符号整数，再判断 rs1 中的值是否大于或等于 rs2 中的值。

如果将指令 beq 的 rs1 和 rs2 设置为同一寄存器，那么判断结果一定为真，PC 就一定会被加载为“PC+SEXT(Imm[12:0])”。因为指令流一定会被改变，所以这种情况可称为无条件分支。

注意，计算出的地址被限制于内存的一定范围之内。计算出来的地址在条件分支指令的偏移范围之内，偏移范围为-2^{12}～$2^{12}-1$，每条指令占 4 个单元，跳转到的指令位于当前指令之前的 1024 条指令和当前指令之后的 1024 条指令之间。

4.2.5 无条件跳转指令

除条件分支指令外，RV32I 还提供了两条无条件跳转指令，jal 和 jalr（图 4.4 中的第 36 条和第 37 条指令）。

无条件跳转指令不需要条件判断，直接改变 PC 中的值。此外，这两条指令还可以将下一条指令的地址（PC+4 的值）保存到目标寄存器 rd 中，以便将来返回。因此，这个地址被称为返回地址或返回链接（Link）。如果目标寄存器 rd 被设置为 x0，就表示不保存返回地址。

jal 的操作码是 1101111，采用 J-类型指令格式，J 代表跳转（Jump）。

jalr 的操作码是 1100111，采用 I-类型指令格式。

如何在无条件跳转指令中计算出跳转地址？jal 采用与条件分支指令相同的“PC-相对”寻址模式，只是在偏移量的计算上有区别，jal 的偏移量是 21 位的立即数。jalr 则采用“基址+偏移量”寻址模式计算出跳转地址。

（1）jal（跳转并链接）

地址	31 　　　　　　　　　　　　12	11 　　7	6 　　0
x0040 0000	0 0000000110 0 00000000	00001	1101111
	imm[20|10:1|11|19:12]	x1	跳转并链接

jal 的操作码为 1101111，代表跳转并链接（Jump and Link）操作。PC 的值被设置为 PC+偏移量的值，目标寄存器 rd 保存 PC+4 的值。

例如，如果指令 jal 位于 x0040 0000～x0040 0003 中，执行这条指令后，PC 的值被设置为 x0040 000C，x1 中的值被设置为 x0040 0004。下一条要执行的指令是位于 x0040 000C～x0040 000F 中的指令，而不是位于 x0040 0004～x0040 0007 中的指令。

计算过程如下。

21 位的立即数为 0 00000000 0 0000000110 0，分别来自指令[31]、指令[19:12]、指令[20]、指令[30:21]和末尾的隐含的 0，符号扩展后为 x0000 000C，再与 PC 中的值即指令地址 x0040 0000 相加，得到 x0040 000C。

注意，计算出的地址被限制于内存的一定范围之内。计算出来的地址在跳转指令的偏移范围之内，偏移范围为-2^{20}～$2^{20}-1$。如果想要执行的下一条指令地址超过这个范围，可以使用指令 jalr 来完成跳转，因为 jalr 采用“基址+偏移量”寻址模式，“基址+偏移量”的计算结果可以表示内存的全部地址空间，对下一条被执行的指令位于何处没有限制。

（2）jalr（寄存器跳转并链接）

地址	31 　　　　20	19 　　15	14 　　12	11 　　7	6 　　0
x0040 0000	1111 1111 1100	00101	000	00001	1100111
	imm[11:0]	x5	jalr	x1	寄存器跳转并链接

jalr 的操作码为 1100111，该指令属于 I-类型跳转指令，函数码是指令[14:12]的 000，表示要执行的是寄存器跳转并链接（Jump and Link Register）操作。PC 的值被设置为“基址+

偏移量”的值，目标寄存器 rd 保存 PC+4 的值。

例如，如果指令 jalr 位于 x0040 0000～x0040 0003 中，x5 中的值是 x0040 0020，执行这条指令后，PC 中的值被设置为 x0040 001C，x1 中的值被设置为 x0040 0004。下一条要执行的指令是位于 x0040 001C～x0040 001F 中的指令，而不是位于 x0040 0004～x0040 0007 中的指令。

计算过程如下。

基址寄存器是指令[19:15]标识的寄存器 rs1，即 x5，偏移量是指令[31:20]中的 12 位立即数，即 0xFFC，将立即数符号扩展为 0xFFFF FFFC，即十进制数值−4，与 x5 中的值 x0040 0020 相加，结果为 x0040 001C。

注意，如果基址寄存器使用 x0，那么 PC 的值被设置为偏移量的值，即绝对地址。

示例：计算一列数之和

4.2.6 示例：计算一列数之和

假设本例在内存单元 x0040 0000～x0040 0023 中的内容如图 4.6 所示，检查一下执行这 9 条连续的指令的结果。假设在执行前，存储单元 x1000 0000～x1000 0027 中已经存储了 10 个整数。

地址	31 25	24 20	19 15	14 12	11 7	6 0	解释
x1000 0024	0000 0000 0000 0000 0000 0000 0000 0101						5
…	…						…
x1000 0000	0000 0000 0000 0000 0000 0000 0000 0110						6
…	…						…
x0040 0020	1 1111110110 1 11111111				00000	1101111	jal
x0040 001C	1111 1111 1111		01001	000	01001	0010011	addi
x0040 0018	0000 0000 0100		00101	000	00101	0010011	addi
x0040 0014	0000000	01000	00110	000	01000	0110011	add
x0040 0010	0000 0000 0000		00101	010	00110	0000011	lw
x0040 000C	0 000000	00000	01001	000	11000	1100011	beq
x0040 0008	0000 0000 1010		00000	000	01001	0010011	addi
x0040 0004	0000 0000 0000		01000	111	01000	0010011	andi
x0040 0000	0001 0000 0000 0000 0000				00101	0110111	lui

图 4.6　计算一列数之和

首先，存储在单元 x0040 0000～x0040 0003 中的第一条指令被执行。第一条指令 lui 将 x5 加载为 x1000 0000，即 10 个整数的起始地址。

x0040 0004～x0040 0007 中的指令 andi 将 x8 与 0 进行按位与运算，结果存于 x8 中，即 x8 被赋值为 0。

x0040 0008～x0040 000B 中的指令 addi 将 x9 赋值为 0x0000 000A，即十进制数 10。

x0040 000C～x0040 000F 中的指令是条件分支指令 beq。如果 x9 与 x0 中的值相等，即 x9 中的值等于 0，PC 被加载为“PC+SEXT(Imm[11:0])”，即 x0040 0024；如果 x9 不为 0，PC 被加载为“PC+4”，即 x0040 0010。因为在上一条指令中，x9 的值被设置为 10，所以，顺序执行下一条指令。

x0040 0010～x0040 0013 中的指令 lw 通过“基址（x5）+偏移量（0）”计算出来存储单

元地址为 x5 中的值（在这里是 x1000 0000），然后将该地址（在这里是 x1000 0000～x1000 0003）里面的内容（第一个整数）加载到 x6 中。

x0040 0014～x0040 0017 中的指令 add 把 x6 中的内容加载到 x8 中（在这里是将第一个整数加载到 x8 中）。

x0040 0018～x0040 001B 中的指令 addi 将 x5 中的值加 4（在这里是 x1000 0004），这就意味着 x5 指向了包含 10 个整数的存储单元中的下一个整数。

x0040 001C～x0040 001F 中的指令 addi 将 x9 中的值加−1，即将 x9 中的值减 1（从 10 改变为 9）。

x0040 0020～x0040 0023 中的指令 jal 是一个无条件跳转指令，PC 被加载为“x4000 0020 + xFFFF FFEC”的值——x0040 000C，即将重复执行指令 beq。

接下来，指令按以下顺序运行：x0040 000C，x0040 0010，x0040 0014，x0040 0018，x0040 001C，x0040 0020，x0040 000C，x0040 0010，x0040 0014，x0040 0018，x0040 001C，x0040 0020，x0040 000C，x0040 0010，x0040 0014，x0040 0018，x0040 001C，x0040 0020……直到 x9 中的值变成 0。那时，在 x0040 000C～x0040 000F 中的 beq 被执行，PC 被加载为 x0040 0024，执行下一个任务。x0040 000C～x0040 0023 的指令序列被重复执行了 10 次。

这段指令执行的结果是，x5 的值为 x1000 0028，x9 的值为 0，x6 的值为第 10 个整数的值，x8 的值为 10 个整数的和。

问题：如何用一段 C 语言代码（简代 C 代码）来实现这一功能？

假设有一个整数数组 x，有 10 个元素，i 和 sum 都是 int 类型的变量，则 C 代码如下：

```
sum = 0;
for ( i = 0 ; i < 10 ; i++)
      sum = sum + x[i];
```

在 RISC-V 计算机的底层，数组存储在内存的一段连续存储单元中，基本类型变量则可以存于寄存器中。如果对数组中的元素进行运算，则必须先将其加载到寄存器中，因为 RISC-V 计算机的整数运算指令只能对寄存器和立即数进行运算。for 语句则是通过条件分支指令和无条件跳转指令实现的。

4.3 RISC-V 处理器

从硬件设计者的角度，根据 RISC-V 指令集结构，就可以设计出微处理器。下面给出一种简单的基本设计方案。该方案主要来自戴维 •A. 帕特森（David A. Patterson）和约翰 •L. 亨尼斯（John L. Hennessy）共同撰写的《计算机组成与设计：硬件/软件接口 RISC-V 版》和《计算机体系结构：量化研究方法（第 6 版）》。帕特森也是 RISC-I 项目的领导者。

这个简单的基本设计方案是一个采用多时钟周期的方案。RV32I 子集数据通路如图 4.7 所示，数据通路是指在计算机内部用于处理信息的所有元件的总和。图 4.7 中仅给出了 RV32I 中的 R-类型指令、指令 lw/sw 和指令 beq 的实现方案，其他未给出的指令实现与之类似。

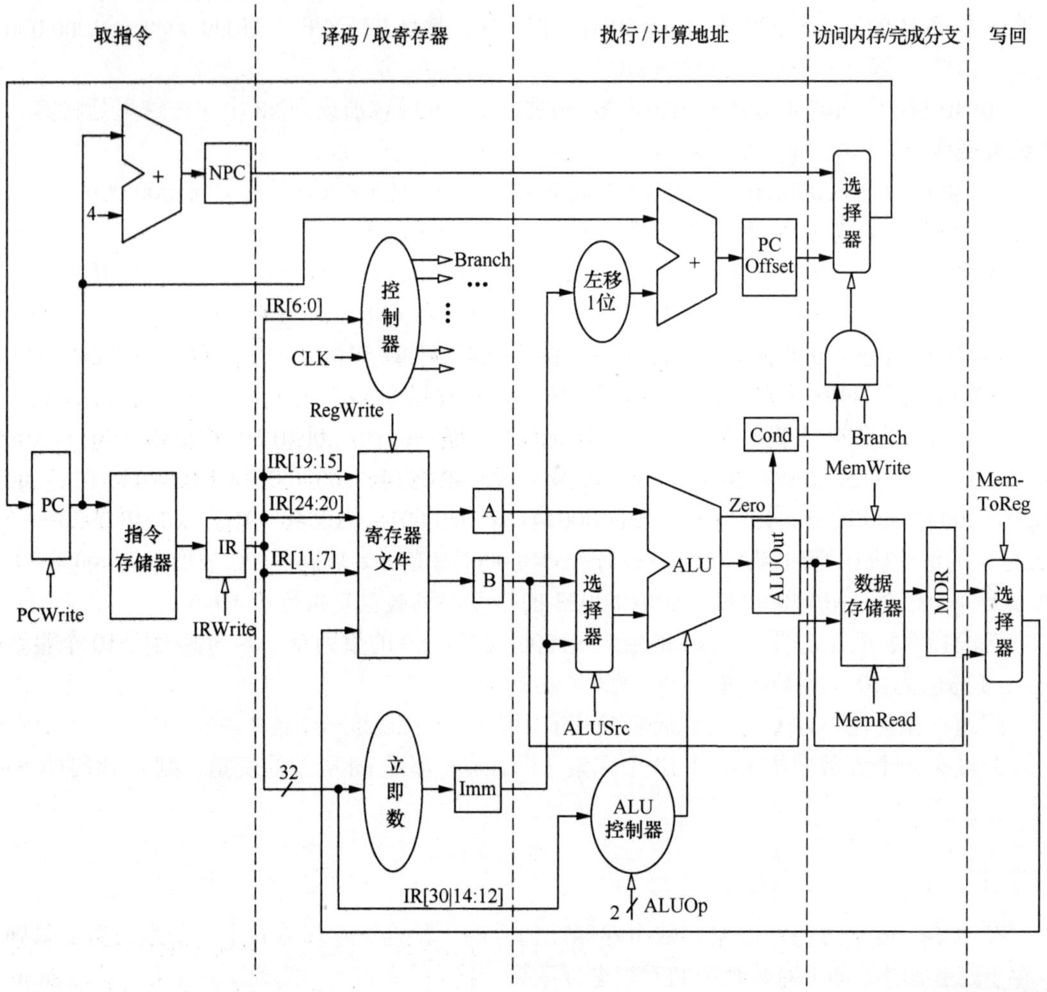

图 4.7 RV32I 子集数据通路

4.3.1 数据通路

数据通路

冯·诺依曼模型的主要思想就是把程序和数据都作为二进制序列存储在计算机的内存里，计算机在控制单元的引导下一次执行一条指令。

指令在控制单元的指挥下以一种系统的方式被逐步处理，根据所需进行的操作，可以将一条指令的执行分解为一系列步骤，每一个步骤都在控制单元的控制之下完成，执行每一个步骤所花费的时间是一个时钟周期。在现代计算机中，时钟周期以纳秒（或称毫微秒，即十亿分之一秒）为单位。例如，一个 3.3GHz 的处理器在 1 秒内有 33 亿个时钟周期，即一个时钟周期约为 0.303 纳秒。

图 4.7 中的数据通路是一个简单的、多时钟周期的实现方案。在这个方案中，指令的每一个步骤占用一个时钟周期，不同的指令可能被分解为不同的步骤，因而占用不同的时钟周期，故被称为“多周期”。

按照指令执行的步骤，可将处理指令所需的操作划分为以下阶段（每条 RISC-V 指令处理包含其中的 4～5 个阶段）：

（1）取指令（Instruction Fetch，IF）；

（2）译码/取寄存器（Instruction Decode/Register Fetch，ID）；

（3）执行/计算地址（Execution/Address Calculation，EX）；

（4）访问内存/完成分支（Memory Access/Branch Completion，MEM）；

（5）写回（Write-Back，WB）。

下面按照阶段进行介绍，即从左向右介绍图 4.7 所示内容。

1. 取指令

在冯·诺依曼模型中，计算机程序包含一组指令，每条指令都是由一个二进制序列表示的，并且整个程序被存储在计算机的内存中。取指令，就是从内存中取出要执行的下一条指令。为了取出下一条指令，必须先确定它位于哪里。PC 是一个寄存器，它包含下一条指令的起始地址。

因此，第一步就是读取 PC 中的内容，即下一条指令的起始地址，根据指令地址，访问内存（图 4.7 中的指令存储器），读出下一条指令。RV32I 指令由 32 位组成，需要读取 4 个连续的存储单元中的内容。由于在即将执行的下一个步骤中，还要使用到这一条指令，因此将其暂存于指令寄存器（Instruction Register，IR）中。

现在准备进入下一个阶段，给指令译码。但是，在这条指令执行完毕后，还希望读取它的下一条指令，也就是让程序计数器能够包含下一条指令的地址。因此，取指令阶段还有一个任务，就是使程序计数器加 4（每条指令 32 位，需要 4 个存储单元）。由于“PC+4”的结果将在后续步骤中用来改变 PC，因此，将其暂存于一个寄存器中，该寄存器被命名为“NPC”，即下一指令程序计数器（Next PC）。

取指令阶段的任务总结如下：

```
IR ← Mem[PC];
NPC ← PC+4;
```

注意，IR 和 NPC 都是 32 位的寄存器，反映了 RV32I 的指令和内存地址都是 32 位的。每个寄存器都有一个控制信号 *WE*，表示在当前时钟周期，该寄存器是否可以被写入数据。图 4.7 使用空心箭头表示控制信号，控制信号都来自控制器。寄存器的可写信号被命名为“XWrite”，如 IRWrite、PCWrite 等。

2. 译码/取寄存器

计算机在译码阶段将识别指令，从而确定下一步要去做什么。在此阶段，IR[6:0]中存储的是指令的操作码，将其输入控制器，控制器根据 IR[6:0]中的值，输出相应的控制信号，决定后续的步骤。

此阶段还将为后面的阶段执行获取操作数的操作：根据 IR[19:15]和 IR[24:20]的值，从寄存器文件/寄存器堆中读取两个寄存器的值，即指令的 rs1 和 rs2 中的值，并将其暂存于两个寄存器 A 和 B 中；同时，将 IR 的 32 位值输入“生成立即数”逻辑电路，生成一个 12 位的立即数 imm[11:0]，并将其符号扩展为 32 位，暂存于 Imm 寄存器中。

译码/取寄存器阶段的任务总结如下：

```
A ← Regs[rs1];
B ← Regs[rs2];
Imm ← SEXT(imm[11:0]);
```

注意：虽然有的操作结果在后面的阶段并不会用到，例如，R-类型的指令用不到立即数

imm[11:0]，但这并不浪费时间，因为这些操作是同时进行的。

3. *执行/计算地址*

在这个阶段，计算机将根据译码产生的控制信号，在 ALU 中对上一阶段得到的 A 寄存器和 B 寄存器或 Imm 寄存器中的值执行整数运算；同时，将 Imm 寄存器左移 1 位，与 PC 中的值相加，即计算“PC-相对”地址。

（1）对于 R-类型指令，这个阶段将在 ALU 中对 A 寄存器和 B 寄存器的值进行整数运算，结果存储于 ALUOut 寄存器中，执行的运算是由指令的函数码决定的。

（2）对于指令 lw/sw，这个阶段将在 ALU 中对 A 寄存器和 Imm 寄存器中的值进行加法运算，即“基址+偏移量”，得到一个内存地址（被称为有效地址），并将其存储于 ALUOut 寄存器中。

（3）对于指令 beq，这个阶段将在 ALU 中对 A 寄存器和 B 寄存器中的值进行条件判断（通过减法运算很容易得到比较结果），输出结果 Zero 为 0 或 1，将 Zero 的值暂存于条件寄存器 Cond 中；同时，将 Imm 寄存器左移 1 位，即形成 13 位的立即数，与 PC 中的值相加，计算出“PC-相对”地址，并将结果暂存于 PCOffset 寄存器中。

对于不同类型的指令，执行/计算地址阶段的任务总结如下。

（1）R-类型指令：

```
ALUOut ← A func B;
```

（2）指令 lw/sw：

```
ALUOut ← A + Imm;
```

（3）指令 beq：

```
Cond ← (A == B); PCOffest ← PC + (Imm << 1);
```

再次提醒注意，在控制器中产生的控制信号用于控制数据通路中各元件的操作，在图 4.7 中用空心箭头表示，而实心箭头用于表示相应的通路中流动的是数据元素。例如，在 ALU 中，处理两个数值，产生一个结果。这两个源操作数和结果全都是数据，用实心箭头表示。

4. *访问内存/完成分支*

在这个阶段计算机将对内存进行访问，并改写 PC 的值。

指令 lw/sw 一般要对内存进行读写操作。

（1）对于指令 lw，这个阶段读取 ALUOut 寄存器中的值，该值是在上一阶段计算得到的内存地址，通过这个地址访问内存（图 4.7 中的数据存储器），读出一个 32 位的数据，并将其暂存于数据寄存器（Memory Data Register，MDR）中。

（2）对于指令 sw，这个阶段根据 ALUOut 寄存器中的地址，将寄存器 B 中的数据写入内存（图 4.7 中的数据存储器）。同时，选择 NPC 的值，改写 PC 寄存器，即按顺序执行下一条指令。

（3）对于 R-类型指令，这个阶段选择 NPC 的值，改写 PC 寄存器，即按顺序执行下一条指令。R-类型指令不需要访问内存。

（4）对于指令 beq，这个阶段控制器发出的 Branch 信号（“1”）与上一阶段得到的 Cond 的值做逻辑与操作，并根据结果选择 PCOffset 或 NPC 的值，改写 PC 寄存器。如果 Cond 的值为 1，那么 PC 的值被改写为“PC-相对”地址，这就意味着下一条指令不再按顺序执行。

访问内存/完成分支阶段的任务总结如下。

（1）指令 lw：

```
MDR ← Mem[ALUOut];PC ← NPC;
```

（2）指令 sw：

```
Mem[ALUOut] ← B;PC ← NPC;
```

（3）R-类型指令：

```
PC ← NPC;
```

（4）指令 beq：

```
if (Cond && Branch)
    PC ← PCOffset;
else
    PC ← NPC;
```

注意，对于指令 sw 和指令 beq，此时已经执行完成，下一步是从取指令阶段开始执行下一条指令。

5. 写回

这是其他指令执行的最后阶段，结果被写到目标寄存器中。

（1）对于指令 lw，MDR 中的值被写入 IR[11:7]所指示的寄存器 rd。

（2）对于 R-类型指令，寄存器 ALUOut 中的整数运算结果被写入 IR[11:7]所指示的寄存器 rd。

写回阶段的任务总结如下：

```
Regs[rd] ← ALUOut;
```

或

```
Regs[rd] ← MDR;
```

不是所有的指令执行都包括上述 5 个阶段，但是所有指令均需要取指令和译码/取寄存器。

这 5 个阶段完成之后，就会从取指令阶段开始执行下一条指令。对于整数运算指令和数据传送指令，由于在第 4 阶段 PC 的值被更新为 PC+4 的值，包含存储在存储单元中的下一条指令的地址，这样下一条指令接下来就会被读取。对于控制指令，在第 3 阶段，如果 PC 中的值被改写为“PC-相对”地址，则将改变指令执行顺序。

此外，对于图 4.7 中的数据通路，也可以进行一定的修改，具体修改方法如下。

（1）因为 PC+4 发生在第一阶段（取指令阶段），所以也可以把这个加法运算放到 ALU 中进行，从而节省一个加法器组件。需要修改的内容：ALU 前需要两个选择器，一个用于选择 PC 或 A 寄存器，另一个用于选择 B 寄存器、Imm 寄存器或常数 4。如果选择 PC 和 4 做加法运算，计算结果将暂存于 NPC 中。

（2）类似地，因为取指令和读写内存中的数据不发生在同一阶段，所以可以把 IR 和数据存储器合为一个存储器。

控制器

4.3.2 控制器

控制器包括所有用来控制计算机处理信息的组件。最重要的组件是有限状态机，它指挥所有行为。

有限状态机的处理一步一步执行，或更精确地说，一个时钟周期、一个时钟周期地执行。有限状态机的一个输入是时钟信号 *CLK*，它可触发状态转换。

IR[6:0]也是有限状态机的一个输入，因为要处理的操作码决定了计算机要执行的行为。

执行指令的每一个阶段，都是由控制器的有限状态机控制的。

注意，图 4.7 中控制器的所有输出都是空心箭头。这些输出控制计算机的处理。例如，IRWrite（1 位）信号，控制了当前时钟周期内 IR 是否要加载新的指令；Branch（1 位）信号，代表当前执行的指令是否为分支指令；ALUOp（2 位）信号，代表当前执行的指令在 ALU 中要执行的是何种运算。

注意：为了减少不必要的混乱，图 4.7 中大多数控制信号的连线被省略了。

下面讲解有限状态机的设计。

图 4.8 所示为 RV32I 有限状态机对应的状态简图。状态在时钟信号控制下发生转换。圆形表示状态，圆形中的文字描述每个状态输出的信号，带箭头的线段表示状态的转换。

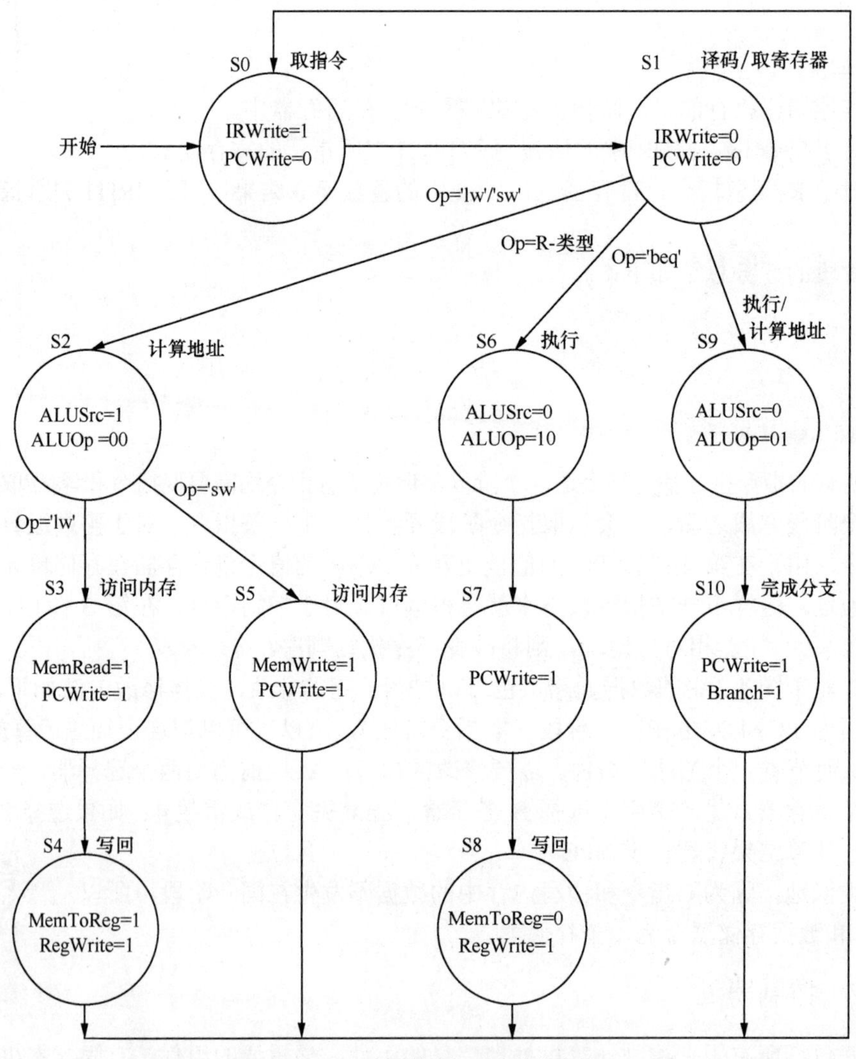

图 4.8　RV32I 有限状态机对应的状态简图

图 4.8 中仅给出了 RV32I 中的指令 lw/sw、R-类型指令和指令 beq 的设计方案，共有 11 个状态（S0～S10）。

指令执行从取指令阶段开始，即状态 S0（第一个时钟周期）。读取 PC 的值，访问内存，读出一条指令，暂存于 IR 中。为了让内存中的内容被加载到 IR 中，有限状态机必须将 IRWrite 设为 1。在加法器中将 PC 加 4，结果暂存于 NPC 中。有限状态机输出的其他控制信号，如 PCWrite，则设为 0，因为在当前时钟周期内，PC 的值保持不变。图 4.8 中省略了其他控制信号的描述。

进入下一状态 S1，即译码/取寄存器阶段。使用指令的操作码（IR[6:0]），有限状态机就能够到达下一个适当的状态。在此阶段进行读取寄存器的操作，从 IR[19:15]和 IR[24:20]所指示的寄存器中获得源操作数，传给 A 寄存器和 B 寄存器；同时，生成立即数，即 SEXT(imm[11:0])，并暂存于 Imm 寄存器中。

以上两个状态对于每一条指令都是适用的。接下来，针对不同的指令，即根据 IR[6:0]的值，将进入不同的状态。

例如，对于指令 lw/sw，下一状态（S2）是计算地址阶段。将 A 寄存器和 Imm 寄存器的值在 ALU 中执行加法运算，这要求有限状态机将选择信号 ALUSrc 设为 1，去选择来自 Imm 寄存器的输入。将 ALUOp 信号设为 00，ALU 控制器输出 ALU 要执行的运算（加法）的控制信号。将计算出来的地址存储在 ALUOut 中。

如果当前指令是 lw，进入状态 S3，即访问内存阶段。根据 ALUOut 的值，读取内存中的数据，并将其写到 MDR 中。这要求有限状态机将 MemRead 信号设为 1，读取内存。对于指令 lw/sw，Branch 信号为 0，因此，若选择 NPC 的值改写 PC，则要求有限状态机将 PCWrite 信号设为 1。下面，进入最后一个状态 S4，即写回阶段。将 MDR 中的值写回到目标寄存器中，这要求有限状态机将 MemToReg 信号设为 1，选择来自 MDR 的数据写回，且将 RegWrite 信号设为 1，使得目标寄存器可写。注意，目标寄存器的编码来自 IR[11:7]。

一条指令执行完毕后，返回有限状态机的状态 S0。

除此之外，值得关注的还有状态 S6。这是 R-类型指令的执行阶段。将 A 寄存器和 B 寄存器的值在 ALU 中执行整数运算，这要求有限状态机必须将选择信号 ALUSrc 设为 0，去选择来自 B 寄存器的输入；将 ALUOp 信号设为 10（代表 R-类型指令），ALU 控制器根据 IR[30|14:12]的函数码和 ALUOp 的值，输出 ALU 要执行的运算的控制信号；运算结果存储在 ALUOut 中。

状态 S8 是 R-类型指令的写回阶段。将 ALUout 中的运算结果写回到目标寄存器中，这要求有限状态机将 MemToReg 信号设为 0，选择来自 ALUOut 的数据写回，且将 RegWrite 信号设为 1，使得目标寄存器可写。目标寄存器的编码来自 IR[11:7]。

状态 S9 是指令 beq 的执行/计算地址阶段。将 A 寄存器和 B 寄存器的值在 ALU 中进行比较，这要求有限状态机必须将选择信号 ALUSrc 设为 0，去选择来自 B 寄存器的输入；将 ALUOp 信号设为 01，ALU 控制器输出 ALU 要执行的运算（减法）的控制信号。如果两个寄存器的值相等，那么相减结果就为 0，设 Zero 信号为 1（真），否则设为 0（假），并将 Zero 结果存储到 Cond 中。同时，在加法器中将 PC 的值与 Imm 寄存器中的值左移一位的结果相加，得到“PC-相对”地址，暂存于 PCOffset 中。

状态 S10 是指令 beq 的完成分支阶段。对于指令 beq，Branch 信号为 1，根据 Cond 中的值为真或假，选择器选择 PCOffset 或 NPC 中的值改写 PC，有限状态机将 PCWrite 信号设为

1，改写为“PC-相对”地址或“PC+4”。

有限状态机一个时钟周期接一个时钟周期地控制每条指令的执行。既然每条指令的执行都以返回状态 S0 结束，有限状态机就可以一个周期接一个周期地控制整个计算机程序的执行。

习题

4-1 图 4.9 所示为某内存的部分情况，请回答以下问题。注意：给出的地址和数据均为二进制表示。

（1）单元 0 和单元 4 包含的二进制数分别是什么？

（2）每个单元内的二进制数可以以不同的方式解释，例如，可以表示为无符号整数、补码整数、浮点数、ASCII 等。

① 将单元 0 和单元 1 解释为 8 位补码整数，请以十进制形式写出结果。

② 将单元 2 和单元 3 解释为 8 位无符号整数，请以十进制形式写出结果。

③ 将单元 4 解释为 ASCII 值。

④ 将单元 4、5、6 和 7 解释为 IEEE 浮点数（32 位），请分别以大尾端和小尾端的方式解释，给出十进制结果。

（3）存储单元的内容也可以是一条指令，将单元 8、9、10 和 11 解释为一条 RV32I 指令，请分别以大尾端和小尾端的方式解释。该指令表示什么？

地址	数据
…	…
0000 1011	0000 0011
0000 1010	0010 1000
0000 1001	0110 0100
0000 1000	0001 0011
0000 0111	0100 0000
0000 0110	1000 0000
0000 0101	1100 0000
0000 0100	0100 0010
0000 0011	0111 1111
0000 0010	1000 0000
0000 0001	1111 1110
0000 0000	0000 0000

图 4.9 4-1 题图

（4）一个二进制数也可以被解释为一个存储单元的地址，如果存储在单元 11 中的数是一个地址，它指的是哪个单元？那个单元里的二进制数是什么？

4-2 假设一个 16 位的指令采用如下格式：

操作码	源寄存器	目标寄存器	补码整数

如果共有 12 个操作码和 8 个寄存器，那么“补码整数”能够表示的数值范围是多少？

4-3 假设一个 32 位的指令采用如下格式：

操作码	目标寄存器	源寄存器 1	源寄存器 2	无符号整数

如果共有 200 个操作码和 60 个寄存器，那么“无符号整数”能够表示的最大数是多少？

4-4 对于 RV32I 的 I-类型指令，请回答以下问题。

（1）立即数的范围是多少？

（2）如果重新定义 RV32I 的 I-类型指令，使得立即数表示无符号整数，那么，立即数的范围是多少？

（3）如果重新定义 RV32I 指令集，将寄存器的数量从 32 个减少到 16 个，那么，在 I-类型的指令中能够表示的立即数的最大值是多少？假设立即数仍表示补码整数。

4-5 对于 RV32I 的 R-类型指令，如果重新定义 RV32I 指令集，将寄存器的数量从 32 个增加至 128 个，是否可行？

4-6 假设某计算机的内存包括 65536 个单元，每个单元包含 16 位的内容，请回答以下问题。

（1）需要多少位表示地址？

（2）假设每条指令都由 16 位组成，操作码占 4 位，寄存器占 3 位。其中一条指令与 RV32I 的指令 jal 工作机制类似，那么，PC 的相对偏移范围是多少？

4-7 假设寄存器 x5 中存储的位组合的最右边两位有特殊的重要性，请使用一条 RV32I 指令，将这两位数字读取出来。提示：读取出的数的左边 30 位均为 0，右边两位为所需数字。

4-8 回答下列问题。

（1）将 x5 中的值乘以 8，并将结果存于 x6 中，用一条 RV32I 指令（图 4.4 给出的指令）可以实现吗？

（2）将 x5 中的值除以 8，并将结果存于 x6 中，用一条 RV32I 指令可以实现吗？

（3）使用一条 RV32I 指令，可以将 x5 中的值移至 x6 中吗？

4-9 写一段 RV32I 指令，将数据在内存的单元之间移动。以移动一个字（32 位）为例，假设该字所在的地址位于寄存器 x5 中，将其移动至寄存器 x6 保存的地址中。

4-10 写一段 RV32I 指令，将以下常数写入 x5：

（1）20；

（2）0x12345678；

（3）0xBFFFFFF0。

4-11 如图 4.10 所示，当这段起始于单元 x0040 0000 的 RV32I 程序结束执行时，寄存器 x18～x23 中的值分别是多少？

地址	31　25	24　20	19　15	14　12	11　7	6　0	指令名
x2000 1234	0000 0000 0000 0000 1000 0000 0000 0000						
x2000 1230	0000 0000 0100 0000 0000 0000 0000 0000						
…	…						…
x1000 0004	0010 0000 0000 0000 0001 0010 0011 0000						…
x0040 0020	0000 0000 0000		10111	010	10111	0000011	lw
x0040 001C	0000 0000 0000		10010	010	10111	0000011	lw
x0040 0018	0000 000	10011	10011	000	00011	0100011	sb
x0040 0014	0000 0000 0001		10010	000	10110	0000011	lb
x0040 0010	0000 0000 0100		10011	010	10101	0000011	lw
x0040 000C	0000 000	10011	10010	010	00000	0100011	sw
x0040 0008	0000 0000 0100		10010	000	10100	0000011	lb
x0040 0004	0000 0000 0100		10010	010	10011	0000011	lw
x0040 0000	0001 0000 0000 0000 0000				10010	0110111	lui

图 4.10 4-11 题图

4-12 图 4.11 所示为 RV32I 内存的一部分情况。如果条件分支指令将控制转移到 x0400 0000 单元，那么 x5 和 x6 有什么特点？

地址	31　25	24　20	19　15	14　12	11　7	6　0	指令名
x0040 000C	1 111111	00000	00111	000	10101	1100011	beq
x0040 0008	1111 1111 1111		00101	100	00111	0010011	xori
x0040 0004	0000000	00110	00101	000	00111	0110011	add
x0040 0000	1111 1111 1111		00101	100	00101	0010011	xori

图 4.11 4-12 题图

4-13　如图 4.12 所示，当 RV32I 指令序列执行至 x0040 0024 时，x5 中存储的值为 7，由此可推知 x6 的什么信息？

地址	31　　　25	24　　　20	19　　15	14　12	11　　7	6　　　0	指令名
x0040 0024	…						…
x0040 0020	1 111111	00000	00111	001	01101	1100011	bne
x0040 001C	1111 1111 1111		00111	000	00111	0010011	addi
x0040 0018	0000000	00001	01000	001	01000	0010011	slli
x0040 0014	0000 0000 0001		00101	000	00101	0010011	addi
x0040 0010	0000000	00000	01001	000	01000	1100011	beq
x0040 000C	0000000	01000	00110	111	01001	0110011	and
x0040 0008	0000 0000 0001		00000	000	01000	0010011	addi
x0040 0004	0000 0001 0000		00000	000	00111	0010011	addi
x0040 0000	0000 0000 0000		00000	000	00101	0010011	addi

图 4.12　4-13 题图

4-14　RISC-V 指令处理包括哪些阶段？每个阶段的主要工作是什么？

4-15　关于指令处理，请回答以下问题。

（1）如果一个时钟周期是 3 纳秒（3×10^{-9} 秒），那么，每秒可以包含多少个时钟周期？

（2）如果某种计算机处理每条指令平均需要 5 个时钟周期，那么，在 1 秒内能够处理多少条指令？

（3）当今的微处理器采用流水线技术增加每秒处理的指令数。使用该技术，计算机在每个时钟周期里都从内存中取出一条指令，在时钟周期结束时交给译码器，在下一个时钟周期里进行译码，同时取下一条指令。

① RISC-V 将指令执行过程划分为 5 个阶段，也就意味着采用流水线技术，在任意时钟周期内，最多会有多少条指令被执行？

② 假设执行每条指令均需要从取指令到写回的 5 个阶段，每个阶段需要 1 个时钟周期，采用流水线技术执行一段程序，该程序顺序执行，不包含分支跳转指令，那么，每秒可以执行多少条指令？

4-16　图 4.7 所示的数据通路中的“生成立即数”逻辑电路，对来自 IR 中的立即数进行符号扩展。请给出该逻辑电路的真值表。

4-17　图 4.7 所示的数据通路中的“ALU 控制器”逻辑电路，根据来自 IR 中的函数码和控制器中的 ALUOp 控制信号，控制 ALU 选择何种运算。请给出该逻辑电路的真值表。

4-18　请基于图 4.7 给出的数据通路，重新设计 RV32I 子集的数据通路，使其能够执行 J-类型指令。

第5章 机器语言与汇编语言

定义了 RISC-V 指令集结构，我们就可以在 RISC-V 机器上编写程序，也可以将高级语言程序翻译到 RISC-V 机器上执行。

依据指令集使用 0 和 1 来编写程序，可以直接在计算机上执行，这样的程序被称为机器语言程序。汇编语言程序则依据指令集的汇编语言格式编写，需经过语言处理，翻译为机器语言才能在计算机上执行。

5.1 机器语言程序设计

结构化程序设计和控制指令

5.1.1 结构化程序设计和控制指令

如图 5.1（b）、图 5.1（c）、图 5.1（d）所示，在高级语言程序设计中，结构化程序设计使用 3 种程序设计结构分解任务：顺序结构、选择结构、循环结构。

那么，使用机器语言，即直接使用 0 和 1 来编程，如何实现结构化程序设计的 3 种结构？答案是使用控制指令。图 5.1（e）、图 5.1（f）和图 5.1（g）分别对应了顺序、选择和循环这 3 种结构。

使用字母 A、B、C、D 表示指令的内存地址。在这 3 种情况下，A 都代表第一条被执行的指令的起始地址。

图 5.1（e）显示了“顺序结构”的流程。子任务 1 结束于地址 B1～B1+3 中的指令，子任务 2 起始于地址 B1+4。从子任务 1 到子任务 2 不使用控制指令，PC 的值从地址 B1 到地址 B1+4，继续执行指令直到地址 D1，永远不能回到子任务 1。

图 5.1（f）显示了“选择结构”的流程。首先，利用一组指令生成条件，然后使用地址 B2 中的“条件分支指令”进行条件测试：如果条件为真，则 PC 的值被设置为地址 C2+4，即子任务 1 的起始地址，子任务 1 被执行，子任务 1 结束于地址 D2～D2+3 中的指令；如果条件为假，则 PC 的值被设置为下一条指令的地址，即子任务 2 的起始地址 B2+4，子任务 2 被执行。子任务 2 终止于地址 C2～C2+3 中的无条件跳转指令，这条无条件跳转指令将 PC 的值设置为地址 D2+4，即执行下一个任务。

图 5.1（g）显示了“循环结构”的流程。与选择结构类似，首先，利用一组指令生成条件，然后由地址 B3～B3+3 中的“条件分支指令”进行条件测试：如果条件为假，则 PC 的值被设置为地址 D3+4，即跳出循环；如果条件为真，则 PC 的值被设置为地址 B3+4，这样，

子任务被执行。子任务结束于地址 D3～D3+3 中的无条件跳转指令，这条无条件跳转指令将 PC 的值设置为 A，即再次生成条件。

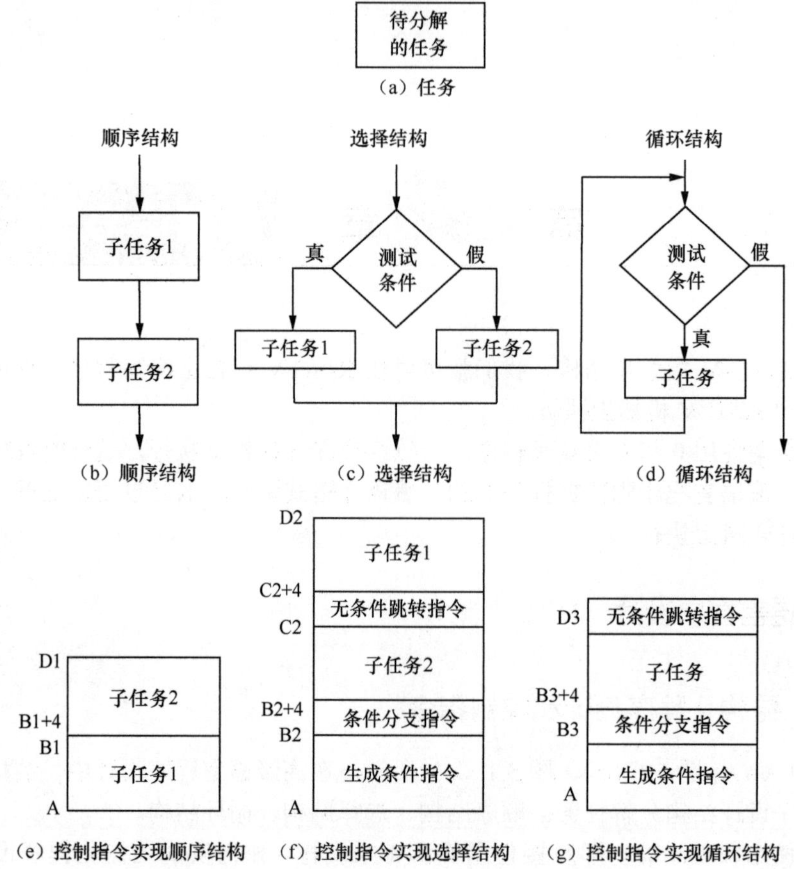

图 5.1 使用控制指令实现结构化程序设计

问题 1：在选择结构中，条件分支指令中的立即数/偏移量是多少？

在选择结构中，如果条件为真，则 PC 的值被设置为地址 C2+4，即从 B2 跳转到 C2+4。指令数为“子任务 2 的指令数目+2”。如果一条指令占用 4 个存储单元，那么条件分支指令的立即数/偏移量对应“(子任务 2 的指令数目+2)×4”。

问题 2：在选择结构中，无条件跳转指令中的立即数/偏移量是多少？

在选择结构中，无条件跳转指令将 PC 跳转到下一个任务，从 C2 跳转到“D2+4”，指令数为“子任务 1 的指令数目+1”。如果一条指令占用 4 个存储单元，那么无条件跳转指令的立即数/偏移量对应“(子任务 1 的指令数目+1)×4”。

5.1.2 机器语言程序示例

机器语言程序示例

例 5.1 判断一段连续的存储单元内是否有 5。

检查从地址 x1000 0000 开始存储的 10 个整数中是否有 5，只要有 1 个 5，就把 x9 设置为 1，如果没有 5，则 x9 为 0。

程序流程图如图 5.2 所示，这是一个计数器控制的循环结构。

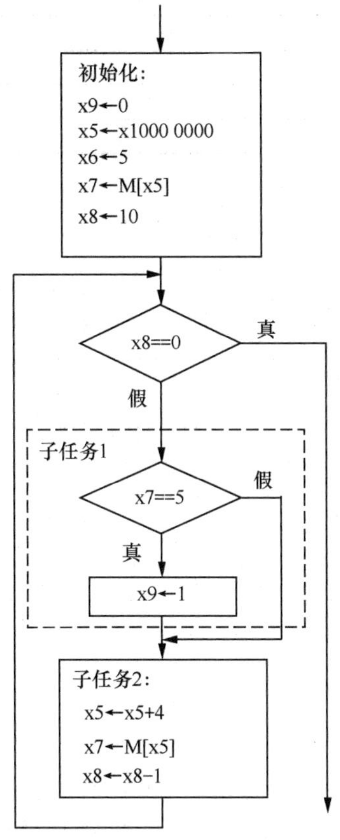

图 5.2 例 5.1 的程序流程图

初始化工作：为 x9 设置初值 0，x5 包含 10 个整数的起始地址，x7 包含第一个整数（即从 x5 中的起始地址开始，读取连续 4 个存储单元中的数到 x7 中，记为 M[x5]），子任务重复执行次数为 x8 中的数 10，x6 被赋值为要比较的数 5。

循环结构判断 x8 是否为零，因为指令 beq 用于测试两个寄存器中的值是否相等，在此测试 x8 和 x0 即可，所以与图 5.1（g）的循环结构相比，不需要额外的生成条件的指令。

子任务包括虚线框中的子任务 1 和子任务 2。子任务 1 是一个选择结构，判断 x7 中的值是否为 5，如果是，则 x9 的值被设置为 1。子任务 2 中，x5 加 4，指向下一个整数，x7 获得下一个整数，计数器 x8 中的值减 1。

虚线框中的选择结构判断 x7 是否为 5，可以使用指令 bne 对寄存器 x7 和 x6 进行测试。与图 5.1（f）的选择结构相比，在这个问题中，选择结构的子任务 2 是空任务，因此使用指令 bne 测试，可以省略子任务 2 和无条件跳转指令。可以注意到，条件分支指令只能对两个寄存器中的值进行比较，不能对寄存器和立即数进行比较，因此，在初始化任务中，将要比较的数 5 加载到寄存器 x6 中。

RV32I 机器语言程序如图 5.3 所示。

此外，应该注意，在选择结构中，当 x7 为 5 时，将 x9 设置为 1 后，就不需要再重复执行子任务了，可以跳出循环，这可以使用无条件跳转指令（起始地址为 x0040 0020）实现。

地址	31　　25	24　　20	19　　15	14　12	11　　7	6　　0	解释
x1000 0024	…						…
…	…						…
x1000 0000	…						…
…	…						…
x0040 0034	…						…
x0040 0030	1 1111110010 1 11111111				00000	1101111	jal x0, -28
x0040 002C	1111 1111 1111		01000	000	01000	0010011	addi x8,x8,-1
x0040 0028	0000 0000 0000		00101	010	00111	0000011	lw x7,0(x5)
x0040 0024	0000 0000 0100		00101	000	00101	0010011	addi x5,x5,4
x0040 0020	0 0000 001010 0 00000000				00000	1101111	jal x0,20
x0040 001C	0000 0000 0001		00000	000	01001	0010011	addi x9,x0,1
x0040 0018	0 000000	00110	00111	001	11000	1100011	bne x7,x6,12
x0040 0014	0 000001	00000	01000	000	00000	1100011	beq x8,x0,32
x0040 0010	0000 0000 1010		00000	000	01000	0010011	addi x8,x0,10
x0040 000C	0000 0000 0000		00101	010	00111	0000011	lw x7,0(x5)
x0040 0008	0000 0000 0101		00000	000	00110	0010011	addi x6,x0,5
x0040 0004	0001 0000 0000 0000 0000				00101	0110111	lui x5,0x10000
x0040 0000	0000 0000 0000		00000	111	01001	0010011	andi x9,x0,0

图 5.3　例 5.1 的 RV32I 机器语言程序

例 5.2　找到一个字中的第一个“1”。

检查一个存储于 x1000 0000～x1000 0003 中的字，找出被设为 1 的第一位（从左到右），并把那一位的位置存储到 x9 中，如果没有 1，就把-1 存储到 x9 中。例如，如果被检查的字为 0010 0000 0000 0000 0000 0000 0000 0000，这段程序将以 x9=29 终止；如果被检查的字为 0000 0000 0000 0000 0000 0000 0010 0000，这段程序就将以 x9=5 终止。

程序流程图如图 5.4 所示，这是一个选择结构，如果该字为 0，执行子任务 1，即 x9 的值被设置为-1，否则执行子任务 2。

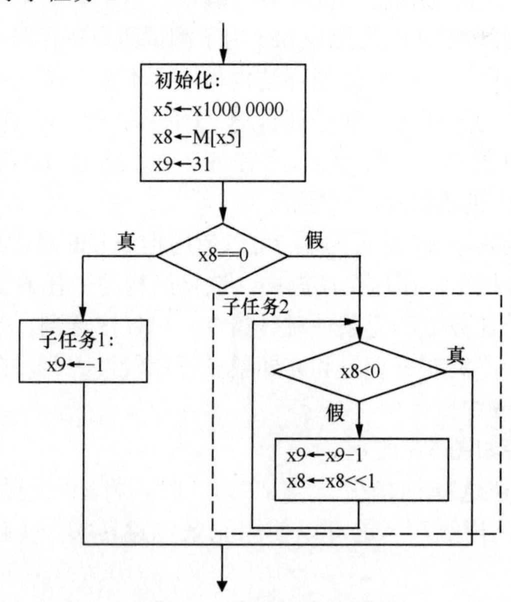

图 5.4　例 5.2 的程序流程图

初始化工作：为 x9 设置初值 31（十进制数），x5 包含该字的起始地址，x8 包含该字。

选择结构判断 x8 是否为 0，直接使用指令 beq 测试 x8 和 x0 即可。所以，与图 5.1（f）的选择结构相比，不需要额外的生成条件的指令。

虚线框中的子任务 2 是一个标志控制的循环结构，结束循环的标志是遇到 x8 中的 1。可以通过判断 x8 的值是否为负数，确定 x8 中的第 31 位是否为 1。循环的子任务包括 x9 递减和 x8 左移 1 位。通过左移操作，判断下一位是否为 1。

循环结构判断 x8 是否小于零，直接使用指令 blt 测试 x8 和 x0 即可。所以，与图 5.1（g）的循环结构相比，本例不需要额外的生成条件的指令。

RV32I 机器语言程序如图 5.5 所示。

地址	31–25	24–20	19–15	14–12	11–7	6–0	解释
x1000 0000	…						…
…	…						…
x0040 0024	…						…
x0040 0020	1111 1111 1111		00000	000	01001	0010011	addi x9,x0, -1
x0040 001C	1 1111111010 1 11111111				00000	1101111	jal x0, -12
x0040 0018	0000000	00001	01000	001	01000	0010011	slli x8,x8,1
x0040 0014	1111 1111 1111		01001	000	01001	0010011	addi x9,x9, -1
x0040 0010	0 000000	00000	01000	100	10100	1100011	blt x8,x0,20
x0040 000C	0 000000	00000	01000	000	10100	1100011	beq x8,x0,20
x0040 0008	0000 0001 1111		00000	000	01001	0010011	addi x9,x0,31
x0040 0004	0000 0000 0000		00101	010	01000	0000011	lw x8,0(x5)
x0040 0000	0001 0000 0000 0000 0000				00101	0110111	lui x5,0x10000

图 5.5 例 5.2 的 RV32I 机器语言程序

5.2 汇编语言程序设计

使用 0 和 1 来编程，就必须知道指令格式类型和操作码、操作数的二进制编码。对于控制指令，还必须计算 PC 相对偏移量。是否可以使用一些容易理解的方式来代替二进制指令，而无须记住各个指令的二进制编码？是否可以使用一些有意义的符号表示“地址”，而无须计算 PC 相对偏移量？可以。汇编语言不仅实现了上述目标，还扩展了一些功能。

设计汇编语言的目的是使程序设计的用户友好性比机器语言强，同时程序员一样可以精确地控制计算机能够执行的指令。汇编语言用一些便于记忆的符号表示操作码，如 add 和 and；用一些有意义的符号表示存储单元，如 loop 和 exit。

与使用高级语言编写程序类似，在汇编语言程序执行之前，它首先必须被翻译成机器语言程序。翻译程序被称为**汇编器**，翻译过程被称为**汇编**。

使用特定的编译器，可以把 C 语言程序编译为目标机器的汇编语言程序。通过分析汇编语言程序，我们可以对 C 代码理解得更加深刻。

RISC-V 汇编语言程序和汇编语言指令

5.2.1 RISC-V 汇编语言程序

4.2.6 小节给出了计算一列数之和的机器语言程序的例子，图 5.6 所示为其对应的汇编语言程序。

这个程序由 25 行代码构成。注意，每一行的行号并不是程序的一部分。

```
01  #
02  # 计算一列数之和
03  #
04          .data
05          .align     2
06  numbers:        .word          6, 3, 4, 6, 8, -2, 45, 5, 8, 5
07  #
08  # 初始化
09  #
0A          .text
0B          .align     2
0C          .globl     main
0D  main:   la         x5, numbers      # x5，整数地址
0E          andi       x8, x0, 0        # x8，清零，一列数之和
0F          addi       x9, x0, 10       # x9，整数个数
10  #
11  # 循环计算
12  #
13  again:  beq        x9, x0, exit
14          lw         x6, 0(x5)
15          add        x8, x6, x8
16          addi       x5, x5, 4        # x5，跟踪下一个整数地址
17          addi       x9, x9, -1
18          jal        x0, again
19  exit:   ......                      #下一个任务
```

图 5.6　汇编语言程序：计算一列数之和

5.2.2　汇编语言指令

图 5.6 中的 0D～0F、13～18 这 9 行是汇编语言指令，这些指令将被翻译成机器语言指令。

可以看出，汇编语言指令不再是 0 和 1 的组合。在汇编语言中，一条指令包括 4 个部分，如下所示：

标记（Label）操作码（Opcode）操作数（Operand）“#”注释（Comment）

其中，标记和注释是可选的。

与 C 语言类似，汇编语言指令也是自由格式，即单词之间和行之间的空格数量不会改变程序的意义。

1. 标记

图 5.6 中的 06、0D、13 和 19 这几行中使用了标记，分别是 numbers、main、again 和 exit。

标记也称标签，是程序中用来明确标识存储单元的符号。在 RISC-V 汇编语言中，标记由字母（字母表中的大、小写字母）、数字及下画线组成，以冒号结尾。指令操作码属于保留字，不能用作标记。标记是大小写敏感的。

如果某个单元在程序中没有被引用过，就不需要为它设一个标记。标记主要应用于条件分支和无条件跳转等指令中。

2. 操作码和操作数

这两个部分是必不可少的，一条指令必须有一个操作码和适当数目的操作数。

在汇编语言中，操作码使用助记符来表示。RV32I 的操作码助记符如图 4.4 所示，即每条指令后的指令名。

操作数可以是寄存器或立即数。寄存器 0～31 使用 x0,x1,…,x31 来表示。立即数可以使用十进制表示，也可以使用前缀为“0x”的十六进制表示。

（1）整数运算指令

除 lui 和 auipc 外，其他指令的操作数均为 3 个。下面按照指令类型进行详细解释。

① I-类型指令汇编格式：

```
Opcode      rd, rs1, imm12
```

其中，Opcode 是操作码，其后使用空格与操作数隔开，3 个操作数按照顺序依次为目标寄存器、源寄存器 1 和立即数，操作数之间用逗号隔开。

例如，图 5.6 中的 0E 行的指令：

```
andi      x8, x0, 0       # x8 清零，一列数之和
```

在该指令中，操作码为 andi，表示按位与运算，x8 为目标寄存器，x0 为源寄存器，立即数为十进制数 0。

图 5.6 中的 0F、16 和 17 这几行的指令，都是 I-类型运算指令的例子。

注意：RV32I 的立即数是 12 位补码整数，其范围是 -2^{11}～$2^{11}-1$。

② R-类型指令汇编格式：

```
Opcode      rd, rs1, rs2
```

其中，Opcode 是操作码，其后使用空格与操作数隔开，3 个操作数按照顺序依次为目标寄存器、源寄存器 1 和源寄存器 2，操作数之间用逗号隔开。

例如，图 5.6 中的 15 行的指令：

```
add      x8, x6, x8
```

该指令表示从寄存器 x6 和寄存器 x8 中获得操作数，相加结果存放到寄存器 x8 中。

③ U-类型指令汇编格式：

```
Opcode      rd, imm20
```

该类型指令只需要 2 个操作数，操作数使用逗号隔开。第一个操作数为目标寄存器，第二个操作数是一个立即数。

通常，使用指令 lui 加载一个较大的常数，例如：

```
lui       x5, 0x10000
```

该指令表示使用十六进制表示立即数，结果是将 x5 赋值为 x1000 0000。

（2）数据传送指令

① 加载指令。加载指令需要 3 个操作数，包括基址寄存器、偏移量和目标寄存器，其汇编格式：

```
Opcode      rd, imm12(rs1)
```

其中，操作码可以是 lw/lb/lh/lbu/lhu，其后使用空格与操作数隔开，3 个操作数按照顺序依次为目标寄存器、立即数（偏移量）和源寄存器 1（基址寄存器），目标寄存器和立即数之

间用逗号隔开，立即数和源寄存器 1 之间无须分隔，源寄存器 1 需要使用圆括号标注。

例如，图 5.6 中的 14 行的指令：

```
lw      x6, 0(x5)
```

在该指令中，基址寄存器为 x5，偏移量是 0。从内存中读出的数值被加载到寄存器 x6 中。

② 存储指令。存储指令同样需要 3 个操作数，其汇编格式：

```
Opcode      rs2, imm12(rs1)
```

其中，操作码可以是 sw/sb/sh，其后使用空格与操作数隔开，3 个操作数按照顺序依次为源寄存器 2、立即数（偏移量）和源寄存器 1（基址寄存器）。指令含义为将源寄存器 2 中的数值存储到将基址寄存器和偏移量相加得到的存储单元中。

（3）控制指令

① 条件分支指令汇编格式：

```
Opcode      rs1, rs2, Label
```

其中，Opcode 是操作码，其后使用空格与操作数隔开。3 个操作数依次为源寄存器 1、源寄存器 2 和标记，操作数之间用逗号隔开。标记用来标识条件分支指令的目标地址。

例如，图 5.6 中的 13 行的指令：

```
beq     x9, x0, exit
```

如果 x9 中的值为 0，则下一条要执行的指令为被 exit 标识的指令，即图 5.6 中的 19 行的指令。

② 指令 jal 汇编格式：

```
jal     rd, Label
```

操作码 jal 与操作数之间使用空格隔开，2 个操作数依次为目标寄存器和标记。目标寄存器用于保存返回地址，标记用于标识跳转指令的目标地址。

例如，图 5.6 中的 18 行的指令：

```
jal     x0, again
```

执行该指令，下一条被执行的指令就是被 again 标识的指令，即图 5.6 中的 13 行的“beq x9, x0, exit”指令。目标寄存器是 x0，不保存返回地址。

③ 指令 jalr 汇编格式：

```
jalr     rd, imm12(rs1)
```

操作码 jalr 与操作数之间使用空格隔开，3 个操作数依次为目标寄存器、立即数（偏移量）和源寄存器 1（基址寄存器）。目标寄存器和立即数之间用逗号隔开，立即数和源寄存器 1 之间不需要逗号，源寄存器 1 需要使用圆括号标注。目标寄存器用于保存返回地址，基址寄存器中的值与偏移量相加可以得到要跳转的目标地址。

指令 jalr 也可使用汇编格式“jalr   rd, rs1, imm12”来表示。

3. 注释

图 5.6 中共有 9 行代码以“#”开头，表明该行是注释。

添加注释有以下方式：以“#”或“;”开头的整行内容都会被当作注释；或者使用类似

C 语言的注释符号“//”和“/* */”，对单行或大段程序进行注释。

与高级语言类似，注释只是给人看的信息，对翻译过程没有影响，被汇编器忽略。

可以使用被汇编器忽略的空格将程序对齐，使程序更易读。例如，所有操作码都开始于页面中相同的列。

汇编器可以理解汇编语言指令，并将其翻译为机器代码。此外，汇编器还能翻译一些扩展指令，如“伪指令”和“汇编命令”等。

汇编命令和伪指令

5.2.3 汇编命令

图 5.6 的 04～06、0A～0C 这几行包含汇编命令。

汇编命令（Assemble Directive），又称汇编指示符，是汇编器的命令，可以“告诉”汇编器代码和数据的位置等信息，还可以指定程序中使用的数据常量等。

汇编命令将“点”作为第一个字符，这样就很容易被识别出来。

一个汇编语言程序可以包括数据和代码两个部分，数据和代码可以根据汇编命令.data 和.text 被加载到内存中的不同区域：数据区和代码区。数据区和代码区位于内存的不同空间。

1. 数据区

（1）.data

.data“告诉”汇编器，将数据放在内存的数据区。

注意，为了确保数据对齐，可以使用对齐命令.align 或.balign。

（2）.align *n*

该命令表示将后续数据加载到内存中时，起始地址以 *n* 个 0 结尾。例如，图 5.6 中 05 行的“.align 2”表示 06 行的数据被加载到内存中时，起始地址以 2 个 0 结尾，即起始地址是 4 的倍数。

（3）.balign *n*

该命令表示将后续数据加载到内存中时，起始地址按 *n* 字节对齐。例如，“.balign 4”表示将数据加载到内存中时，起始地址按 4 字节对齐，即数据按字（32 位）对齐。

数据区可以存储 32 位的字、16 位的半字、8 位的字节或字符串等数据。汇编器使用.word、.half、.byte 和.string 等汇编命令，表示如何在数据区存储这些数据。

（4）.word word1, word2, …, word*n*

该命令表示将字 1,字 2,…,字 *n* 存储在连续的存储单元中。例如，图 5.6 中的 06 行，表示将 10 个整数连续存储在数据区的一段空间中，并将起始地址标记为 numbers。

字也可以使用标记，代表一个 32 位的单元地址。

（5）.byte byte1, byte2,…, byte*n*

该命令表示将字节 1,字节 2,…,字节 *n* 存储在连续的存储单元中。

（6）.string "string"

将字符串存储到内存中，以空字符结尾，即在字符串末尾再存储一个字节 x00。

2. 代码区

（1）.text

.text“告诉”汇编器，将代码放在内存的代码区。

注意，每条指令的起始地址必须是 4 的倍数。为了确保这一点，需要使用.align 命令。

（2）.globl Label

一个汇编语言程序可能由多个文件组成。在多个文件中，可能会使用到其中某个文件的标记，使用.globl 命令可以将该标记表示为全局标记，可在多个文件中使用。

例如，图 5.6 中 0C 行表明 main 是全局标记，而 0D 行的标记 main 标识的是这段程序的第一条指令。

5.2.4 伪指令

图 5.6 中 0D 行的指令“la x5, numbers”对应的机器语言指令是什么？这类指令是在常规指令基础上实现的伪指令（Pseudo Instruction），汇编器可以将其翻译为常规指令。

伪指令对于汇编程序员来说，通常很有用。常用的 RISC-V 伪指令如下。

（1）加载地址

```
la      rd, Label
```

通常需要将一个地址加载到某个寄存器中，使用伪指令 la（Load Address，加载地址）可将标记标识的地址赋值给目标寄存器 rd。

如何把一个 32 位的地址加载到某个寄存器中？以“la x5, numbers”为例，numbers 是数据区的一个标记，位于数据区，它的地址值是多少？

这一点涉及内存的分配规则。例如，RV32I 可将代码分配到 x0001 0000～x0FFF FFFF 这一段空间中，将数据分配到 x1000 0000～xBFFF FFFF 这一段空间中。

汇编器按照内存分配的规则，计算出标记相对于当前指令所在位置（PC）的偏移量 offset（32 位），再将 32 位的 offset 拆分成高 20 位和低 12 位，最后就可以将伪指令 la 翻译为如下 2 条指令：

```
auipc     rd, offsetHi            # offsetHi 是 offset 的高 20 位
addi      rd, rd, offsetLo        # offsetLo 是 offset 的低 12 位
```

（2）加载立即数

```
li       rd, imm32
```

通常需要将一个 32 位的立即数加载到某个寄存器中，而使用“addi rd, rs1,imm12”只能将一个 12 位的立即数加载到 rd 中。立即数的范围是-2^{11}～$2^{11}-1$，如果要加载的立即数超过这个范围，如何实现？

使用伪指令 li（Load Immediate，加载立即数）可将一个 32 位的立即数加载到目标寄存器 rd 中。

汇编器可将 imm32（32 位）拆分成高 20 位和低 12 位，从而将伪指令 li 翻译为如下 2 条指令：

```
lui       rd, imm20             # imm20 是 imm32 的高 20 位
addi      rd, rd, imm12         # imm12 是 imm32 的低 12 位
```

还有一些伪指令，依赖于 x0 和立即数 0，简化了 RISC-V 指令集。常用的 RISC-V 伪指令如表 5.1 所示。

表 5.1　　常用的 RISC-V 伪指令

伪指令	基本指令	含义
la　rd, Label	auipc rd, offsetHi addi rd, rd, offsetLo	加载地址

续表

伪指令	基本指令	含义
li rd, imm32	lui rd, imm20 addi rd, rd, imm12	加载立即数（大于 12 位）
j Label	jal x0, Label	跳转（不保存返回地址）
jr rs1	jalr x0, 0(rs1)	寄存器跳转（不保存返回地址）
beqz rs1, Label	beqz rs1, x0, Label	等于零时跳转，其他条件分支指令也有类似伪指令
sltz rd, rs1	sltz rd, rs1, x0	小于零时置位，其他置位指令也有类似伪指令
mv rd, rs1	addi rd, rs1, 0	寄存器间数据传送
not rd, rs1	xori rd, rs1, -1	按位取反

使用伪指令，可以简化汇编程序员的工作。例如，图 5.6 中 18 行的指令“jal x0, again”可以使用伪指令“j again”替换；13 行的指令“beq x9, x0, exit”可以使用伪指令“beqz x9, exit”替换。

当编译器将高级语言程序翻译为汇编语言程序时，有时也需要再将其翻译为伪指令，再由汇编器将伪指令翻译为机器语言指令。

5.3 汇编过程

汇编过程

汇编语言程序被执行前必须被翻译成机器语言程序。汇编器的工作就是进行这样的翻译，它将一个汇编语言程序文件翻译成一个由指令集中的 0 和 1 组成的文件。

5.3.1 两趟扫描

汇编语言程序的指令和机器语言程序的指令之间一般有“一一对应”的关系。因此，可通过扫描汇编语言程序实现这种翻译。

以图 5.6 中的汇编语言程序为例，从顶部开始，汇编器忽略 01～03 行，因为它们只包含注释，与翻译过程无关；然后，汇编器移到 04 行，04 行是汇编命令，它告诉汇编器，下面的内容位于数据区；接下来，汇编器移到 05 行，05 行也是汇编命令，它告诉汇编器，下面的数据需要按字对齐。

汇编器继续扫描，图 5.6 中 06 行的汇编命令告诉汇编器，有 10 个整数将依次存储到这一段内存空间。汇编器将这 10 个十进制整数依次翻译为二进制补码整数。

接下来，汇编器抛弃图 5.6 中的 07～09 行。0A 行的汇编命令告诉汇编器，下面的内容位于代码区。0B 行表明代码需按字对齐。0C 行的汇编命令表明 main 是一个全局标记。然后到达 0D 行。0D 行的“la x5, numbers”是一条伪指令，因为不知道标记 numbers 相对于当前指令所在位置的偏移量，所以无法翻译。汇编失败。

为了防止这种情况，汇编过程需要对整个汇编语言程序进行至少“两趟”完整扫描。“第一趟”扫描的目的是标识出标记（符号）对应的内存地址。将标记和它对应的内存地址以表格形式存储，该表被称为符号表。在“第一趟”扫描中，建立符号表，在“第二趟”扫描中，把各条汇编语言指令翻译成相应的机器语言指令。

这样，在“第二趟”扫描时，当汇编器检查 0D 行并翻译“la x5, numbers”时，因为已经知道 numbers 相对于当前指令所在位置的偏移量，所以可以完成翻译工作。

5.3.2 第一趟：构建符号表

符号表表示符号和 32 位存储地址的对应关系。通过扫描汇编语言程序，即可获得这些对应关系。

第一趟扫描开始，用 LC（Location Counter，地址计数器）记录地址。

在抛弃图 5.6 中 01～03 行的注释后，在 04 行，注意到下面的内容位于数据区中，LC 被初始化为 x1000 0000。

扫描 05 行后，根据该行的含义，LC 保持不变，因为 x1000 0000 末尾有 2 个 0。

到 06 行，遇到标记 numbers。如果检查的指令或伪指令前有标记，就在符号表中增加一条针对该标记的记录，把 LC 里的内容作为它的地址。所以在符号表中增加如下记录。

符号	地址
numbers	x1000 0000

扫描 06 行后，根据该行的含义，LC 的值增加 40，即改变为 x1000 0028。

继续扫描，忽略 07～09 行。

在 0A 行，注意到下面的内容位于代码区，LC 的值将改变为 x0001 0000。

在此后的扫描中，0B 行要求按字对齐，LC 可保持不变。0C 行是汇编命令，标明 main 是全局标记，LC 不变。到 0D 行遇到标记 main，产生一条记录如下。

符号	地址
main	x0001 0000

0D 行是一条伪指令，对应的是 2 条基本指令，因此 LC 加 8，改变为 x0001 0008。

汇编器按顺序检查每一条指令，每检查一条汇编语言指令，LC 就适当改变。

汇编器在 13 行遇到 again，在 19 行遇到 exit，依次产生的符号表记录如下。

符号	地址
again	x0001 0010
exit	x0001 0028

直到文件末尾，第一趟扫描结束。

5.3.3 第二趟：生成机器语言程序

第二趟扫描是在符号表的帮助下，再次一行行地遍历汇编语言程序。在每一行，汇编语言指令都被翻译成一条机器语言指令。

仍然用 LC 记录地址。

再次从顶部开始，汇编器再次忽略图 5.6 中 01～03 行的注释。04 行是.data 汇编命令，被汇编器用来初始化 LC 为 x1000 0000。汇编器移到 05 行，LC 不变。移到 06 行，将 10 个整数依次翻译为二进制补码整数，LC 改变为 x1000 0028。

忽略 07～09 行，0A 行是.text 汇编命令，将 LC 改变为 x0001 0000。扫描 0B 行和 0C 行，LC 不变。

这次，当汇编器到达 0D 行时，就可以翻译该伪指令了。根据符号表可知，numbers 对应的地址是 x1000 0000，当前指令所在地址是当前 LC 的值，即 x0001 0000，因此，numbers 相对于 PC 的偏移量是 0x0FFF 0000（x1000 0000 减 x0001 0000 的十六进制结果）。汇编器将该伪指令翻译为如下 2 条指令：

```
auipc     x5, 0x0FFF0
addi      x5, x5, 0
```

对应的机器指令如下。

x0001 0004	0000 0000 0000	00101	000	00101	0010011
x0001 0000	0000 1111 1111 1111 0000			00101	0010111

相应地，LC 被增加为 x0001 0008。

0E 行和 0F 行比较简单，可直接翻译，每翻译一行，LC 加 4。扫描 0F 行结束后，LC 被增加为 x0001 0010。

忽略 10～12 行，13 行的指令中有标记 exit，根据符号表可知它代表 x0001 0028，因此，可以计算出指令 beq 的 PC 相对偏移量为 24（x0001 0028 减 x0001 0010 的十进制结果）。13 行的指令翻译如下。

x0001 0010	0 000000	00000	01001	000	1100 0	1100011

LC 被递加为 x0001 0014。

注意：指令 beq 跳转的目标地址在这个例子中是标记为 exit 的地址。该地址一定不得超出当前指令所在地址+2^{12}−1 或−2^{12} 个存储单元的范围。如果超出这个范围，就无法通过 13 位立即数表示偏移量，而且，将会产生一个汇编错误，汇编失败。

14～17 行比较简单，可直接翻译。17 行翻译结束后，LC 被增加为 x0001 0024。

18 行的指令包含标记 again，根据符号表可知它代表 x0001 0010，因此，可以计算出指令 jal 的 PC 相对偏移量为−20（x0001 0010 减 x0001 0024 的十进制结果）。18 行的指令翻译如下。

x0001 0024	1 1111110110 1 11111111	00000	1101111

LC 被增加为 x0001 0028。

与指令 beq 类似，指令 jal 中标记的所在地址也必须位于当前指令的一定范围之内。

继续翻译，直到文件末尾。

最终得到的机器语言程序如图 5.7 所示。

汇编器是一个程序，可自动完成以上两趟扫描，生成机器语言程序文件。如果一个程序包含多个汇编程序文件，每个文件将分别被汇编，此时如何在内存中为每个文件中的程序分配数据区和代码区？在这种情况下，汇编过程将更加复杂，汇编完成后，还要使用链接器完成最后的链接工作。关于链接器的工作，第 9 章会在介绍操作系统和库函数以后再进行解释。

地址	31	25 24	20 19	15 14	12 11	7 6 0	解释
x1000 0024	0000 0000 0000 0000 0000 0000 0000 0101						5
x1000 0020	0000 0000 0000 0000 0000 0000 0000 1000						8
x1000 001C	0000 0000 0000 0000 0000 0000 0000 0101						5
x1000 0018	0000 0000 0000 00000 000 0000 0010 1101						45
x1000 0014	1111 1111 1111 1111 1111 1111 1111 1110						−2
x1000 0010	0000 0000 0000 0000 0000 0000 0000 1000						8
x1000 000C	0000 0000 0000 0000 0000 0000 0000 0110						6
x1000 0008	0000 0000 0000 0000 0000 0000 0000 0100						4
x1000 0004	0000 0000 0000 0000 0000 0000 0000 0011						3
x1000 0000	0000 0000 0000 0000 0000 0000 0000 0110						6
……	…						…
x0001 0024	1 1111110110 1 11111111				00000	1101111	jal
x0001 0020	1111 1111 1111		01001	000	01001	0010011	addi
x0001 001C	0000 0000 0100		00101	000	00101	0010011	addi
x0001 0018	0000000	01000	00110	000	01000	0110011	add
x0001 0014	0000 0000 0000		00101	010	00110	0000011	lw
x0001 0010	0000000	00000	01001	000	1100 0	1100011	beq
x0001 000C	0000 0000 1010		00000	000	01001	0010011	addi
x0001 0008	0000 0000 0000		01000	111	01000	0010011	andi
x0001 0004	0000 0000 0000		00101	000	00101	0010011	addi
x0001 0000	0000 1111 1111 1111 0000				00101	0010111	auipc

图 5.7 图 5.6 的汇编语言程序翻译结果

5.4 从 C 程序到 RISC-V

从 C 程序到 RISC-V

在了解了 RISC-V 计算机的指令集结构、机器语言和汇编语言后，就可以将我们编写的 C 程序片段编译到 RISC-V 计算机上运行了。

5.4.1 从 C 程序到 RISC-V 示例

下面，以 5.1 节中的两个机器语言程序为例，分别给出用 C 语言实现的代码片段和相应的 RISC-V 汇编语言程序片段。

例 5.3 判断数组是否包含 5。

可以用如下 C 代码片段实现 5.1 节的例 5.1“判断一段连续的存储单元内是否有 5”（假设整数数组 x 包含 10 个元素，i 和 result 都是 int 类型变量）。

```
result = 0;
for ( i = 0; i < 10; i++) {
        if ( x[i] == 5 ){
                result = 1;
                break;
        }
}
```

如果将这段 C 代码在 RISC-V 计算机上运行，编译器可将其翻译为 RISC-V 汇编语言程序，再通过汇编器翻译为 RISC-V 计算机上执行的机器语言程序。在 RISC-V 计算机的底层，基本类型变量可以存储在寄存器中，数组存储在内存的一段连续存储单元中。假设计数器 i 被分配给寄存器 x8，result 被分配给寄存器 x9，数组被分配到存储单元 x1000 0000～x1000 0027 中。这段 C 代码的编译结果类似于如下汇编语言程序片段，再经过汇编器的翻译，得到的结果类似于图 5.3 所示的机器指令序列。

```
          .data
          .align     2
numbers:         .word              ......            #数组中的 10 个整数
#
          .text
          .align     2
          .globl     main
main:     la         x5, numbers    # x5，数组起始地址
          addi       x9, x0, 0      # x9，result
          addi       x8, x0, 0      # x8，计数器 i
          addi       x6, x0, 5      # x6，整数 5
          addi       x28, x0, 10    # x28，整数 10
again:    bge        x8, x28, exit  # i < 10?
          lw         x7, 0(x5)      # x[i]
          bne        x7, x6, next   # x[i] == 5?
          addi       x9, x0, 1      # result = 1;
          j          exit           # break;
next:     addi       x8, x8, 1      # i++;
          addi       x5, x5, 4      # x5，跟踪下一个整数地址
          j          again
exit:     ......                    #下一个任务
```

通过这个例子，我们很容易理解以下几点：通常，高级语言的一条语句可以表示为指令集结构上的几条指令；要对数组中的元素进行运算，必须先将其加载到寄存器中，因为 RISC-V 计算机的整数运算指令只能对寄存器和立即数进行运算；for 语句、if 语句和 break 语句都是通过条件分支和无条件跳转实现的。

例 5.4 找一个整数的位组合中的第一个“1”。

可以用如下 C 代码片段实现 5.1 节的例 5.2“找到一个字中的第一个‘1’”（假设 x 是要找的整数）。

```
result = 31;
if ( x == 0 ) {
      result = -1;
} else {
      while ( x >= 0 ) {
          x = x << 1;
          result--;
      }
}
```

将这段 C 代码在 RISC-V 计算机上运行，假设 x 被分配给寄存器 x8，result 被分配给寄存器 x9。这段 C 代码的编译结果类似于如下汇编语言程序片段，再经过汇编器的翻译，得到

的结果类似于图 5.5 所示的机器指令序列。

```
        addi    x9, x0, 31      # x9, result
        beqz    x8, zero        # x == 0?
again:  bltz    x8, exit
        slli    x8, x8, 1       # x = x << 1;
        addi    x9, x9, -1      # result--;
        j       again
zero:   addi    x9, x0, -1      # result = -1;
exit:   ......                  #下一个任务
```

从上面的程序可以看出，while 语句和 if-else 语句也是通过条件分支和无条件跳转实现的。

5.4.2 switch 语句的底层实现

有 switch 语句如图 5.8 所示，其是否和级联的 if-else 语句等价？

```
int result = 0;
switch (x) {
case 1:
     result += 1;
     break;
case 2:
     result += 2;
case 3:
     result += 3;
     break;
case 4:
case 5:
     result += 5;
     break;
default:
     result = 0;
}
```

图 5.8 switch 语句示例

如果将这段 C 代码放在 RISC-V 计算机上运行（假设 x 和 result 分别被分配给寄存器 x8 和 x9），其编译结果类似于图 5.9 所示的汇编语言程序片段。

从图 5.9 中可以看出，对于 switch 语句，并不需要进行多次条件判断。首先，将每个 case 和 default 的起始地址存储到数据区（03 行），如果 x 的值大于 5 或小于 0，则直接跳转到 Default 执行（0A～0C 行），否则就通过 switch 表达式的值在数据区查找到相应的起始地址（0D～10 行）；然后，跳转到这个地址执行（11 行）。

由此就可以解释，为什么 switch 表达式的值必须是整数，并且 case 后的值必须是常量，因为编译器无法通过变量或非整数实现以上过程。此外，break 语句的含义是跳出 switch 语句，如果省略 break 语句，则直接执行下一条 case 语句，这一点从汇编代码中很容易看出来：省略无条件跳转指令（图 5.9 中的 13 行、16 行和 19 行的伪指令 j exit），则直接执行下一条指令。

```
            .data
            .align    2
Addr:       .word     Default, L1, L2, L3, L4, L5         # 6个起始地址
            #
            .text
            .align    2
            .globl    main
main:       ......                        #省略代码
            addi      x9, x0, 0           # result = 0;
            addi      x5, x0, 6
            bge       x8, x5, Default     # x>5
            blt       x8, x0, Default     # x<0
            la        x5, Addr
            slli      x6, x8, 2           # x*4
            add       x5, x5, x6
            lw        x5, 0(x5)           #起始地址
            jr        x5
L1:         addi      x9, x9, 1           # result+=1;
            j         exit                # break;
L2:         addi      x9, x9, 2           # result+=2;
L3:         addi      x9, x9, 3           # result+=3;
            j         exit                # break;
L4:
L5:         addi      x9, x9, 5           # result+=5;
            j         exit                # break;
Default:    addi      x9, x0, 0           # result = 0;
exit:       ......
```

图 5.9 switch 语句的 RISC-V 实现

5.4.3 GNU 工具链

由于 RISC-V 指令集的开源特性，通过互联网很容易获得开源的模拟器、编译器、调试器等，有了完整的工具链，就可以进行上机实践。下面介绍如何使用最普遍的 GNU 工具链。

在 GNU 工具链中，GCC 是一套支持多种编程语言的编译器集合。GCC 之所以被广泛采用，是因为它能够支持各种指令集结构，常见的有 x86 系列、ARM、PowerPC 等，也支持 RISC-V 指令集。GCC 还能运行在不同的操作系统上，如 Linux、macOS、Windows 等。

下面以 GCC 中的 C 语言编译器为例，介绍 GCC 的编译器和汇编器。

编译器是整个工具链的核心。编译器先进行词法分析、语法分析等源代码分析工作，然后针对特定计算机系统把 C 代码翻译成汇编代码，生成以.s 为扩展名的文件。使用如下命令，可以将一个名为 test.c 的 C 语言源代码文件编译成 test.s 汇编代码文件。

```
gcc -S test.c
```

汇编代码文件是文本文件，可以使用文本编辑器打开查看。如果选择支持 RISC-V 的 GCC 对 C 程序进行编译，就可以得到 RISC-V 下的汇编代码文件。

接下来使用汇编器翻译汇编代码文件，生成一种可以重新定位的目标文件，以.o 为扩展名。使用如下命令，可以将一个名为 test.s 的汇编代码文件翻译成 test.o 文件。

```
gcc -c test.s -o test.o
```

目标文件还不是最后的可执行文件。将目标文件提供给链接器，链接器将调用函数库，通过重定位技术把目标文件合成为可执行文件，即计算机可以执行的二进制指令序列。

要运行 RISC-V 的机器语言程序，并不需要拥有 RISC-V 硬件计算机，在普通计算机上安装 RISC-V 模拟器软件即可。例如，安装开源模拟器 QEMU，可以模拟 RISC-V 硬件计算机；然后，在模拟器上安装基于 RISC-V 的操作系统，如 Linux，就可以运行那些通过 RISC-V GCC 编译生成的可执行文件了。也可以使用 SiFive 公司的 Freedom Studio 软件，该软件集成了 IDE（Integrated Development Environment，集成开发环境）、QEMU 和 GNU 工具链，不需要逐一安装多个软件，适合初学者使用。

如果仅仅需要查看编译器生成的汇编代码文件，只需下载 RISC-V GCC。如果想学习 RISC-V 汇编语言程序设计，也可以选择在线汇编器进行调试、运行。

习题

5-1 在图 5.1 的循环结构中，条件分支指令中的立即数/偏移量是多少？无条件跳转指令中的立即数/偏移量是多少？

5-2 以下 RV32I 机器语言程序片段实现了什么？请给出实现这一功能的 C 程序片段和 RISC-V 汇编语言程序片段。

地址	31–25	24–20	19–15	14–12	11–7	6–0	解释
x0040 002C	…						…
x0040 0028	1 111111	00000	01000	001	0010 1	1100011	bne x8,x0,-28
x0040 0024	1111 1111 1111		01000	000	01000	0010011	addi x8,x8,-1
x0040 0020	0000 0000 0100		00110	000	00110	0010011	addi x6,x6,4
x0040 001C	0000 0000 0100		00101	000	00101	0010011	addi x5,x5,4
x0040 0018	0000000	11100	00101	010	00000	0100011	sw x28,0(x5)
x0040 0014	0000000	11101	11100	000	11100	0110011	add x28,x28,x29
x0040 0010	0000 0000 0000		00110	010	11101	0000011	lw x29,0(x6)
x0040 000C	0000 0000 0000		00101	010	11100	0000011	lw x28,0(x5)
x0040 0008	0000 0000 0101		00000	000	01000	0010011	addi x8,x0,5
x0040 0004	0000 0001 0100		00101	000	00110	0010011	addi x6,x5,20
x0040 0000	0001 0000 0000 0000 0000				00101	0110111	lui x5,0x10000

5-3 以下 RV32I 机器语言程序片段实现了什么？x10 的初值是什么时，可以使得 x9 的最终结果为 7？请给出实现这一功能的 C 程序片段和 RISC-V 汇编语言程序片段。

地址	31　25	24　20	19　15	14 12	11　7	6　0	解释
x0040 0020	…						…
x0040 001C	1 1111110110 1 11111111				00000	1101111	jal x0, -20
x0040 0018	0 000000	00000	01010	000	0100 0	1100011	beq x10,x0,8
x0040 0014	0000000	01010	01010	000	01010	0110011	add x10,x10,x10
x0040 0010	0000 0000 0001		01001	000	01001	0010011	addi x9,x9,1
x0040 000C	0 000000	00000	00101	000	0100 0	1100011	beq x5,x0,8
x0040 0008	0000000	01000	01010	111	00101	0110011	and x5,x10,x8
x0040 0004	0000 0000 0000		00000	000	01001	0010011	addi x9,x0,0
x0040 0000	1000 0000 0000 0000 0000				01000	0110111	lui x8,0x80000

5-4　编写 RISC-V 汇编语言程序片段，并给出实现这一功能的 C 程序片段。

（1）比较 x5 和 x6 中的数，并将较大的数放入 x7。

（2）判断存储在 x5 中的数是否为偶数。如果是偶数，则令 x6=1，否则令 x6=0。

（3）统计一列正整数中奇数和偶数的个数，并将结果分别保存在 x8 和 x9 中。假设这一列正整数存储在从 x1000 0000 开始的一段连续的存储单元之中，以−1 结束。

（4）统计 10 个整数中的负数的个数，并将结果保存在 x5 中。假设这 10 个整数存储在从 x1000 0000 开始的一段连续的存储单元之中。

（5）将 10 个整数中的正数乘以 2，负数除以 2，并存到原存储单元之中。假设这一列整数存储在从 x1000 0000 开始的一段连续的存储单元之中。

（6）从存储单元 A 到存储单元 B 中存储的是整数，统计这些整数中 5 出现的次数。假设地址 A 和地址 B 位于存储单元 x1000 0000～x1000 0003 和 x1000 0004～x1000 0007。

（7）统计某个字符在一个文档中出现的次数。文档由 ASCII 构成，假设文档的起始地址为存储单元 x1000 0000，文档的末尾有表示结束的字符 EOT（x04）。要统计的字符位于 x5 中，统计结果存储在 x6 中。

（8）将一个文档中的小写英文字母转换为相应的大写英文字母，并存回原文档中。假设文档的起始地址为存储单元 x1000 0000，文档的末尾有表示结束的字符 EOT（x04）。

5-5　编写一个 RISC-V 汇编语言程序片段：将 x5 和 x6 中的正整数相乘，并将结果放入 x7。

（1）使用加法指令实现。提示：以计算“10×5”为例，哪种算法更好？

10×5=10+10+10+10+10

10×5=5+5+5+5+5+5+5+5+5+5

（2）使用移位指令实现。提示：以计算“10×5”为例，观察其二进制乘法计算过程。

```
              0 0 0 0 1 0 1 0  (10)
×             0 0 0 0 0 1 0 1   (5)
---------------------------------
              0 0 0 0 1 0 1 0
          0 0 0 0 0 0 0 0
+     0 0 0 0 1 0 1 0
---------------------------------
      0 0 0 0 1 1 0 0 1 0  (50)
```

5-6　编写一个 RISC-V 汇编语言程序片段：实现两个正整数的除法。假设除数位于 x5

中，被除数位于 x6 中，将商存储在 x7 中，余数存储在 x8 中。

5-7　编写一个 RISC-V 汇编语言程序片段，计算如下函数：$f(n)=f(n-1)+f(n-2)$。

初始条件为 $f(0)=1$，$f(1)=1$。

假设 n 位于寄存器 x5 中，结果存储在 x6 中。

5-8　假设已知从 x1000 0000 开始的存储单元中存储了 10 个整数，要计算这些整数的和。实现的程序如下，但是其中存在 bug，请一一找出并纠正过来。

```
#
# 计算一列数之和
#
          .data
          .align    2
numbers:  .word     6, 3, 4, 6, 8, -2, 45, 5, 8, 5
#
          .text
          .align    2
          .globl    main
main:     la        x5, numbers      # x5，整数地址
          andi      x8, x0, 0        # x8 清零，一列数之和
          addi      x6, x5, 10
again:    beq       x6, x5, exit
          lw        x7, 0(x5)
          add       x8, x7, x8
          addi      x5, x5, 1        # 跟踪下一个整数地址
          j         again
exit:     ......                     #下一个任务
```

5-9　有如下程序：

```
               .data
               .align    2
HelloWorld:    .string   "Hello, World!"
#
               .text
               .align    2
               .globl    main
main:          la        x5, HelloWorld
loop:          lb        x6, 0(x5)
               beqz      x6, exit
               addi      x6, x6, 1
               sb        x6, 0(x5)
               addi      x5, x5, 1
               j         loop
exit:          ......                  #下一个任务
```

（1）构建符号表；

（2）说明该程序实现了什么；

（3）给出实现这一功能的 C 程序片段。

5-10　有如下程序：

```
               .data
               .align    2
```

```
num:        .word       ......          #一个正整数
#
            .text
            .align      2
            .globl      main
main:       la          x5, num
            lw          x6, 0(x5)
            addi        x8, x0, 0
            andi        x7, x6, 1
            bnez        x7, again
            addi        x6, x6, -1
again:      add         x8, x8, x6
            addi        x6, x6, -2
            bgez        x6, again
            sw          x8, 4(x5)
            ......                      #下一个任务
```

（1）构建符号表；

（2）将该程序翻译为机器语言程序；

（3）说明该程序实现了什么；

（4）给出实现这一功能的 C 程序片段。

5-11　有如下程序：

```
            .data
            .align      2
num:        .word       ......          #一个字
mask:       .word       0xFFFF0000
#
            .text
            .align      2
            .globl      main
main:       la          x5, num
            lw          x5, 0(x5)
            la          x6, mask
            lw          x6, 0(x6)
            slli        x7, x5, 16
            and         x8, x5, x6
            bne         x7, x8, else
            addi        x8, x0, 1
            j           exit
else:       andi        x8, x0, 0
exit:       ......                      #下一个任务
```

（1）构建符号表；

（2）说明该程序实现了什么；

（3）给出实现这一功能的 C 程序片段。

5-12　根据图 5.8 中的 switch 语句完成下列任务。

（1）将此 switch 语句转化为级联的 if-else 语句，并给出级联的 if-else 语句的汇编代码。

（2）将级联的 if-else 语句与 switch 语句的汇编代码进行对比，即当 x 的值分别为 0、1、

2、3、4、5 和 6 时，执行的指令数目。

5-13　以下程序用于比较两个字符串，如果两个字符串相同，以 x8 的值为 1 结束，否则 x8 的值为 0。请填空，将程序补充完整。

```
            .data
First:      .string     "string1"
Second:     .string     "string2"
#
            .text
            .align      2
            .globl      main
main:       addi        x8, x0, 0
            la          x5, First
            la          x6, Second
loop:       lb          x7, 0(x5)
            ______________________
            bne         x7, x28, done
            beqz        x7, exit
            ______________________
            ______________________
            j           loop
exit:       ______________________
done:       ......                          #下一个任务
```

5-14　以下程序用于判断一个字符串是否为“回文”（正向读和反向读都相同的字符串），如“strts”。如果字符串是回文，程序以 x8 的值为 1 结束，否则 x8 为 0。请填空，将程序补充完整。

```
            .data
chars:      .string     "strts"
#
            .text
            .align      2
            .globl      main
main:       addi        x8, x0, 0
            la          x5, chars
loop1:      lb          x6, 0(x5)
            beqz        x6, next
            addi        x5, x5, 1
            j           loop1
next:       ______________________
            ______________________
loop2:      beq         x5, x7, exit
            ______________________
            lb          x28, 0(x7)
            bne         x6, x28, done
            ______________________
            ______________________
            blt         x7, x5, exit
            ______________________
exit:       addi        x8, x0, 1
done:       ......                          #下一个任务
```

第6章 子例程

子程序是现代程序设计语言的“灵魂”。子程序提供了抽象的能力，即将一个组件的功能与其实现的细节分隔开来。程序员不需要考虑实现的细节，只要理解组件的结构，就能够把该组件作为一个程序块使用。子程序使程序员能够以模块化的方式写程序，提高了程序员构建复杂系统的能力。

在 C 语言中，子程序被称为函数（Function）。在计算机底层，子程序被称为子例程（Subroutine）。

通常，可以把在一个程序中多次出现的某个程序片段设计为子例程。这样就不必在每次需要时均给出这个程序片段，而只需在程序内随时调用该子例程。

由于 RV32I 不支持乘法和除法指令，因此本章提供了用于乘法和除法计算的子例程，以及处理字符串常用的字符串逆序子例程等。

实现子例程的机制被称为调用/返回机制。

6.1 调用/返回机制

在图 6.1（a）所示的程序中，程序片段 A 出现了 3 次。

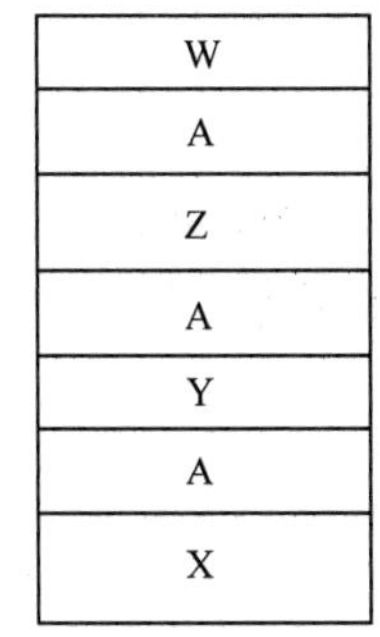

（a）不使用子例程

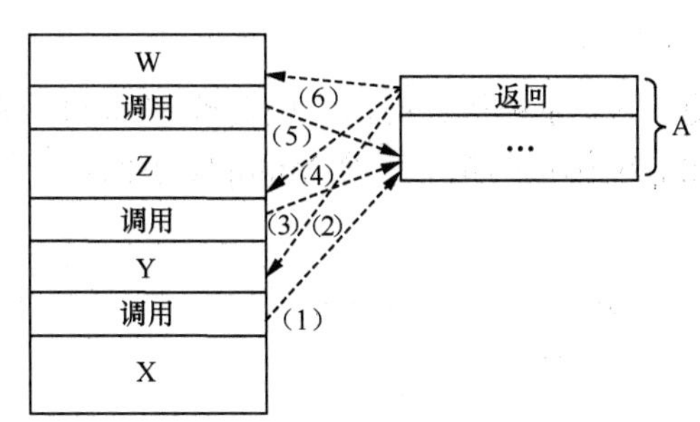

（b）使用子例程

图 6.1　指令执行流程示意

由于 RV32I 不支持乘法指令，因此需要编写一个程序片段来实现乘法运算。如果程序片段 A 是进行乘法运算的指令序列，如下所示：

```
        andi      x9, x9, 0          #x9，积
loop:   ......                       #省略 x9=x10*x11 的实现细节
        j         loop
exit:   ......                       #下一个任务
```

如果将这个指令序列作为一个子例程，则其在程序中只需出现一次，就可以被多次执行。图 6.1（b）所示为在程序中使用子例程的指令执行流程。

调用机制计算子例程的起始地址，将其加载到 PC 中，并保存返回地址，以便返回调用程序的下一条指令。返回机制将返回地址加载到 PC 中。

6.1.1 jal/jalr 指令

jal/jalr 指令

RV32I 提供的两条无条件跳转指令，即跳转并链接指令 jal 和寄存器跳转并链接指令 jalr，实现了调用/返回机制。

jal 和 jalr 均可计算出子例程的起始地址，将其加载到 PC 中，并将下一条指令的地址（PC+4 的值）保存到目标寄存器 rd 中，以便将来返回，因此，下一条指令的地址被称为返回地址或返回链接（Link）。通常，设置目标寄存器为 x1。jal 采用“PC-相对”寻址模式，jalr 采用“基址+偏移量”寻址模式，计算出子例程的起始地址。

程序片段的最后一条指令是“jalr x0, 0(x1)”，它将 PC 加载为 x1 中的内容，即跳转回调用程序的下一条指令。

（1）jal

31 … 12	11 … 7	6 … 0
imm[20|10:1|11|19:12]	00001	1101111
偏移量［20:1］	x1	跳转并链接

执行 jal，PC 的值被设置为“PC+偏移量”的值，目标寄存器 x1 被设置为“PC+4”的值。

jal 的汇编指令格式：

```
jal     x1, Label
```

例如：

```
jal      x1, Multiply
```

执行该指令，下一条被执行的指令就是被 Multiply 标识的指令，并且在 x1 中保存返回地址。如果被 Multiply 标识的指令就是 Multiply 子例程的第一条指令，那么子例程的指令序列如下：

```
Multiply:   andi      x9, x9, 0        #x9，积
loop:       ......                     #省略 x9=x10*x11 的实现细节
            j         loop
exit:       jalr      x0, 0(x1)
```

注意：使用“jalr x0, 0(x1)”结束子例程。

jal 计算出的地址被限制于内存的一定范围之内。计算出来的地址在跳转指令的偏移范围之内，偏移范围为$-2^{20}\sim2^{20}-1$。如果想要执行的下一条指令地址超过这个范围，则可以使用 jalr。

（2）jalr

31　　　　　　20	19　　15	14　　12	11　　7	6　　　　0
imm[11:0]	rs1	000	00001	1100111
偏移量[11:0]	rs1		x1	寄存器跳转并链接

执行 jalr，PC 的值被设置为“基址+偏移量”的值，目标寄存器 x1 被设置为“PC+4”的值。由于“基址+偏移量”的计算结果可以表示内存的全部地址空间，因此 jalr 对于下一条被执行的指令位于何处没有限制。

jalr 的汇编指令格式：

```
jalr     x1, imm12 (rs1)
```

如何计算子例程的起始地址，将其赋值给 rs1？对于汇编程序员来说，可以使用伪指令“call Label”简化编程工作。

汇编器将伪指令“call Label”翻译为指令 jalr，工作过程如下。

汇编器按照内存分配的规则，计算出标记相对于当前指令所在位置（PC）的偏移量 offset（32 位），再将 32 位的 offset 拆分成高 20 位和低 12 位，最后就可以将该伪指令翻译为如下 2 条指令：

```
auipc     rd, offsetHi          # offsetHi 是 offset 的高 20 位
jalr      x1, offsetLo(rd)      # offsetLo 是 offset 的低 12 位
```

子例程相关的 RISC-V 伪指令如表 6.1 所示。

表 6.1　　　　子例程相关的 RISC-V 伪指令

伪指令	基本指令	含义
call　Label	auipc rd, offsetHi jalr　x1, offsetLo(rd)	调用子例程
ret	jalr　x0, 0(x1)	从子例程返回

6.1.2　示例：乘法运算

示例：乘法运算

两个二进制补码整数相乘，可以采用与十进制乘法相同的算法。以 3×(−2)为例，采用 4 位二进制补码表示，计算过程如下：

```
          0 0 1 1 (3)
       ×  1 1 1 0 (−2)
    ------------------
          0 0 0 0
     (0)  0 1 1
    (00)  1 1
 +(0 01)  1
    ------------------
          1 0 1 0 (−6)
```

可以看出，二进制乘法比十进制乘法更简单，从右向左依次计算，将被乘数与 0 或 1 相乘，结果是 0 或保持不变。实现该算法的子例程如下。

```
Multiply:     andi      x9, x9, 0       #x9，积
Mloop:        beqz      x11, Mexit      #x11，乘数
```

```
03              andi      x8, x11, 1
04              beqz      x8, Mnext
05              add       x9, x9, x10          #x10，被乘数
06  Mnext:      srli      x11, x11, 1
07              slli      x10, x10, 1
08              j         Mloop
09  Mexit:      ret                            # jalr x0, 0(x1)
```

如果乘数为 0，计算任务结束（02 行）。03 行和 04 行的指令用于判断乘数最右边一位是否为 1，如果是 1，05 行指令将被乘数加到积上。下一步，乘数逻辑右移 1 位（06 行），被乘数逻辑左移 1 位（07 行）。重复这个过程（08 行）。注意：采用 4 位二进制补码表示，忽略进位。

对于 Multiply 子例程，考虑一个问题：在如下程序代码中，如果调用 Multiply 子例程的程序使用寄存器 x8 存储一个数值 x，在 03 行执行“call Multiply”伪指令返回后，04 行再次使用 x8 进行计算，会发生什么情况？注意：在 Multiply 子例程中，使用 x8 判断乘数最右边一位是否为 1，返回调用程序后，x8 中的值是 0 或 1，不再是数值 x，如何解决这个问题？

```
01              addi      x10, x0, 3           # x10 ← 3，被乘数
02              addi      x11, x0, -2          # x11 ← -2，乘数
03              call      Multiply
04              ......                         # 使用 x8 进行计算
05              ......                         # 下一个任务
```

可以采用 callee-save（被调用者保存）策略，在子例程中完成寄存器的保存/恢复工作。

```
01              .data
02              align     2
03  SaveReg1:   .word     0                    #保存寄存器的空间
04  #
05              .text
06              .align    2
07  # 省略代码，x8 ← x
08              addi      x10, x0, 3           # x10 ← 3，被乘数
09              addi      x11, x0, -2          # x11 ← -2，乘数
0A              call      Multiply
0B              ......                         # 使用 x8 进行计算
0C              ......                         # 下一个任务
0D  #
0E  Multiply:   la        x5, SaveReg1
0F              sw        x8, 0(x5)            # callee-save
10              andi      x9, x9, 0            #x9，积
11  Mloop:      beqz      x11, Mexit           #x11，乘数
12              andi      x8, x11, 1
13              beqz      x8, Mnext
14              add       x9, x9, x10          #x10，被乘数
15  Mnext:      srli      x11, x11, 1
16              slli      x10, x10, 1
17              j         Mloop
18  Mexit:      lw        x8, 0(x5)            #寄存器恢复
19              ret
```

在子例程开头，0E 和 0F 行的存储指令将 x8 中的值 x 保存到预留的空间中，在此，简单

地使用数据区的 4 个存储单元作为保存寄存器的空间（03 行）。子例程执行结束，在执行 ret 之前，18 行的加载指令再将 x8 中的值恢复为调用 Multiply 子例程之前的值。这样，返回 0B 行，x8 中的值仍然是数值 x。

对于 Multiply 子例程来说，x10 和 x11 是参数，x9 是返回值。调用 Multiply 子例程的程序需要先传递参数值，即为 x10 和 x11 赋值，调用返回后，通过返回值 x9 得到乘法计算结果。

6.2　子例程示例

除法运算

6.2.1　除法运算

RV32I 也不支持除法指令，可以将除法运算编写为子例程。

计算两个正数的除法，采用与十进制除法相同的算法，即根据余数减除数够减与否确定商。与十进制不同的是，二进制除法的商只有 1 或 0，若够减则商 1，否则商 0。具体过程如下：

（1）若不够减，则将余数和除数做比较，除数比较大，商的对应位上为 0；

（2）若够减，则将余数减去除数，商的对应位上为 1，计算出新的余数；

（3）重复以上过程，直到计算完被除数的最后一位。至此，就得到了商和余数。

以 63÷6 为例，以 8 位二进制整数表示，计算过程如下：

	[7]	[6]	[5]	[4]	[3]	[2]	[1]	[0]
	0	0	0	0	1	0	1	0
0 0 0 0 0 1 1 0	0	0	1	1	1	1	1	1
	−	0	1	1	0			
				0	1	1	1	
			−	0	1	1	0	
						0	1	1

计算从[7]位开始。对于正数的除法运算，被除数最高位总是 0，即商的[7]位为 0，余数也为 0。

然后，计算到[6]位，余数为被除数的[6]位，在示例中为 0，小于除数 6，即不够减，商的[6]位为 0。

再计算到[5]位，将上一步得到的余数和被除数的[5]位结合，得到余数为 01，仍然小于除数 6，不够减，商的[5]位为 0。同样，计算[4]位，余数为 011，仍然不够减，商的[4]位为 0。

计算[3]位，余数为 0111，大于除数 6，够减：新的余数为“余数−除数”的减法结果，即 0001，商的[3]位为 1。

计算[2]位，余数为 00011（上一步得到的新的余数和被除数的[2]位结合），不够减：商的[2]位为 0。计算[1]位，余数为 000111，大于除数 6，够减：新的余数为“余数−除数”的减法结果，即 000001，商的[1]位为 1。

最后计算[0]位，余数为 0000011，不够减，商的[0]位为 0。

计算结束，得到除法结果：商是 00001010，即十进制数 10，余数是 011，即 3。

实现上述算法的代码如图 6.2 所示，被除数在 x10 中，除数在 x11 中，计算出来的商在 x9 中，余数在 x18 中，即 x10 和 x11 是参数，x9 和 x18 是返回值。

```
# Divide 子例程
# 初始化
Divide:     andi    x9, x9, 0           # x9，商，[31]位为 0，即表示正数
            addi    x18, x0, 0          # x18，余数为 0
            addi    x8, x0, 32          # 循环次数
            lui     x5, 0x80000         # 掩码
# 循环任务
# 余数：上一步得到的余数和被除数的对应位结合
Dloop:      slli    x18, x18, 1
            and     x6, x10, x5
            beqz    x6, r0
            ori     x18, x18, 1
# 商 0 或 1，够减则更新余数
            slli    x9, x9, 1
r0:         blt     x18, x11, Dnext     # 是否够减？
            sub     x18, x18, x11       # 新的余数←余数-除数
            ori     x9, x9, 1           # 商的相应位上为 1
# 被除数的下一位
Dnext:      slli    x10, x10, 1
# 循环次数
            addi    x8, x8, -1
            beqz    x8, Dexit
            j       Dloop
# 从子例程返回
Dexit:      ret
```

图 6.2　Divide 子例程

6.2.2　字符串逆序

对于常用的字符串处理，如字符串逆序，可以将其编写为子例程。假设字符串的起始地址位于 x11 中，字符串长度在 x10 中，将原字符串替换为逆序结果。

这是一个计数器控制的循环，循环的次数为字符串长度的 1/2，重复执行的任务如下：交换第一个字符和最后一个字符、第二个字符和倒数第二个字符、第三个字符和倒数第三个字符……直到交换结束。图 6.3 所示为字符串逆序流程图。

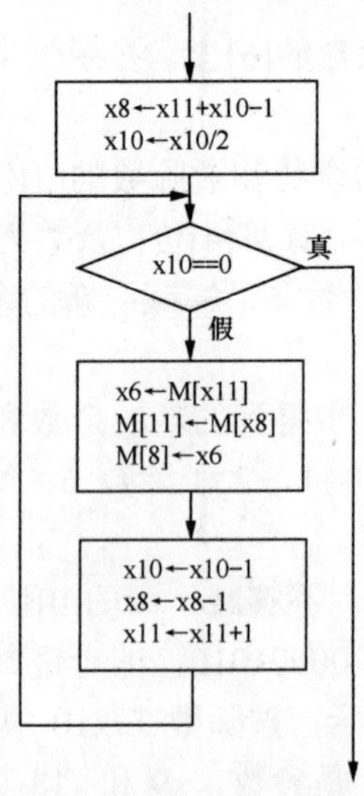

图 6.3　字符串逆序流程图

实现字符串逆序的子例程如图 6.4 所示。

```
StrReverse:     add     x8, x11, x10
                addi    x8, x8, -1
                srai    x10, x10, 1     # x10 ← x10/2，交换次数
Rloop:          beqz    x10, Rexit
                lb      x6, 0(x11)      # 交换字符
                lb      x7, 0(x8)
                sb      x7, 0(x11)
                sb      x6, 0(x8)
                addi    x10, x10, -1
                addi    x8, x8, -1
                addi    x11, x11, 1
                j       Rloop
Rexit:          ret
```

图 6.4　StrReverse 子例程

对于 StrReverse 子例程，x10 和 x11 是参数，分别得到字符串的长度和起始地址，没有返回值。

6.2.3　数据类型转换

在 C 语言中，格式化输入函数 scanf 使用%d，将输入的 ASCII 字符序列转换为二进制补码整数存储到计算机中；格式化输出函数 printf 使用%d，将一个存储在计算机中的二进制补码整数转换为对应的十进制数的 ASCII 字符序列/字符串输出。这两个函数用于在二进制补码整数和 ASCII 字符序列之间进行数据类型转换。

下面采用子例程机制，给出这两个数据类型转换的子例程。假设二进制补码整数在寄存器 x10 中，字符序列的起始地址位于 x11 中，可以将这两个数据类型转换程序片段分别编写为 Str2Int 子例程和 Int2Str 子例程。

1. Str2Int 子例程

数据类型转换 1

以一个正的十进制数的 ASCII 字符串为例。假如 ASCII 字符串被存储在从 x1000 0000 开始的连续存储单元中，以非数字字符结束。如图 6.5 所示，从 x1000 0000 开始，存储了一个三位数“123”，以换行符 x0A 结束。

注意，图 6.5 中为每一个 ASCII 字符分配了一个存储单元，即 1 字节。

图 6.6 所示为把一个正的十进制数的 ASCII 字符串转换成一个二进制补码整数的流程图。最后的结果返回 x10 中。

这是一个标志控制的循环，标志是遇到非数字字符。

初始化工作：x10 的初值为 0；x11 得到字符串起始地址的值，即指向 ASCII 字符串的指针。

重复执行的子任务如下。

（1）从起始地址开始，依次取出 ASCII 字符，将其减去 48，得到对应位的整数值。

（2）将这个整数值累加到 x10 上。注意，由于从高位开始转换，因此在累加前，需要将先前得到的 x10 的值乘 10。

（3）指针 x11 加 1，指向下一个字符。

图 6.7 所示的代码实现了这个算法。

地址	
x1000 0003	0x0A
x1000 0002	0x33
x1000 0001	0x32
x1000 0000	0x31

图 6.5 “123”在连续的存储单元中的 ASCII 表示

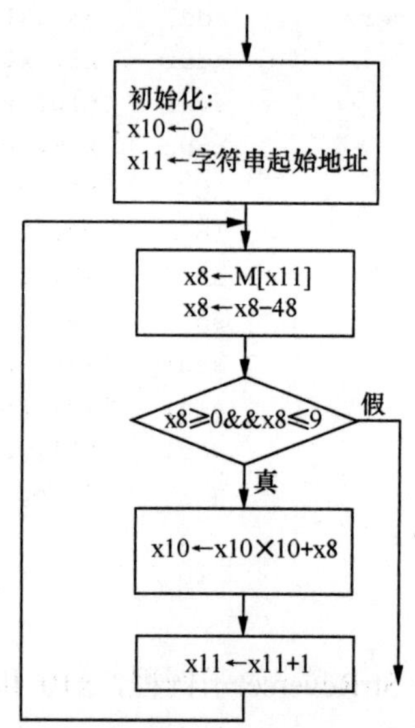

图 6.6 字符串转换成二进制补码整数的流程图

```
#
# 将一个正的十进制数的 ASCII 字符串转换成二进制补码整数
# ASCII 字符串被存储在从 Inbuf 开始的存储单元中
# x10 用来存储结果
#
            .data
            .align    2
SaveReg1:   .word     0
SaveReg2:   .word     0, 0
Inbuf:      .byte     49, 50, 51, 10
#
            .text
            .align    2
            .globl    main
main:       ......                      #省略
            call      Str2Int
            ......                      #省略
            j         end
# Str2Int 子例程
Str2Int:    addi      x10, x0, 0        # x10 用于存储结果
            la        x11, Inbuf        # x11 指向 ASCII 字符串
# 循环任务
S2ILoop:    lb        x8, 0(x11)        # 从最高位开始，依次取出 ASCII
            addi      x8, x8, -48       # 转换为整数
# 是否遇到非数字字符
            bltz      x8, DoneS2I
            addi      x6, x0, 10
            bge       x8, x6, DoneS2I
# 计算 x10 ← x10*10 + x9
            la        x6, SaveReg2
```

图 6.7 Str2Int 子例程

```
20              sw        x11, 0(x6)      # caller-save
21              sw        x1,4(x6)        # caller-save
22              addi      x11, x0, 10     # x11，乘数
23              call      Multiply        # x9 = x10*10
24              mv        x5, x9
25              la        x6, SaveReg2
26              lw        x11, 0(x6)       # 寄存器恢复
27              lw        x1, 4(x6)        # 寄存器恢复
28              add       x10, x8, x5
29              addi      x11, x11, 1      # x11 指向下一个字符
2A              j         S2ILoop
2B  # 从子例程返回
2C  DoneS2I:    ret
2D  # Multiply 子例程
2E  Multiply:   la        x5, SaveReg1
2F  #           ......                     #省略
30              ret
31  #
32  end:        ......                     # 下一个任务
```

图 6.7　Str2Int 子例程（续）

在计算 x10 乘 10 时，调用了 Multiply 子例程（23 行）。Multiply 子例程的代码参见 6.1.2 小节。

在 Str2Int 子例程中，x8 用于保存各个位上的整数（18 行和 19 行），因为 Multiply 子例程已采用 callee-save 策略保存/恢复寄存器 x8 的值，所以调用 Multiply 子例程返回后，x8 的值就好像没有被动过。

Multiply 子例程计算的是 x10 乘 x11，在此，需要将乘数 x11 先赋值为 10（22 行），再调用 Multiply 子例程计算（23 行）。但是，x11 在 Str2Int 子例程中是指向字符的指针，在调用 Multiply 子例程返回后，还要用到这个字符指针，该如何解决这个问题？

可以采用 caller-save（调用者保存）策略，在 Str2Int 子例程中完成寄存器的保存/恢复工作。具体如下。

在把 x11 赋值为 10 之前，图 6.7 中 20 行的存储指令将 x11 的值保存到预留的空间中，再改变 x11 的值。在 Multiply 子例程执行结束返回后，26 行的加载指令再将 x11 的值恢复为先前的值，即字符指针。

此外，还有一个重要的寄存器的值，在执行“call Multiply”伪指令后发生了改变。这个寄存器就是返回地址 x1，在执行伪指令（23 行）即 jalr 指令后，x1 的值为 24 行的 PC 的值。这就带来了一个问题：2C 行执行“ret”伪指令从子例程返回，该指令为“jalr x0, 0(x1)”，只能返回 24 行，而不能返回 12 行（调用 Str2Int 子例程后的下一条指令）。

同理，采用 caller-save 策略，在 Str2Int 子例程中进行寄存器的保存/恢复工作（21 行和 27 行）。这样，执行 24 行的“ret”伪指令，就可以正确返回 12 行了。

2. Int2Str 子例程

仍然以一个正的二进制补码整数为例。假如 x10 中存储的是二进制补码整数，执行转换后的 ASCII 字符串被存储在从 Outbuf 开始的连续存储单元中。

数据类型转换 2

图 6.8 所示为把二进制补码整数转换成 ASCII 字符串的流程图。最后的

结果被存储到从 Outbuf 开始的单元中。

初始化工作：x11 得到起始地址，记录位数的 x19 初值为 0。

子任务 1 和子任务 2 是顺序执行的两个子任务。

子任务 1 是一个标志控制的循环，结束循环的标志是 x10 中的值等于 0。重复执行的任务如下。

（1）计算 x10 除以 10 的商和余数，并将 x10 的值替换为商的值。

（2）首先得到的余数就是个位数，将其加上 48，得到对应的 ASCII，存储在 x11 所指的单元中。

（3）x19 加 1，记录已转换的位数，指针 x11 加 1，指向下一个单元。

子任务 1 是将二进制补码整数转换成的 ASCII 字符串按照从个位到最高位的顺序，存储到从 Outbuf 开始的单元中。

子任务 2 则是将存储的字符串逆序，即在从 Outbuf 开始的单元中，按照从最高位到个位的顺序存储 ASCII 字符串。

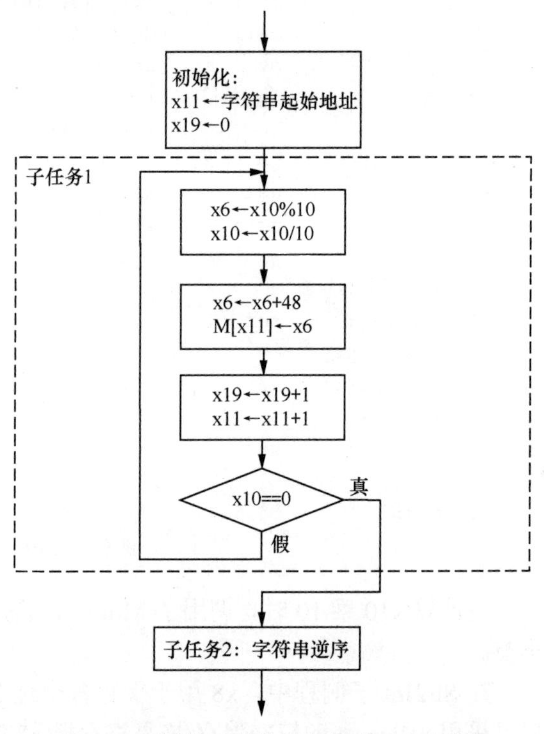

图 6.8　二进制补码整数转换成字符串的流程图

图 6.9 所示为实现这个算法的子例程。其中，x10 除以 10 的计算通过调用 Divide 子例程实现。在调用 Divide 子例程之前，需要将 10 传给 Divide 子例程的参数 x11，调用结束后，得到返回值 x9 和 x18，即商和余数。子任务 2 通过调用 StrReverse 子例程完成。在调用 StrReverse 子例程之前，需要将字符串起始地址传给 StrReverse 子例程的参数 x11，将字符串长度传给 StrReverse 子例程的参数 x10。

```
#
# 将一个正的二进制补码整数转换为一个 ASCII 字符串
# 二进制补码整数在 x10 中
# 转换后的 ASCII 字符串被存储在从 Outbuf 开始的存储单元中，x19 记录整数位数
#
Int2Str:     la      x11, Outbuf     # x11 指向起始单元
             addi    x19, x0, 0      # x19，位数
#
# 子任务 1，将二进制补码整数转换为 ASCII 字符串，按照从个位到最高位的顺序存储
#
STask1:      la      x7, SaveReg3
             sw      x11, 0(x7)      # caller-save
             sw      x1, 4(x7)       # caller-save
             addi    x11, x0, 10     # 除数
             call    Divide
             mv      x6, x18         # 余数
             mv      x10, x9         # 商
             la      x7, SaveReg3
             lw      x11, 0(x7)      # 寄存器恢复
```

图 6.9　Int2Str 子例程

```
            lw      x1, 4(x7)       # 寄存器恢复
            addi    x6, x6, 48      # 余数转换为ASCII字符
            sb      x6, 0(x11)      # 存储
            addi    x19, x19, 1     # 位数加1
            addi    x11, x11, 1     # x11指向下一个单元
            beqz    x10, STask2     # 没有位数需要处理
            j       STask1
#
# 子任务2，字符串逆序
#
STask2:     la      x11, Outbuf     # x11指向起始单元
            mv      x10, x19        # x10，位数
            la      x7, SaveReg3
            sw      x1, 0(x7)       # caller-save
            call    StrReverse
# 从子例程返回
            la      x7, SaveReg3
            lw      x1, 0(x7)       # 寄存器恢复
            ret
```

图6.9 Int2Str子例程（续）

注意，与Str2Int子例程类似，采用caller-save策略在Int2Str子例程中进行寄存器的保存/恢复工作。在Int2Str子例程的子任务1中，x11用于保存字符指针，在调用Divide子例程之前，要将其保存，再赋值为除数10，从子例程返回后，再将其恢复为字符指针。此外，还需要保存和恢复返回地址x1，这样，从Divide子例程返回后，x1仍保留原返回地址。在子任务2中，调用StrReverse子例程也需要保存和恢复返回地址x1。

6.2.4 寄存器的保存/恢复

如果一个寄存器内的值将在该寄存器的值被改变之后再次被用到，则必须在其值被改变之前将其保存，在再次使用它之前将其恢复。可以通过将寄存器的值存进内存，来保存它的值；再通过把它加载回寄存器，来恢复它的值。

如果调用子例程将造成某些寄存器值的改变，可以采用caller-save策略或callee-save策略进行寄存器的保存/恢复。其中，值得注意的是，如果在子例程中又调用了子例程，则必须采用caller-save策略，保存/恢复返回地址x1。

6.3 递归子例程

示例：一个错误的Sn子例程

6.3.1 示例：一个错误的Sn子例程

以计算$S_n=1+2+\cdots+(n-2)+(n-1)+n$为例。在数学上，计算$S_n$的递归方程为

$$S_n=S_{n-1}+n,\quad n \geqslant 2$$

为了完成这个方程的计算，还必须提供一个初始条件，所以在完成递归计算之前，必须规定：

$$S_1=1$$

如果要计算 S_4，就可以进行如下计算：

$$\begin{aligned} S_4 &= S_3 + 4 \\ &= S_2 + 3 + 4 \\ &= S_1 + 2 + 3 + 4 \\ &= 1 + 2 + 3 + 4 \end{aligned}$$

如果将 S_n 实现为 Sn 子例程，将 n 的值赋给 x10，调用 Sn 子例程，即 x10 是子例程的参数，将计算结果/返回值保存在 x11 中，下面的程序是否正确？

```
01              .data
02              .align    2
03  SaveReg:    .word     0
04  #
05              .text
06              .align    2
07              .globl    main
08  main:       addi      x10, x0, 3          # n=3
09              jal       x1, Sn              # 调用 Sn
0A              j         end
0B  #
0C  Sn:         la        x5, SaveReg
0D              sw        x1, 0(x5)           # caller-save
0E              addi      x6, x0, 1
0F              beq       x10, x6, exit1      # n==1?
10              addi      x10, x10, -1        # n-1
11              jal       x1, Sn              # 调用 S(n-1)
12              addi      x10, x10, 1         # n
13              add       x11, x11, x10       # S(n) = S(n-1) + n
14              j         exit2
15  exit1:      addi      x11, x0, 1          # S(1) = 1
16  exit2:      la        x5, SaveReg
17              lw        x1, 0(x5)
18              ret
19  #
1A  end:        ......                        #下一个任务
```

从 0C 行到 18 行是 Sn 子例程。在子例程中，11 行的“jal　x1, Sn”指令又调用了 Sn 子例程本身。这种调用自身的子例程就是**递归子例程**。

因为在 Sn 子例程中又调用了子例程，所以必须采用 caller-save 策略，保存/恢复返回地址 x1。

这个程序是否正确？通过跟踪指令序列执行过程，观察相关存储单元和寄存器的值，可找出程序的问题所在。错误的 Sn 子例程的内存和寄存器示意如图 6.10 所示。

假定 RV32I 将代码分配在 x0001 0000～x0FFF FFFF 中，将数据分配于 x1000 0000～xBFFF FFFF 中。

以 n=3 为例，图 6.10（a）显示了执行 09 行指令之前，相关寄存器的值的情况，x10 的值即 n 为 3。执行 09 行的指令 jal，以 n=3 调用 Sn 子例程。图 6.10（b）显示了执行 09 行指令之后，相关寄存器的值的情况，x1 的值为 x0001 0008，即返回地址为 0A 行指令所在的地址。

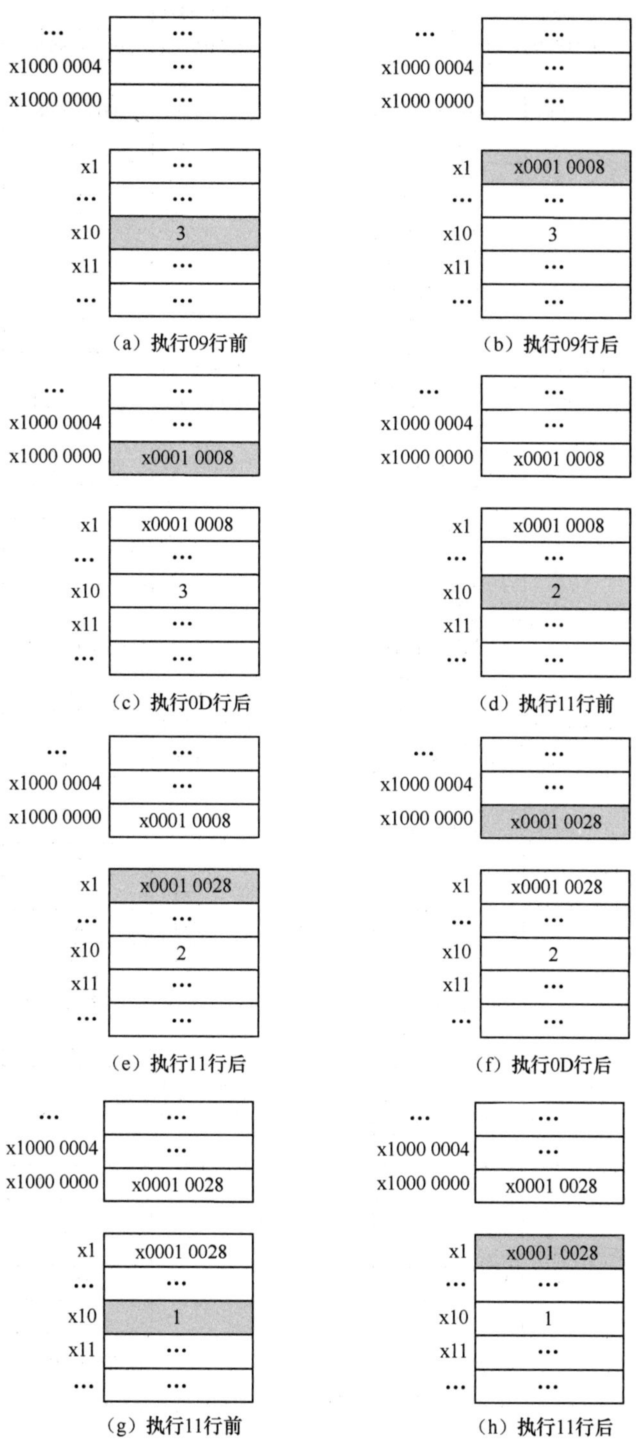

图 6.10 错误的 Sn 子例程的内存和寄存器示意

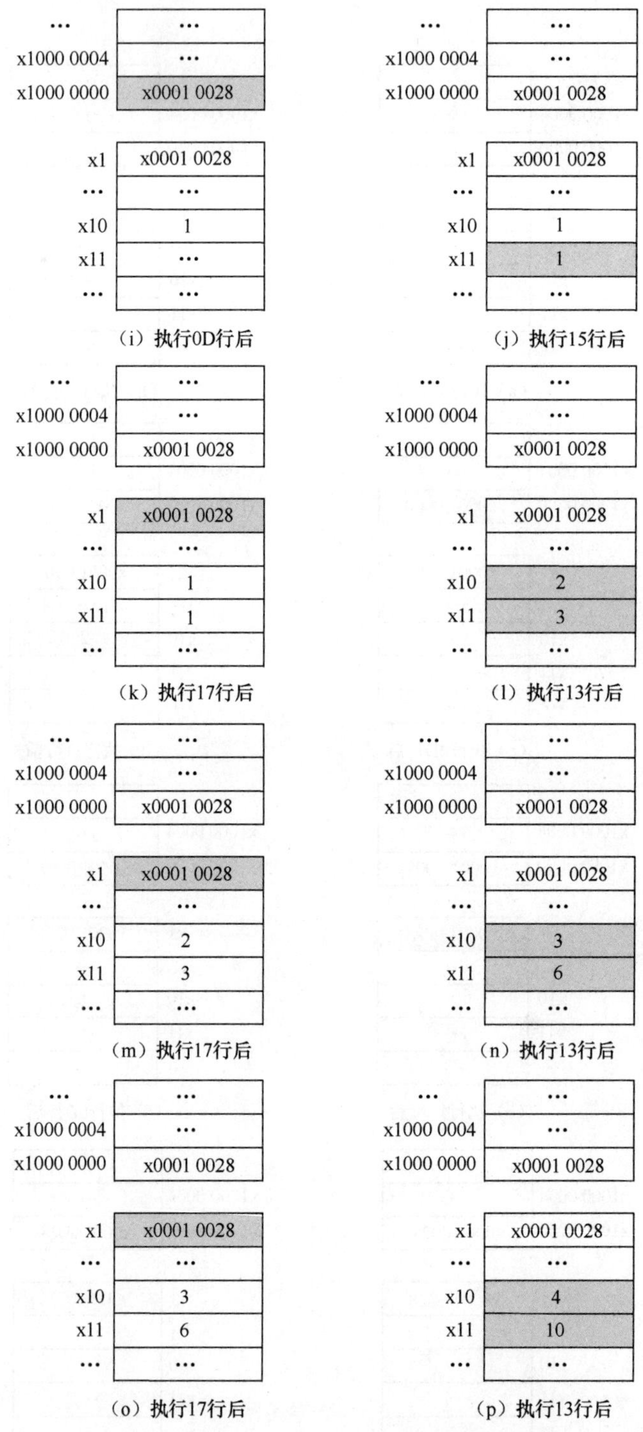

图 6.10 错误的 Sn 子例程的内存和寄存器示意（续）

在 0C 行进入子例程后，0C 行和 0D 行的指令保存寄存器的值，将 x1 的值保存到标记 SaveReg 开头的空间中，保存的值是 x0001 0008。0E 行和 0F 行的指令判断 x10 是否为 1，如果 x10 不是 1，那么将 x10 减 1（10 行），执行 11 行的递归调用，即调用子例程计算 S_2。执行 11 行指令之后，x1 的值为 x0001 0028，即返回地址为 12 行指令所在的地址。相关存储单元和寄存器的情况如图 6.10（c）～图 6.10（f）所示。

再次执行 0C 行和 0D 行的指令，保存寄存器，将 x1 的值保存到标记 SaveReg 开头的空间中，保存的值是 x0001 0028。注意，存储空间中原来的值 x0001 0008 被 x0000 0028 覆盖了。然后 x10 减 1，再次执行 11 行的递归调用去计算 S_1。相关存储单元和寄存器的情况如图 6.10（g）和图 6.10（h）所示。

第三次执行 0C 行和 0D 行的指令，保存 x0001 0028 到标记 SaveReg 开头的空间中。因为 x10 的值为 1，0F 行的分支跳转到 15 行，x11 的值被设置为 1，即计算出 S_1 的值是 1。相关存储单元和寄存器的情况如图 6.10（i）和图 6.10（j）所示。

然后，恢复寄存器 x1 的值为 x0001 0028。执行 18 行的指令，返回 12 行。接下来，计算 $2+S_1$，结果为 3。执行至 16 行的指令，恢复寄存器 x1 的值。相关存储单元和寄存器的情况如图 6.10（k）～图 6.10（m）所示。

再次执行 18 行的指令，返回 12 行。接下来，计算 $3+S_2$，结果为 6。至 16 行，恢复寄存器 x1 的值，为 x0001 0028。相关存储单元和寄存器的情况如图 6.10（n）和图 6.10（o）所示。

注意，在正确情况下，此时已经计算结束，得到 S_3 的结果，应该返回 0A 行了。但是，如图 6.10（p）所示，执行 18 行的“ret”伪指令，此时 x1 的值是 x0001 0028，返回 12 行，继续计算 $S_4,S_5,S_6,\cdots$，进入无限循环。

造成错误的原因是，递归调用子例程时，保存返回地址 x1 的指令将前一次保存的值覆盖了，如图 6.10（f）所示。这个问题如何解决？

答案是采用“栈”机制。

6.3.2 栈——一种抽象数据类型

栈——一种抽象数据类型

事实上，栈的使用是贯穿于计算机科学与工程之中的。栈是一种存储结构，可以通过许多不同的方式来实现。但是，栈的概念与其实现无关。栈的概念用于说明它如何被访问，其定义是最后存入栈的元素首先被取出。简单地说，**后进先出**（Last In First Out，LIFO），这是栈的存取规则和特点。

在计算机程序设计语言中，栈是抽象数据类型的一个例子。抽象数据类型是一类存储机制，**这种机制是由对它执行的操作所定义的**，而不是实现它的方式。

日常生活中有许多类似栈的例子。例如，洗盘子，每洗净一个盘子，就将其放到另一个已经洗好的盘子上面，放成一摞；取盘子时，则是从这摞盘子中一个接一个地向下拿。它正好符合后进先出的要求：每放一个盘子，总是在顶部摆放；每取一个盘子，也是从顶部拿取。最后摆放上去的盘子是最先要拿走的，因此，它类似栈。

向栈压入元素和从栈取出元素有专门的术语。把一个元素压入栈，称为压栈（push），从栈中取出一个元素称为出栈（pop）。

1. 在内存中实现栈

在计算机中对于栈最常见的实现如图 6.11 所示。这个栈由一组存储单元和被称为“栈指针”的机制组成，栈指针指向这个栈的栈顶，也就是说，包含最后压入的元素的存储单元地址。在图 6.11 所示的例子中，栈由 20 个单元组成，从 xBFFF FFDC 到 xBFFF FFEC，可存储 5 个 32 位的字。x2 是栈指针，初值为 xBFFF FFF0。

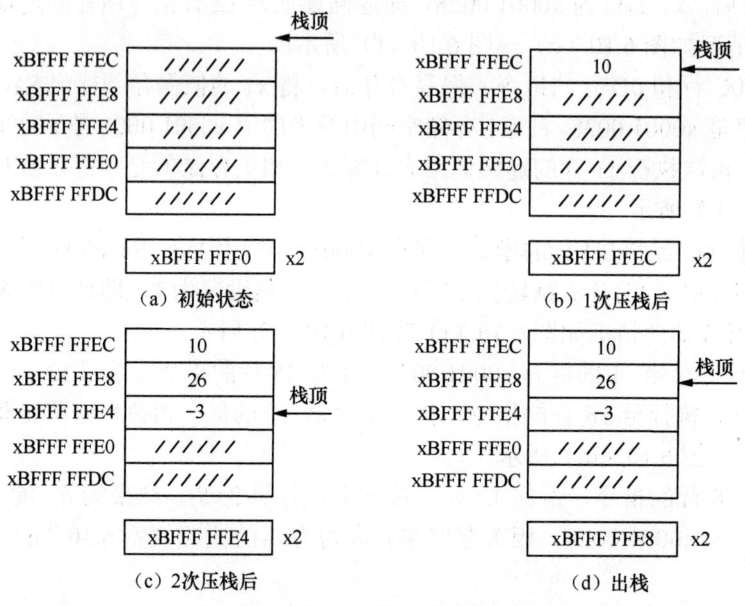

图 6.11　内存实现的栈——数据元素不移动

2. push

在图 6.11（a）中，x2 包含 xBFFF FFF0，即栈中第一个单元（栈底）的前面一个地址。这说明这个栈初始为空，栈的栈底地址是 xBFFF FFEC。

先将数 10 压入栈，结果如图 6.11（b）所示。栈指针包含最后被压入的那个数所在单元的起始地址，在本例中，起始地址是存储 10 的 xBFFF FFEC。

在需要将一个数压入栈时，首先栈指针减 4，然后将这个数存储到栈指针所指的单元中。以下指令序列可以将保存在 x9 中的数压入栈：

```
push:    addi     x2, x2, -4
         sw       x9, 0(x2)
```

从初始状态图 6.11（a）开始，把 10 赋值给 x9，执行一次 push 指令序列，结果如图 6.11（b）所示；再依次把 26 和-3 赋值给 x9，执行两次 push 指令序列，结果如图 6.11（c）所示。此时，栈指针中的值就是最后被压入的数-3 所在单元的起始地址。

3. pop

为了从栈中取出一个数，首先从栈指针所指的单元地址加载这个数，然后栈指针加 4。以下指令序列可以取出位于栈顶的数，并将其加载到 x9 中：

```
pop:     lw       x9, 0(x2)
         addi     x2, x2, 4
```

从图 6.11（c）开始，执行一次 pop 指令序列，将位于栈顶的-3 加载到 x9 中，将栈指针指向 26 所在的单元，如图 6.11（d）所示。注意：数-3 仍然保存在 xBFFF FFE4～xBFFF FFE7 的存储单元中。

通过执行 push 指令序列实现压栈，通过执行 pop 指令序列实现出栈，以这样的规则控制访问，就满足了后进先出的要求。这些规则被称为“栈协议”。

6.3.3 示例：采用栈机制的 Sn 子例程

示例：采用栈机制的Sn子例程

下面，我们就可以采用栈机制保存和恢复返回地址 x1 的值。采用栈机制实现的 Sn 子例程如图 6.12 所示。

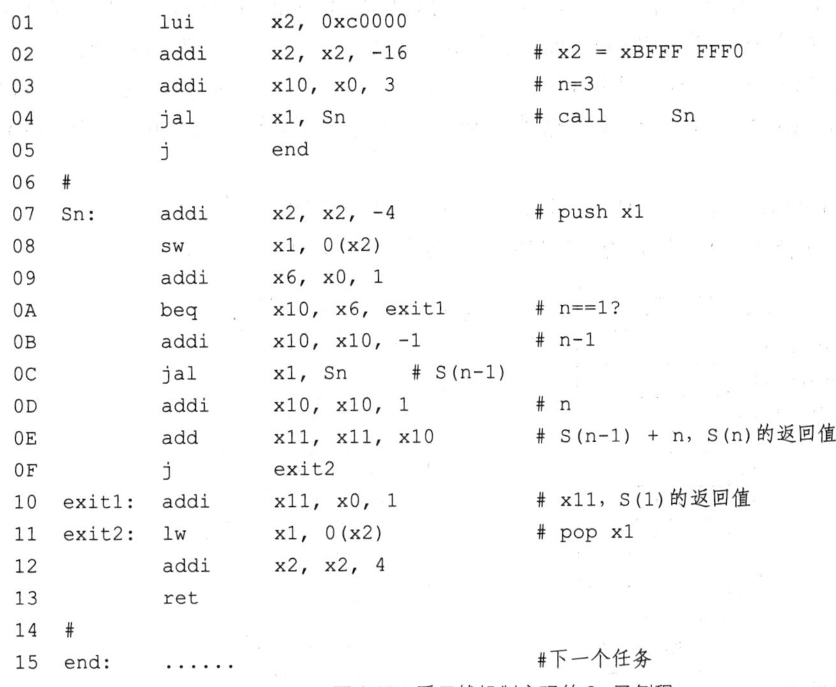

```
01          lui     x2, 0xc0000
02          addi    x2, x2, -16          # x2 = xBFFF FFF0
03          addi    x10, x0, 3           # n=3
04          jal     x1, Sn               # call     Sn
05          j       end
06  #
07  Sn:     addi    x2, x2, -4           # push x1
08          sw      x1, 0(x2)
09          addi    x6, x0, 1
0A          beq     x10, x6, exit1       # n==1?
0B          addi    x10, x10, -1         # n-1
0C          jal     x1, Sn     # S(n-1)
0D          addi    x10, x10, 1          # n
0E          add     x11, x11, x10        # S(n-1) + n, S(n)的返回值
0F          j       exit2
10  exit1:  addi    x11, x0, 1           # x11, S(1)的返回值
11  exit2:  lw      x1, 0(x2)            # pop x1
12          addi    x2, x2, 4
13          ret
14  #
15  end:    ......                       #下一个任务
```

图 6.12 采用栈机制实现的 Sn 子例程

再次通过跟踪指令序列执行过程，观察相关存储单元和寄存器的值。采用栈机制的 S_n 子例程的内存和寄存器示意如图 6.13 所示。

图 6.12 中 01 行和 02 行的指令将地址 0xBFFF FFF0 赋值给栈指针 x2，表明栈初始为空。

仍以 n=3 为例，即 x10 的值为 3，调用 Sn 子例程。执行 04 行之前的关于寄存器的指令，如图 6.13（a）所示。

图 6.13（b）显示了执行 04 行指令之后相关寄存器的值的情况，x1 的值为 x0001 0010，即返回地址为 05 行指令所在的地址。

07 行～13 行是 Sn 子例程。

从 07 行进入子例程后，07 行和 08 行的指令将寄存器 x1 的值压入栈，压入的值是 x0001 0010。09 行和 0A 行的指令用于判断 x10 是否为 1，如果 x10 不是 1，那么将 x10 减 1（0B 行），执行 0C 行的递归调用，即调用子例程计算 S_2。执行 0C 行指令之后，x1 的值为 x0001 002C，即返回地址为 0D 行指令所在的地址。相关存储单元和寄存器的情况如图 6.13（c）～图 6.13（e）所示。

再次执行 07 行和 08 行的指令，将寄存器 x1 的值压入栈，在这里是 x0001 002C。注意，因为采用栈机制，第一次进入子例程时压入栈的值 x0001 0010 不会被 x0001 002C 覆盖。然后 x10 减 1，再次执行 0C 行的递归调用去计算 S_1。相关存储单元和寄存器的情况如图 6.13（f）～图 6.13（h）所示。

第三次执行 07 行和 08 行的指令，将 x0001 002C 压入栈。因为 x10 的值为 1，分支跳转到 10 行，x11 的值被设置为 1，即计算出 S_1 的值是 1。相关存储单元和寄存器的情况如图 6.13（i）和图 6.13（j）所示。

然后，执行至 11 行的出栈操作，使寄存器 x1 得到值 x0001 002C。执行 13 行的指令，返回 0D 行。接下来，计算 $2 + S_1$，结果为 3。再次执行至 11 行的出栈操作，使寄存器 x1 得到值 x0001 002C。相关存储单元和寄存器的情况如图 6.13（k）～图 6.13（m）所示。

接下来，执行 13 行的指令，返回 0D 行。计算 $3 + S_2$，结果为 6。执行至 11 行出栈操作，使寄存器 x1 得到值 x0001 0010。相关存储单元和寄存器的情况如图 6.13（m）～图 6.13（o）所示。

最后，根据 x1 的值（x0001 0010），返回 05 行，程序正确结束。返回值保存在 x11 中，即 S_3 的结果为 6；栈指针的值是 0xBFFF FFF0，表明栈也恢复为初始状态。

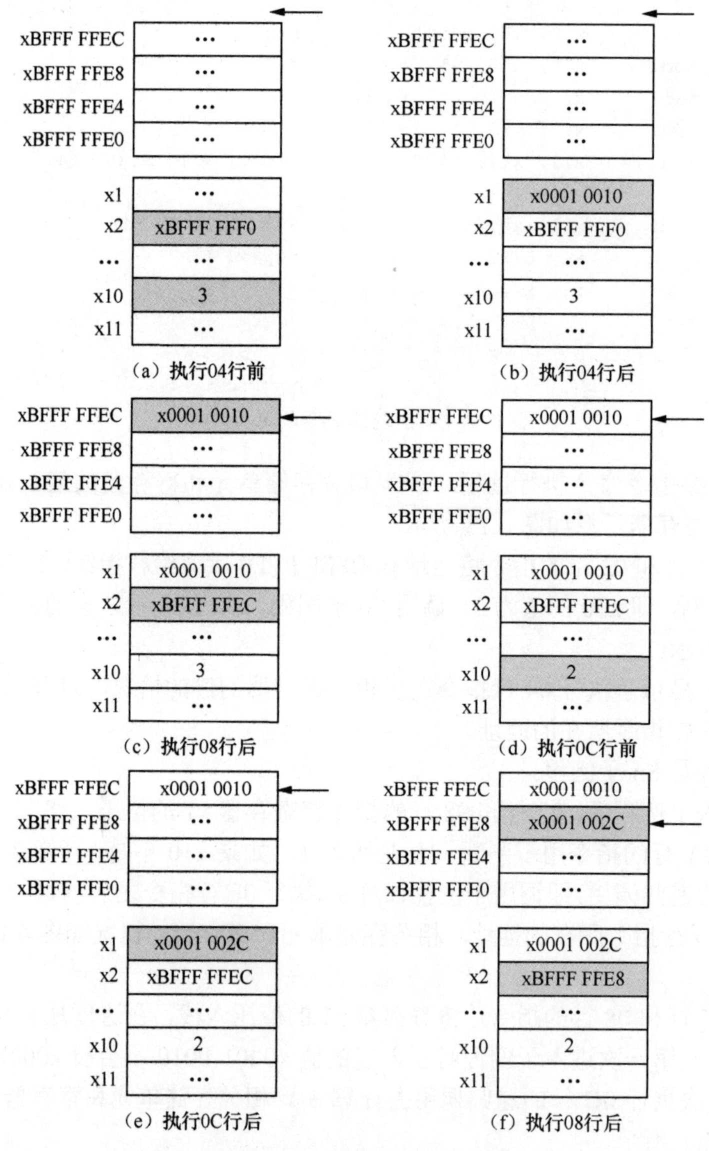

图 6.13　采用栈机制的 Sn 子例程的内存和寄存器示意

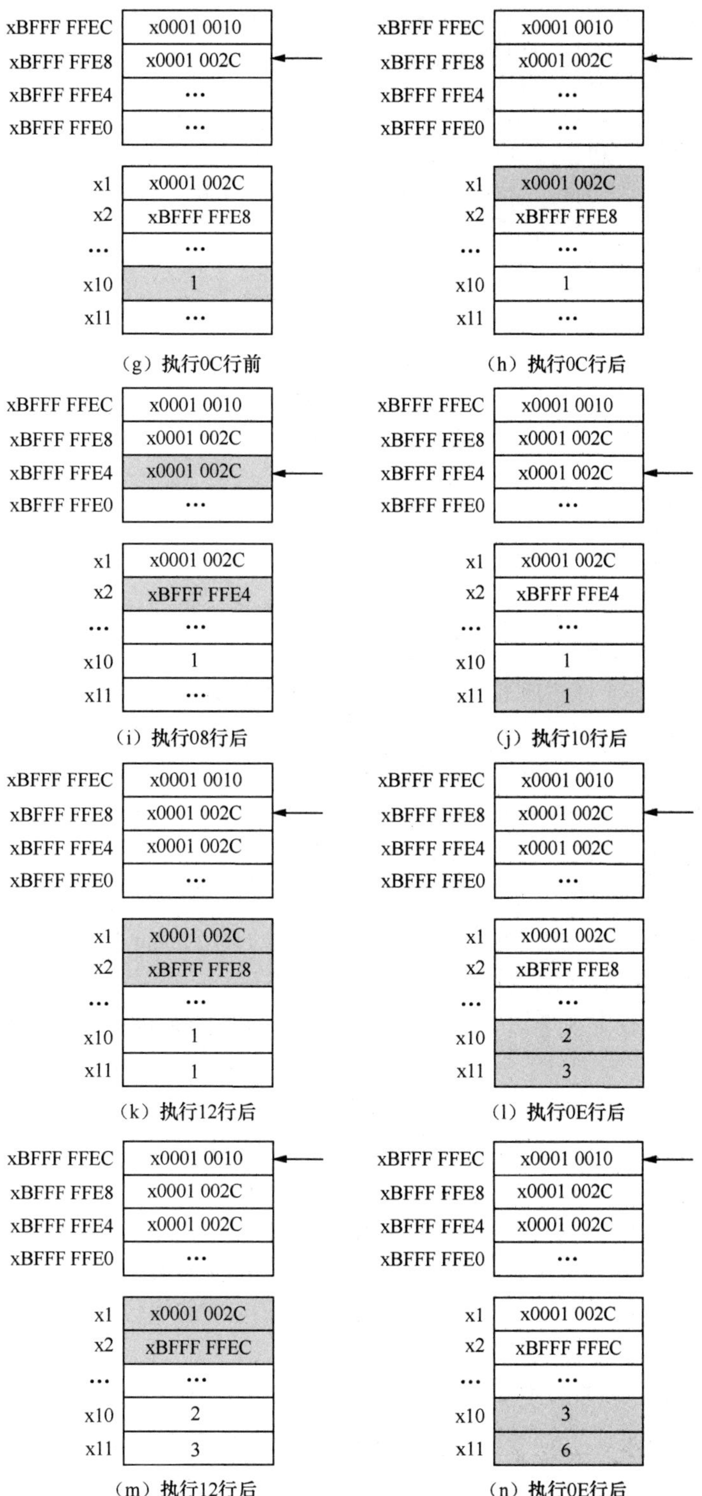

图6.13 采用栈机制的Sn子例程的内存和寄存器示意（续）

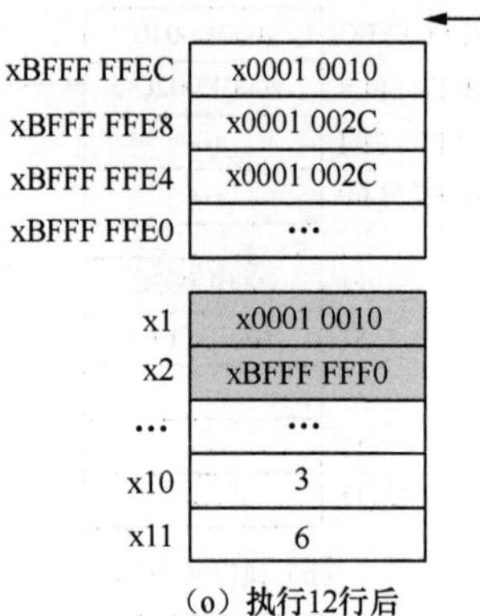

（o）执行12行后

图 6.13　采用栈机制的 Sn 子例程的内存和寄存器示意（续）

习题

6-1　改进 Divide 子例程（见图 6.2），允许对负数进行除法运算。

6-2　改进 Str2Int 子例程（见图 6.7）。

（1）允许字符串是十六进制正整数，即以 0x 开头的 ASCII 字符串，如“0x10”。

（2）允许字符串是有符号的整数，负数以负号开头，如“-123”。

（3）给出实现以上功能的 C 函数——int StringToInt(char *str)，str 是要转换为整数的字符串，返回值是转换后的整数，如果没有执行有效的转换，则返回零。

6-3　改进 Int2Str 子例程（见图 6.9）。

（1）允许以二进制整数表示负数，即以 1 开头的补码整数，转换的字符串以负号开头。

（2）给出实现以上功能的 C 函数——int IntToString (int n , char * str)，n 是要转换的整数，str 是转换后的字符串，返回值是转换的字符串的长度。

6-4　如果在子例程中又调用了子例程，是否可以采用 callee-save 策略保存/恢复返回地址 x1？

6-5　编写一个递归子例程，计算如下函数：

$$f(n)=f(n-1)\times n,\ n\geqslant 2$$

初始条件：$f(1)=1$。

假设 n 位于寄存器 x10 中，结果存储于寄存器 x11 中。

6-6　假设位于存储单元 num 中的值是一个大于 2 的正整数。

（1）以下程序实现了什么？程序执行到 end 时，x11 中的值代表什么？如果 x5 中的值为 1，代表什么？

（2）Mod 子例程的功能是什么？参数和返回值分别是哪些寄存器？

（3）给出实现 Mod 子例程功能的 C 函数：int Mod(int x, int y)。

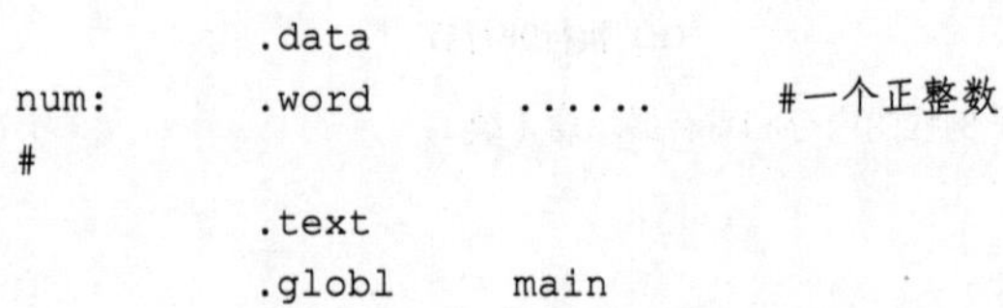

```
        .data
num:    .word     ......    #一个正整数
#
        .text
        .globl    main
```

```
main:     addi      x5, x0, 0
          addi      x11, x0, 2
          la        x7, num
          lw        x10, 0(x7)
#
loop:     call      Mod
          beqz      x9, exit0
          addi      x11, x11, 1
          beq       x11, x10, exit1
          j         loop
#
exit1:    addi      x5, x0, 1
exit0:    j         end
#
Mod:      addi      x9, x10, 0
again:    sub       x9, x9, x11
          bltz      x9, exit
          beqz      x9, exit
          j         again
exit:     ret
#
end:      ......                        # 下一个任务
```

6-7　假设从存储单元 Data 开始存储的 10 个值可以是任意的 10 个整数。

（1）以下程序实现了什么？

（2）Cmp 子例程的功能是什么？参数是哪些寄存器？有返回值吗？

（3）Swap 子例程的功能是什么？参数是哪些寄存器？有返回值吗？

```
              .data
Data:         .word     3, 14, 35, 47, 5, 20, 12, 14, -6, 22
SaveReg:      .word     0
#
              .text
              .globl    main
main:         addi      x6, x0, 10
OutLoop:      addi      x5, x0, 1
              beq       x6, x5, exit
              addi      x7, x6, -1
              la        x5, Data
InnerLoop:    beqz      x7, exit1
              mv        x12, x5
              jal       x1, Cmp
              addi      x5, x5, 4
              addi      x7, x7, -1
              j         InnerLoop
exit1:        addi      x6, x6, -1
              j         OutLoop
exit:         j         end
#
Cmp:          la        x28, SaveReg
              sw        x1, 0(x28)
```

```
            lw      x10, 0(x12)
            lw      x11, 4(x12)
            beq     x10, x11, Return
            blt     x10, x11, Return
            jal     x1,Swap
Return:     la      x28, SaveReg
            lw      x1, 0(x28)
            ret
#
Swap:       sw      x11, 0(x12)
            sw      x10, 4(x12)
            ret
#
end:        ......
```

6-8 以下程序将造成无限循环，请找出原因。

```
            jal     SubA
            j       end
#
SubA:       jal     SubB
            ret
#
SubB:       addi    x11, x0, 48
            ret
#
end:        ......
```

6-9 以下程序实现了什么？

```
            .data
Data:       .asciiz     "Hello, World!"
#
            .text
            .globl      main
main:       lui         x2, 0xc0000
            addi        x2, x2, -16
            addi        x11, x0, 0
            la          x5, Data
Input:      lb          x10, 0(x5)
            beqz        x10, Output
            addi        x11, x11, 1
            call        push
            addi        x5, x5, 1
            j           Input
#
Output:     la          x5, Data
loop:       beqz        x11, Done
            call        pop
            addi        x11, x11, -1
            sb          x10, 0(x5)
            addi        x5, x5, 1
```

```
            j           loop
#
Done:       j           end
#
push:       addi        x2, x2, -1
            sb          x10, 0(x2)
            ret
#
pop:        lb          x10, 0(x2)
            addi        x2, x2, 1
            ret
#
end:        ......
```

第 7 章 输入和输出

C 语言通过调用库函数实现 I/O。I/O 库函数是由编译器提供的，用户程序只需要处理用于 I/O 的数据，并不需要直接与 I/O 设备打交道。I/O 库函数是如何实现的？以 printf 函数为例，它根据格式说明符进行数据类型转换，生成要输出的字符序列，最后通过调用操作系统提供的 I/O 服务例程，由操作系统将这个字符序列“送到”显示器上显示出来。

本章将给出一个简单的 I/O 服务例程的设计，在此基础上，读者就可以进一步理解 I/O 库函数的工作原理了。

7.1 自陷机制

自陷机制

7.1.1 系统调用

如何把数据输入计算机？如何把计算机执行的结果输出给用户？一个简单的解决方案就是通过调用操作系统的 I/O 服务例程完成 I/O 任务。利用操作系统，事实上，大多数用户 I/O 并不需要理解 I/O 设备的工作原理。

最初的操作系统包含的就是支持 I/O 操作的设备管理例程。随着技术的发展，操作系统具备了文件管理、内存管理、进程管理等主要功能。

图 7.1 所示为一个用户程序在到达地址 x0040 0000 时需要执行一个 I/O 任务，用户程序请求操作系统代表它完成这个任务。通常，把这个用户程序的请求称为服务调用或**系统调用**。“系统调用”就是调用操作系统的“服务例程”，让操作系统代表正在执行的程序执行一些任务。操作系统一旦完成该任务，用户程序就会继续执行。

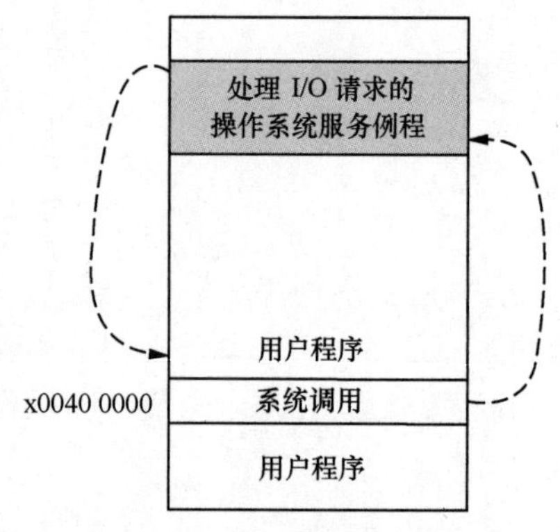

图 7.1 调用操作系统服务例程

7.1.2 ecall/mret/csrrw 指令

操作系统是拥有“特权”的系统软件，对计算机系统的资源（如内存和寄存器等）有高级别的访问权限，而用户程序只能访问有限的内存和寄存器。因此，用户程序调用操作系统的服务例程，就是从用户模式到了特权模式，这个过程被称为“系统自陷”（Trap）。

系统自陷不能使用指令 jalr 调用操作系统的服务例程，也不能使用伪指令 ret 从操作系统返回。系统调用必须使用能够改变特权级别的指令，以及在特权模式下可以使用的特权指令来实现。

RISC-V 指令集定义了几种工作模式，其中，用户程序工作于用户模式下，操作系统工作于机器模式下。为此，RISC-V 提供了几条改变工作模式的指令，其中 ecall（Environment Call，环境调用）可用于从用户模式进入机器模式；mret（Machine Return，从机器模式返回）可用于从操作系统返回用户程序。RISC-V 还提供了一些特权指令，如 csrrw（Control Status Register Read/Write，读/写控制状态寄存器），用于在操作系统中访问系统的控制状态寄存器。

1. ecall

指令 ecall 用于向更高特权级别发起请求。执行 ecall 可以从用户程序自陷进入操作系统服务例程，即从用户模式进入机器模式。

ecall 通过做 3 件事实现对操作系统服务例程的调用：

（1）改变 PC 的值为操作系统自陷处理例程的首地址；

（2）提供一个返回调用 ecall 的程序的路径，即“链接”；

（3）改变工作模式，从用户模式进入机器模式。

地址	31　　20	19　15	14　12	11　7	6　0
x0040 0000	0000 0000 0000	00000	000	00000	1110011
	ecall		特权		系统指令

ecall 的操作码是 1110011，该指令属于 I-类型系统指令，[14:12]位的函数码为 000，代表改变特权级别，[31:20]位的函数码全为 0，代表环境调用指令。

执行 ecall，先将 PC 的值写入特殊寄存器 mepc（Machine Exception Program Counter，机器模式异常程序计数器）；再将特殊寄存器 mtvec（Machine Trap Vector，机器模式自陷向量基址寄存器）中的值加载到 PC 中；最后将特殊寄存器 mstatus（Machine Status，机器状态寄存器）中的相应位（如[12:11]位）设置为机器模式（如 11）。

为了执行后能够返回用户程序，当前指令的 PC 的值被写入 mepc 寄存器。如果指令 ecall 的地址是 x0040 0000，mepc 寄存器就被写入这个值。

mtvec 寄存器中是一个硬连线的值，指向属于操作系统的某部分的内存地址，即系统自陷的入口地址。操作系统占用的内存空间可分布在 0xC000 0000～0xFFFF FFFF，位于内存地址的高地址端。mtvec 的值，即操作系统自陷处理例程的起始地址，就指向这段空间中的某个地址。

将 mstatus 寄存器的[12:11]位写为 11，代表系统运行于机器模式下，有权访问特殊寄存器和全部内存。

再考虑一个问题：进入操作系统后，要执行哪一个服务例程？是读取键盘输入的字符，还是将字符输出到显示器？

因此，在调用 ecall 之前，需要传递系统调用参数。调用前，使用 x10 寄存器保存系统调用号，使用 x11 寄存器保存系统调用参数/返回值。可为每一个服务例程分配一个系统调用号，常用的系统调用号如表 7.1 所示。

表 7.1　　常用的系统调用号

系统调用号	作用	参数	返回值
4	输出字符串	x11，字符串起始地址	无
8	输入字符串	x11，字符串起始地址 x12，可读入的长度	x10，读入的字符串长度
11	输出字符	x11，字符	无
12	输入字符	无	x11，字符

一旦操作系统执行完服务调用，PC 就会指向用户程序的 ecall 下面一条指令的地址，从而使用户程序继续执行。既然 ecall 使用 mepc 寄存器保存了自身的地址，那么如何将 PC 的值改为 mepc+4 的值，又可以使用什么指令返回用户程序？

2. csrrw

csrrw 是用于读/写特殊寄存器的特权指令，mepc、mtvec 和 mstatus 等都是特殊的控制状态寄存器（Control Status Register，CSR）。RISC-V 为每一个控制状态寄存器分配一个 12 位的编码，若用十六进制表示，则 mstatus 寄存器为 0x300，mtvec 寄存器为 0x305，mepc 寄存器为 0x341。

31　　　　20	19　　15	14　　12	11　　7	6　　　0
csr	rs1	001	rd	1110011
		csrrw		系统指令

csrrw 的操作码是 1110011，该指令属于 I-类型系统指令，[14:12]位的函数码为 001，代表读/写特殊寄存器指令，[31:20]位为 csr 编码。

使用指令 csrrw 读 csr 时，将 rs1 设置为 x0。汇编指令为“csrrw rd, csr, x0”。

使用指令 csrrw 写 csr 时，将 rd 设置为 x0。汇编指令为“csrrw　x0, csr, rs1”。

因此，可以使用 csrrw 读/写 mepc 中的值，将 mepc 中的值加 4，也可以改写 mtvec 中的值，即自陷入口地址。

将 mepc 中的值改为 mepc+4 的值的指令序列如下：

```
csrrw     x5, mepc, x0      # x5←mepc
addi      x5, x5, 4         # x5←mepc+4
csrrw     x0, mepc, x5      # mepc←mepc+4
```

3. mret

指令 mret 用于实现从自陷返回。

31　　　　20	19　　15	14　　12	11　　7	6　　　0
0011 0000 0010	00000	000	00000	1110011
mret	rs1	特权	rd	系统指令

mret 的操作码是 1110011，该指令属于 I-类型系统指令，[14:12]位的函数码为 000，代表改变特权级别，[31:20]位的函数码为 0011 000 0010，表示从机器模式返回。

执行 mret，将 mepc 寄存器的值写入 PC，并将 mstatus 寄存器[12:11]中的值恢复为 00，即返回产生自陷的用户模式。

使用这种方式，一个程序可以在执行过程中请求操作系统提供服务，并且在每个这样的服务完成后继续执行。用户程序只需使用指令 ecall，就可以通过计算机输入、输出数据，而无须完全理解 I/O 设备的复杂性。

7.1.3 操作系统自陷处理例程

操作系统自陷处理例程

至此，我们可以给出操作系统自陷处理例程的代码片段，如图 7.2 所示。

```
01  TrapVec:      .word       ......          #自陷向量表
02                ......                      # 省略代码
03  mtvec:        addi        x2, x2, -4      #x2，栈指针
04                sw          x5, 0(x2)       # callee-save
05                addi        x2, x2, -4
06                sw          x6, 0(x2)
07                la          x5, TrapVec     # 基址
08                slli        x6, x10, 2      # 偏移量，x10 系统调用号
09                add         x5, x5, x6
0A                lw          x5, 0(x5)
0B                jr          x5
0C                ......                      # 省略代码
0D  # x10=4，输出字符串服务例程
0E  puts:         ......                      # 向显示器输出字符串，如何实现
0F                csrrw       x5, mepc, x0
10                addi        x5, x5, 4
11                csrrw       x0, mepc, x5    # mepc←mepc+4
12                lw          x6, 0(x2)       # 寄存器恢复
13                addi        x2, x2, 4
14                lw          x5, 0(x2)
15                addi        x2, x2, 4
16                mret                        # 从自陷返回
17                ......                      # 省略代码
```

图 7.2 自陷处理例程代码片段

用户程序执行 ecall，进入 mtvec 标记的操作系统自陷处理例程。首先，根据 x10 中的系统调用号，跳转到相应的服务例程去执行（07 行～0B 行）。在此，不需要将 x10 与每一个系统调用号进行比较和判断，仅需到存储了相应的服务例程起始地址的一段内存空间中（01 行），根据这段空间的起始地址和系统调用号，查找相应的服务例程起始地址。

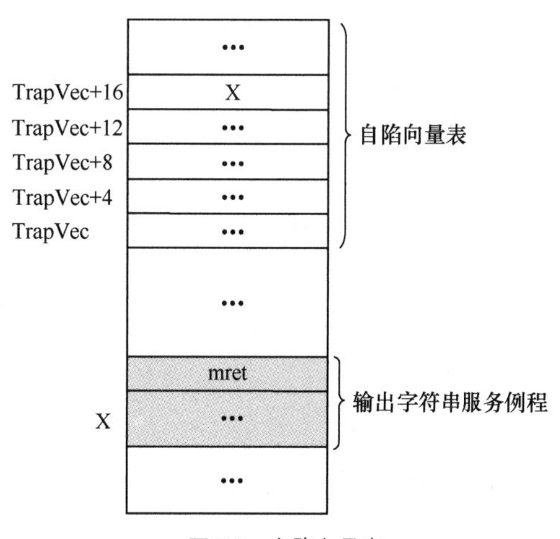

图 7.3 自陷向量表

如图 7.3 所示，从标记为 TrapVec 的内存单元开始，每个服务例程的起始地址占用 4 个连续的存储单元，编号为 0 的系统调用服务例程起始地址就位于 TrapVec 标记的 4 个单元之中。然后，依次是系统调用号为 1,2,3,…的服务例程起始地址。例如，4 号服务例程起始地址“X”位于“TrapVec+16”标记的单元之中。这段存储了系统调用服务例程起始地址的空间，被称为“自陷向量表”。

因此，执行 07 行的指令得到自陷向量表的起始地址，即“基址”，执行 08 行和 09 行的指令，根据 x10 中的系统调用号，计算出“基址+偏移量”。例如，如果 x10 中的值为 4，计算结果为“TrapVec+16”，执行 0A 行的指令读取该地址中的值“X”，即输出字符串服务例程的起始地址。0B 行的指令无条件跳转到这个服务例程起始地址去执行。

在输出字符串服务例程中，执行 0F～11 行的指令，将 mepc 中的值加 4，16 行的指令为从自陷返回。

03 行～06 行指令和 12 行～15 行指令采用 callee-save 策略对寄存器进行保存和恢复。

采用 callee-save 策略，是因为被调用程序（服务例程）知道需要使用哪些寄存器来完成它的工作，而调用者（用户程序）不知道哪些寄存器的值将被破坏。在自陷处理例程中，寄存器 x5 和 x6 的值被修改，需要保存和恢复。

在此，寄存器的保存与恢复是使用“栈机制”实现的。进入服务例程，通过把寄存器 x5 和 x6 依次压入栈（03 行～06 行），实现寄存器的保存；在返回之前，再将寄存器 x6 和 x5 依次出栈，恢复它们原来的值（12 行～15 行）。

如何实现“向显示器输出字符串”呢？这就需要与 I/O 设备打交道了。下面先给出一个简单的 I/O 设计，再完成 I/O 任务。

7.2 一个简单的 I/O 设计

一个简单的 I/O 设计

如何实现 I/O 服务例程？输入设备和输出设备是冯・诺依曼模型的重要组成部分，它们可以通过总线与 CPU、存储器进行通信。最基本的 I/O 设备是键盘和显示器，它们都是字符设备。字符设备是面向流的设备，只能一个字符、一个字符地读写，并且读写需要按照先后顺序进行。

7.2.1 总线结构

总线结构如图 7.4 所示，两端都有箭头的空心结构代表总线。总线可用于存储器与 CPU 之间的通信，也可以用于 CPU 与 I/O 设备之间的通信。采用总线结构的主要优点是功能多、成本低，主要缺点是会产生通信瓶颈。图 7.4 所示的总线由 32 根线和相关的电子元件组成。通过必要的电子元件的连接，总线允许将 32 位信息从一个组件传输到另一个组件。

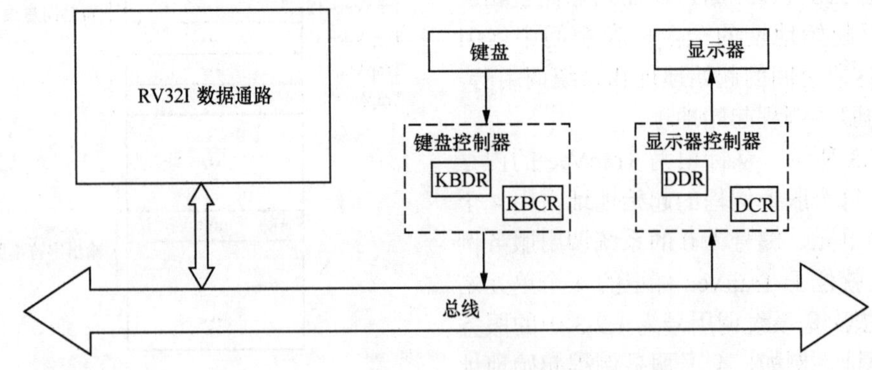

图 7.4　总线结构

注意，在总线上一次只可传输一个 32 位的数据。

7.2.2 I/O 设备寄存器

对于 I/O 设备，有专门的 I/O 控制器，每个 I/O 控制器都包括几个寄存器。对于硬件工程师来说，I/O 控制器是一种电子设备。而对于软件工程师来说，需要关注的是 I/O 设备与 CPU 通信的接口——I/O 设备寄存器。

通常，最简单的 I/O 控制器至少包含两个 I/O 设备寄存器：一个用于保存在 CPU 和设备之间进行传输的数据；另一个用于保存设备的状态信息，例如，设备是处于可用的状态还是正忙于执行最近的 I/O 任务。

对于键盘和显示器来说，与 CPU 通信的接口是键盘控制器和显示器控制器，如图 7.4 所示。键盘控制器包括的两个寄存器分别是 KBDR（Key Board Data Register，键盘数据寄存器）和 KBCR（Key Board Control Register，键盘控制寄存器）。对于显示器来说，这两个寄存器分别是 DDR（Display Data Register，显示器数据寄存器）和 DCR（Display Control Register，显示器控制寄存器）。并且，每个寄存器的大小都是 32 位，与通用寄存器大小相同。

这些 I/O 设备寄存器也是特权寄存器，只能在特权模式下访问，用户程序不能直接访问。因此，特权模式是一种安全的解决方案，操作系统拥有更高的特权级别，可以访问 I/O 设备寄存器，避免了用户程序可能产生的错误行为。

7.2.3 内存映射 I/O

现在的问题是 CPU 如何和这些设备的寄存器进行通信，即如何读取 I/O 设备寄存器中的数据，以及如何向 I/O 设备寄存器加载数据。可以使用两种机制来实现：使用专门的 I/O 指令，或者使用在通用寄存器和内存之间传送数据的数据传送指令。

Intel 的 x86 指令集就使用专门的 I/O 指令与 I/O 设备寄存器交互，其 I/O 指令为 IN 和 OUT，用于在通用寄存器和 I/O 设备寄存器之间传送数据。

也有很多计算机设计者使用第二种机制访问 I/O 设备寄存器，但使用该机制有个问题：如何表示 I/O 设备寄存器？可以采用内存映射的方式来表示，即每一个 I/O 设备寄存器都被分配一个内存地址。这样就可以采用与识别内存地址相同的方式，识别出 I/O 设备寄存器。也就是说，I/O 设备寄存器被映射为内存中的一系列地址，这些地址被分配给 I/O 设备寄存器，而不再是存储单元。“内存映射 I/O”因此得名。

RISC-V 使用的就是内存映射 I/O。表 7.2 中列出了键盘和显示器的设备寄存器的内存映射地址。

表 7.2　　I/O 设备寄存器的内存映射地址

地址	I/O 设备寄存器
xFFFF 0000～xFFFF 0003	KBCR
xFFFF 0004～xFFFF 0007	KBDR
xFFFF 0008～xFFFF 000B	DCR
xFFFF 000C～xFFFF 000F	DDR

如果需要从 KBDR 中读取一个数据，可以使用如下指令序列：

```
kbdr:     .word      0xFFFF0004      #KBDR 的内存映射地址
……
          la         x5, kbdr
          lw         x6, 0(x5)       # x6= xFFFF 0004
          lw         x11, 0(x6)      #将 KBDR 中的数据加载到 x11 中
```

最后一条指令是 lw，计算"基址+偏移量"得到的内存地址是 xFFFF 0004，但是该指令并不是将 xFFFF 0004～xFFFF 0007 内存单元中的数据加载到 x11 中，而是将 KBDR 中的数据加载到 x11 中。这是因为该地址已被映射为 I/O 设备——KBDR。可以看出，xFFFF 0004～xFFFF 0007 单元已经不能作为存储单元使用了。

如果需要向 DDR 中写一个数据，可以使用如下指令序列：

```
ddr:     .word      0xFFFF 000C     # DDR 的内存映射地址
……
         la         x5, ddr
         lw         x6, 0(x5)       # x6= xFFFF 000C
         sw         x11, 0(x6)      # 将 x11 中的数据写到 DDR 中
```

最后一条指令是 sw，计算"基址+偏移量"得到的内存地址是 xFFFF 000C，但是该指令并不是将 x11 中的数据写到 xFFFF 000C～xFFFF 000F 单元中，而是写到 DDR 中，因为该地址已被映射为 I/O 设备——DDR。

7.2.4　异步与同步

同步

上面给出了使用内存映射 I/O 实现的读取 KBDR 的指令：

```
lw     x11, 0(x6)        #将 KBDR 中的数据加载到 x11 中
```

执行该指令时，KBDR 中的数据被加载到 x11 中。KBDR 中存储的是用户输入的字符的 ASCII。用户每输入一个字符，输入设备寄存器就被加载一个新的 ASCII。但是，如果执行这条指令时，用户还没有输入新的字符，会发生什么情况？该指令将 KBDR 先前存储的数据读入 x11——导致错误。

这是因为 I/O 的执行与处理器的执行不同步。

微处理器是在时钟的控制下执行指令的，一个时钟周期接一个时钟周期进行指令的处理。而用户从键盘输入数据的频率是随时变化的，不受时钟控制。也就是说，二者的交互不同步。

类似地，使用内存映射 I/O 实现的写 DDR 的指令如下：

```
sw     x11, 0(x6)       # 将 x11 中的数据写到 DDR 中
```

如果执行该指令时，显示器还没有将上一个 DDR 中的字符显示完，会发生什么情况？该指令将 DDR 先前存储的数据覆盖了——导致错误。

通常，I/O 设备与处理器的步伐都是不一致的，这种特征被称作异步。

绝大多数处理器和 I/O 设备之间的交互都是异步的。要处理异步问题，就需要一些协议或握手机制。考虑键盘和显示器：对键盘来说，需要一个 1 位的标志，用来表明某个人是否输入了一个字符；对显示器来说，需要一个 1 位的标志，用来表明最近传送给显示器的字符

是否已被显示。这个 1 位的标志，就是设备控制寄存器的[0]位。

一个 1 位的标志（被称作就绪位）就可以使用户键盘的输入和处理器保持同步。每当用户输入一个字符时，就将 KBCR[0]设为 1。每当处理器读取该字符时，就将 KBCR[0]清空。在读取 KBDR 之前增加对就绪位的检查，如果就绪位被清空，那就说明上一个字符被读出后，还没有新的字符输入，因此，不执行 lw；如果就绪位为 1，那就说明用户输入了一个新字符，还没有被读取，因此，将执行 lw。添加了就绪位测试的指令序列如下：

```
kbcr:     .word     0xFFFF0000      # KBCR 的内存映射地址
kbdr:     .word     0xFFFF0004      # KBDR 的内存映射地址
……
          la        x5, kbcr
          lw        x6, 0(x5)       # x6= xFFFF 0000
          lw        x7, 0(x6)       # 加载 KBCR 中的数据
          andi      x6, x7, 1       # 测试 KBCR[0]是否为 1，即是否有字符输入
          beqz      x6, XXXX        # 如果 KBCR[0]==0，不执行 lw
          la        x5, kbdr
          lw        x6, 0(x5)       # x6= xFFFF 0004
          lw        x11, 0(x6)      # 将 KBDR 中的数据加载到 x11 中
```

同样，一个就绪位也可以使显示器输出和处理器保持同步。每当显示器完成一个字符的显示时，就将 DCR[0]设为 1。每当处理器向 DDR 写字符时，就将 DCR[0]清空。在写 DDR 之前增加对就绪位的检查，如果就绪位被清空，那就说明写入上一个字符后，显示器还没有将其显示完，因此，不执行 sw；如果就绪位为 1，那就说明显示器已经完成了上一个字符的显示，可以执行 sw。添加了就绪位测试的指令序列如下：

```
dcr:      .word     0xFFFF0008      # DCR 的内存映射地址
ddr:      .word     0xFFFF000C      # DDR 的内存映射地址
……
          la        x5, dcr
          lw        x6, 0(x5)       # x6= xFFFF 0008
          lw        x7, 0(x6)       # 加载 DCR 中的数据
          andi      x6, x7, 1       # 测试 DCR[0]是否为 1，即是否就绪
          beqz      x6, XXXX        # 如果 DCR[0]==0，不执行 sw
          la        x5, ddr
          lw        x6, 0(x5)       # x6= xFFFF 000C
          sw        x11, 0(x6)      # 将 x11 中的数据写到 DDR 中
```

轮询

7.2.5 轮询

使用控制寄存器，可以使 I/O 设备与处理器保持同步。例如，在读取 KBDR 之前，先检查状态是否就绪：如果就绪位为 1，就读取 KBDR 中的值；如果状态未就绪，就不读取 KBDR 中的值，那么，接下来要做什么呢？

下面的工作是重复执行这个指令序列：读取就绪位的值，判断状态是否就绪；读取就绪位的值，判断状态是否就绪；读取就绪位的值，判断状态是否就绪……直到就绪位为 1。这种通过处理器周期性地检查就绪位来判断是否执行 I/O 操作的方法，被称为轮询。

轮询是 I/O 设备与处理器通信的最简单方式，由处理器完全控制和执行通信工作。

键盘输入服务例程的轮询指令序列如下：

```
01  kbcr:     .word    0xFFFF0000     # KBCR 的内存映射地址
02  kbdr:     .word    0xFFFF0004     # KBDR 的内存映射地址
03  ……                                # 省略
04            la       x5, kbcr
05  InPoll:   lw       x6, 0(x5)      # 测试是否有字符被输入
06            lw       x7, 0(x6)
07            andi     x6, x7, 1
08            beqz     x6, InPoll     # 如果 KBCR[0]==0，轮询
09            la       x5, kbdr
0A            lw       x6, 0(x5)
0B            lw       x11, 0(x6)     # 将 KBDR 中的数据加载到 x11 中
0C            j        NEXT_TASKX     # 执行下一个任务
```

只要 KBCR[0]为 0，就表示处理器最近一次读取数据寄存器后，还没有字符被输入。05 行～08 行组成一个测试 KBCR[0]的循环。如果就绪位即[0]位被清空，beqz 将分支跳转到 InPoll，开始又一次循环。当用户输入一个新字符时，KBDR 将被加载为该字符的 ASCII，并且 KBCR 的就绪位被设为 1。这将使分支跳转指令的条件不再成立，09 行～0B 行的指令将被执行。对 KBDR 的读操作将会清空 KBCR[0]。输入例程结束，执行下一个任务。

显示器输出服务例程的轮询指令序列如下：

```
01  dcr:      .word    0xFFFF0008     # DCR 的内存映射地址
02  ddr:      .word    0xFFFF000C     # DDR 的内存映射地址
03  ……                                #省略
04            la       x5, dcr
05  OutPoll:  lw       x6, 0(x5)      # 测试显示是否就绪
06            lw       x7, 0(x6)
07            andi     x6, x7, 1
08            beqz     x6, OutPoll    # 如果 DCR[0]==0，轮询
09            la       x5, ddr
0A            lw       x6, 0(x5)
0B            sw       x11, 0(x6)     # 将 x11 中的数据写到 DDR 中
0C            j        NEXT_TASKY     # 执行下一个任务
```

与键盘输入例程相同，05 行～08 行重复测试 DCR[0]，检测是否已经显示了处理器最近一次传输的字符。如果 DCR[0]位被清空，则表明显示器仍然在处理上一个字符，beqz 将分支跳转到 OutPoll，开始又一次循环。如果显示器已经处理完处理器最近一次传输的字符，就将 DCR[0]设置为 1，这将使分支跳转指令的条件不再成立，09 行～0B 行的指令将被执行。对 DDR 的写操作将会清空 DCR[0]。输出例程结束，执行下一个任务。

但是，轮询方式浪费了处理器大量的时间。考虑读取键盘数据时状态未就绪的情况，这是必然会出现的情况，因为用户的输入速度比处理器的执行速度慢得多。假设微处理器的时钟频率是 300MHz，那么一个时钟周期约 3.3 纳秒，假设处理并执行一条指令平均需要 10 个时钟周期，那么，执行一条指令约需 33 纳秒。如果用户在 1 秒之后输入一个字符，假设读就绪位及判断是否就绪的指令序列为 10 条指令，那么，处理器将执行这一指令序列 300 万次，才能读取到该字符。

这促使了“中断”的发明。让处理器一直做它自己的事，直到从键盘发来信号：“已经输入了一个新字符，其 ASCII 位于输入设备寄存器里，你需要读取它”。这就叫作中断驱动的 I/O，由 I/O 控制器来控制交互。

7.3 操作系统服务例程

操作系统服务例程

7.3.1 输入字符服务例程

下面我们就可以给出采用轮询方式实现的输入字符服务例程了，如图 7.5 所示。

这个服务例程的系统调用号是 x10 中的值 12，从键盘输入的字符保存在 x11 中返回。

```
01  kbcr:     .word     0xFFFF0000     # KBCR 的内存映射地址
02  kbdr:     .word     0xFFFF0004     # KBDR 的内存映射地址
03  ……                                 # 省略
04  # x10=12，输入字符服务例程
05  getc:     addi      x2, x2, -4     # x2，栈指针
06            sw        x7, 0(x2)      # callee-save
07            la        x5, kbcr
08  InPoll:   lw        x6, 0(x5)      # 测试是否有字符被输入
09            lw        x7, 0(x6)
0A            andi      x6, x7, 1
0B            beqz      x6, InPoll     # 如果 KBCR[0]==0，轮询
0C            la        x5, kbdr
0D            lw        x6, 0(x5)
0E            lw        x11, 0(x6)     #将 KBDR 中的数据加载到 x11 中
0F            csrrw     x5, mepc, x0
10            addi      x5, x5, 4
11            csrrw     x0, mepc, x5   # mepc←mepc+4
12            lw        x7, 0(x2)      # 恢复寄存器
13            addi      x2, x2, 4
14            lw        x6, 0(x2)
15            addi      x2, x2, 4
16            lw        x5, 0(x2)
17            addi      x2, x2, 4
18            mret                     # 从自陷返回
```

图 7.5 输入字符服务例程

07 行～0E 行，是采用轮询方式实现的输入字符指令序列。0F 行～11 行，将 mepc 的值加 4。18 行，从自陷返回。

指令完成后，x11 中包含从键盘输入的字符的 ASCII。

需要注意的是，从键盘输入的字符并不会显示在显示器上。

05 行、06 行和 12 行～17 行采用 callee-save 策略对寄存器进行保存和恢复。

在输出字符服务例程中，寄存器 x5、x6 和 x7 的值被修改，需要保存和恢复。注意，在图 7.2 所示的自陷处理例程开头，已经将 x5 和 x6 的值压栈保存，在图 7.5 所示的输入字符服务例程中，只需要将 x7 的值压栈（05 行和 06 行）。

在返回之前，将寄存器 x7、x6 和 x5 依次出栈，恢复它们原来的值（12 行～17 行）。

7.3.2 输出字符服务例程

采用轮询方式实现的输出字符服务例程如图 7.6 所示。这个服务例程的系统调用号是 x10 中的值 11，要输出的字符位于 x11 中。

```
01 dcr:      .word    0xFFFF0008      # DCR 的内存映射地址
02 ddr:      .word    0xFFFF000C      # DDR 的内存映射地址
03 ……                                  #省略
04  # x10=11，输出字符服务例程
05 putc:     addi     x2, x2, -4      # x2，栈指针
06           sw       x7, 0(x2)       # callee-save
07           la       x5, dcr
08 OutPoll:  lw       x6, 0(x5)       # 测试显示是否就绪
09           lw       x7, 0(x6)
0A           andi     x6, x7, 1
0B           beqz     x6, OutPoll     # 如果 DCR[0]==0，轮询
0C           la       x5, ddr
0D           lw       x6, 0(x5)
0E           sw       x11, 0(x6)      # 将 x11 中的数据写到 DDR 中
0F           csrrw    x5, mepc, x0
10           addi     x5, x5, 4
11           csrrw    x0, mepc, x5    # mepc←mepc+4
12           lw       x7, 0(x2)       # 恢复寄存器
13           addi     x2, x2, 4
14           lw       x6, 0(x2)
15           addi     x2, x2, 4
16           lw       x5, 0(x2)
17           addi     x2, x2, 4
18           mret                     # 从自陷返回
```

图 7.6　输出字符服务例程

07 行～0E 行，是采用轮询方式实现的输出字符指令序列。0F 行～11 行，将 mepc 的值加 4。18 行，从自陷返回。

05 行、06 行和 12 行～17 行采用 callee-save 策略对寄存器进行保存和恢复。

7.3.3　输入字符串服务例程

输入字符串服务例程的系统调用号是 x10 中的值 8，输入的字符串以'/n'结束，存储空间起始地址位于 x11 中，存储空间的大小位于 x12 中，服务例程的返回值是实际存储的字符串的长度（在 x10 中）。注意：换行符被存储到字符串末尾。

输入字符串服务例程的程序流程图如图 7.7 所示。

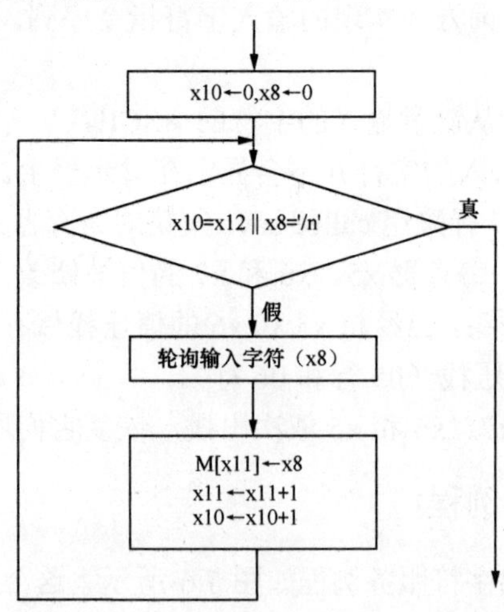

图 7.7　输入字符串服务例程的程序流程图

输入字符串服务例程如图 7.8 所示。

```
01  gets:     addi      x2, x2, -4        # x2，栈指针
02            sw        x7, 0(x2)         # callee-save
03            addi      x2, x2, -4
04            sw        x8, 0(x2)
05            addi      x2, x2, -4
06            sw        x11, 0(x2)
07  # 是否遇到换行，或存储空间已满
08            addi      x10, x0, 0        # x10，返回的字符串长度
09            addi      x8, x0, 0         # x8，输入的字符
0A  loop:     beq       x10, x12, Return      # x10==x12 || x8=='\n'
0B            addi      x7, x0, 10
0C            beq       x8, x7, Return
0D  # 轮询输入字符
0E            la        x5, kbcr
0F  InPoll:   lw        x6, 0(x5)         # 测试是否有字符被输入
10            lw        x7, 0(x6)
11            andi      x6, x7, 1
12            beqz      x6, InPoll        # 如果 KBCR[0]==0，轮询
13            la        x5, kbdr
14            lw        x6, 0(x5)
15            lw        x8, 0(x6)         #将 KBDR 中的数据加载到 x8 中
16  # 存储字符，为输入下一个字符做准备
17            sb        x8, 0(x11)
18            addi      x11, x11, 1
19            addi      x10, x10, 1
1A            j         loop
1B  # 从自陷返回
1C  Return:   csrrw     x5, mepc, x0
1D            addi      x5, x5, 4
1E            csrrw     x0, mepc, x5      # mepc←mepc+4
1F            lw        x11, 0(x2)        # 寄存器恢复
20            addi      x2, x2, 4
21            lw        x8, 0(x2)
22            addi      x2, x2, 4
23            lw        x7, 0(x2)
24            addi      x2, x2, 4
25            lw        x6, 0(x2)
26            addi      x2, x2, 4
27            lw        x5, 0(x2)
28            addi      x2, x2, 4
29            mret                        # 从自陷返回
```

图 7.8 输入字符串服务例程

08 行～1A 行，实现字符串输入的指令序列。每输入一个字符，x11 中的值加 1，指向下一个单元（18 行）。当字符串输入结束时，x11 的值指向字符串末尾。因此，需要使用 callee-save 策略对寄存器 x11 进行保存和恢复（05 行、06 行和 1F 行、20 行）。返回调用程序后，x11 的值仍然指向字符串开头。

0E 行～15 行采用轮询方式实现字符输入。01 行～04 行和 21 行～28 行采用 callee-save

策略对寄存器进行保存和恢复。

7.3.4 输出字符串服务例程

输出字符串服务例程的系统调用号是 x10 中的值 4，要输出的字符串起始地址位于 x11 中。输出字符串服务例程的程序流程图如图 7.9 所示。

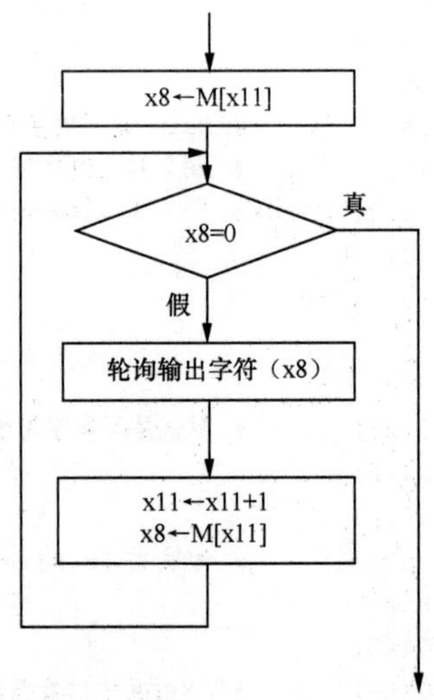

图 7.9 输出字符串服务例程的程序流程图

这是一个标志控制的循环，标志就是遇到字符 x00。输出字符串服务例程如图 7.10 所示。

```
puts:     addi     x2, x2, -4       #x2，栈指针
          sw       x7, 0(x2)        # callee-save
          addi     x2, x2, -4
          sw       x8, 0(x2)
          addi     x2, x2, -4
          sw       x11, 0(x2)
# 对字符串中的每一个字符进行循环
loop:     lb       x8, 0(x11)       # 取得下一个字符
          beqz     x8, Return       # 如果是 0，字符串结束
# 轮询输出
          la       x5, dcr
OutPoll:  lw       x6, 0(x5)        # 测试显示是否就绪
          lw       x7, 0(x6)
          andi     x6, x7, 1
          beqz     x6, OutPoll      # 如果 DCR[0]==0，轮询
          la       x5, ddr
        lw         x6, 0(x5)
        sw         x8, 0(x6)        # 将 x8 中的数据写到 DDR 中
        addi       r11, r11, #1     # 指针加 1
        j          loop
# 从自陷返回
Return:   csrrw    x5, mepc, x0
          addi     x5, x5, 4
```

图 7.10 输出字符串服务例程

```
18          csrrw      x0, mepc, x5     # mepc←mepc+4
19          lw         x11, 0(x2)       # 恢复寄存器
1A          addi       x2, x2, 4
1B          lw         x8, 0(x2)
1C          addi       x2, x2, 4
1D          lw         x7, 0(x2)
1E          addi       x2, x2, 4
1F          lw         x6, 0(x2)
20          addi       x2, x2, 4
21          lw         x5, 0(x2)
22          addi       x2, x2, 4
23          mret                        # 从自陷返回
```

图 7.10 输出字符串服务例程（续）

08 行～14 行，实现字符串输出的指令序列。每输出一个字符，x11 中的值加 1，指向下一个单元（13 行）。当字符串输出结束时，x11 中的值指向字符串末尾的 0。因此，需要使用 callee-save 策略，对寄存器 x11 进行保存和恢复（05 行、06 行和 19 行、1A 行）。返回调用程序后，x11 的值仍然指向字符串开头。

0B 行～12 行采用轮询方式实现的字符输出。01 行～04 行和 1B 行～22 行采用 callee-save 策略对寄存器进行保存和恢复。

7.3.5 寄存器的保存/恢复

采用调用者保存策略还是被调用者保存策略的**原则**：哪个程序知道哪些寄存器将被接下来的操作所破坏，处理保存/恢复问题的就应该是哪一个程序。

由于用户程序不知道操作系统服务例程使用了哪些寄存器，因此，在操作系统服务例程中，采用 callee-save 策略对使用的寄存器进行保存和恢复。注意，用于返回值的寄存器不可保存/恢复。

7.4 C 语言中的 I/O

C 语言中的 I/O

C 语言通过调用库函数实现 I/O。虽然 I/O 库函数提供了比较复杂的功能，但是实现机制都是通过调用操作系统的服务例程完成的。

7.4.1 示例：一个输入缓冲的例子

图 7.11 所示的 C 代码提示用户输入两个字符、读取这两个字符并输出。

```
#include <stdio.h>

int main()
{
    char inChar1;
    char inChar2;

    printf ("Input character 1:\n");
    inChar1 = getchar ( );
```

图 7.11 输入缓冲的例子

```
        printf ("Input character 2:\n");
        inChar2 = getchar ( );

        printf ("Character 1 is %c\n", inChar1);
        printf ("Character 2 is %c\n", inChar2);
}
```

图 7.11 输入缓冲的例子（续）

运行这个程序，可能会出现一些奇怪的现象。首先，程序输出提示“Input character 1:”；然后，第一个 getchar 函数等待第一个字符的输入。输入单个字符（如 A），然后按“Enter”键确认，程序输出如下：

```
Input character 2:
Character 1 is A
Character 2 is
```

程序没有等待第二个字符的输入，就像漏掉了第二个 getchar 函数的调用，为什么？这是因为 getchar 函数是从**标准输入流**中读一个字符，而不是直接从键盘读字符。下面，我们来看一下什么是 I/O 流。

7.4.2 I/O 流

现代程序设计语言为 I/O 创造了一个有用的抽象：输入和输出发生在流上。从概念上说，所有基于字符的输入和输出都是对流执行的。由用户用键盘输入的 ASCII 字符序列就是输入流的例子：当一个字符被输入时，它会被添加到流的结尾处，而程序从流的开头处依次读取流中的字符。程序使用打印机打印文档则是输出流的例子：程序打印的 ASCII 字符序列被添加到输出流的结尾处，而打印机程序从输出流的开头处开始打印。

其他许多流行语言（如 C++、Java 等）也为 I/O 提供了相似的、基于流的抽象。

在 C 语言里，标准输入流被称为 stdin，默认映射到键盘；标准输出流被称为 stdout，默认映射到显示器。

因此，函数 getchar 返回的是出现在 stdin 中的下一个输入字符的 ASCII。

在图 7.11 所示的例子中，如果用户输入 A 并按“Enter”键，stdin 中的内容为 A 的 ASCII 值（65）和换行符的 ASCII 值（10）。变量 inChar1 将被赋值为字符 A，这是第一个 getchar 函数调用的返回值，变量 inChar2 将被赋值为换新行，这是第二个 getchar 函数调用的返回值。

尽管 I/O 流的行为有些复杂，但是实现它的底层机制就是在 I/O 服务例程的基础上增加额外的软件层。

7.4.3 getchar 的底层实现

getchar 是编译器提供的标准库函数，先从 stdin 中读字符，如果 stdin 中有字符，就不需要进行系统调用；如果 stdin 中已经没有字符，则自陷进入操作系统。因此，使用 I/O 流，可以有效减少系统调用次数，从而减少系统状态切换带来的开销，即不必再执行图 7.2 中的自陷处理例程：从用户模式切换到机器模式，再从自陷返回。

实现 getchar 的代码片段如图 7.12 所示。

```
01 stdin:     .byte    0, 0, ......       # 标准输入流，共 size 字节，初值均为 0/null
02 inPt:      .word    ......             # 指针，初值为 stdin
03 num:       .word    0                  # stdin 中的字符数，初值为 0
04 ......                                 # 省略代码
05 getchar:   ......                      # 省略寄存器的保存代码
06            la       x5, inPt
07            lw       x7, 0(x5)          # 字符指针
08            la       x6, num
09            lw       x28, 0(x6)         # 字符数
0A            beqz     x28, trap          # 输入流中无字符，自陷
0B            lb       x8, 0(x7)          # 读出 stdin 中的下一个字符，并将其加载到 x8 中
0C            addi     x7, x7, 1
0D            sw       x7, 0(x5)          # 指针指向下一个字符
0E            addi     x28, x28, -1
0F            sw       x28, 0(x6)         # 字符数递减
10            j        exit
11 trap:      la       x11, stdin         # x11，字符串首地址
12            addi     x12, x0, 1024      # x12，输入流大小
13            addi     x10, x0, 8         # gets，输入字符串服务例程
14            ecall                       # 系统调用
15            la       x5, stdin
16            lb       x8, 0(x5)          # 读出 stdin 中的第一个字符，并将其加载到 x8 中
17            addi     x7, x5, 1          # 指针指向下一个字符
18            la       x5, inPt
19            sw       x7, 0(x5)
1A            addi     x10, x10, -1       # 字符数（在 gets 的返回值 x10 中）递减
1B            la       x6, num
1C            sw       x10, 0(x6)
1D exit:      mv       x10, x8            # getchar 的返回值 x10
1E            ......                      # 省略寄存器的恢复代码
1F            ret
```

图 7.12　实现 getchar 的代码片段

stdin 标记的空间（01 行），就是输入流的缓冲区，大小以 1024 字节为例；inPt 标记的存储单元中存储的是输入流中下一个字符的地址（02 行），即字符指针；num 标记的存储单元中存储的是输入流中还有多少个剩余的字符（03 行）。

06 行～09 行指令用于读出字符指针和字符数，即如果输入流中还有字符，就读出来，然后将指针指向下一个字符，剩余的字符数递减（0A 行～0F 行）。

如果输入流中没有字符可以读取，就需要调用操作系统的输入字符串服务例程。因此，设置系统调用号（x10）为 8，将 x11 设置为缓冲区首地址 stdin，将缓冲区大小（x12）设置为 1024，进行系统调用（11 行～14 行）。

从系统调用返回后，读出缓冲区中的第一个字符，然后，将指针指向下一个字符，剩余的字符数递减（15 行～1C 行）。

最后，将读出的字符传到 x10 中返回（1D 行～1F 行）。

至此，我们就可以理解用户程序通过调用库函数 getchar 获取键盘输入的完整过程了，如图 7.13 所示。如果输入流中还有字符可以读，编号为（2）和（3）的步骤（用虚线表示）就不用执行了。

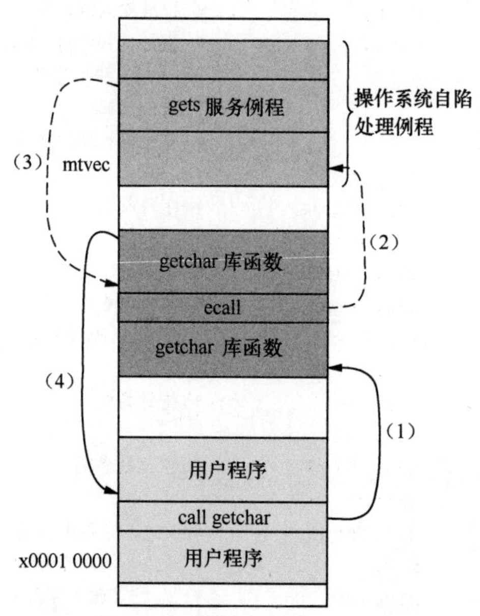

图 7.13 调用库函数 getchar 的完整过程

类似地，库函数 putchar 将字符存入 stdout，如果存入的是换行符，或者 stdout 已满，就自陷进入操作系统处理例程，由操作系统将 stdout 中的字符串输出。

习题

7-1 基于图 4.7，对 RV32I 子集数据通路进行重新设计，使其能够执行指令 ecall。提示：与指令 jalr 类似。

7-2 有如下汇编语言程序：

```
            .data
Char:       .word       0x61626364
HelloWorld: .string     "Hello, World!"
#
            .text
            .globl      main
main:       la          x5, Char
loop:       lb          x11, 0(x5)
            beqz        x11, Exit
            addi        x10, x0, 11
            ecall
            addi        x5, x5, 4
            j         loop
#
Exit:       ......                  #下一个任务
```

（1）说明程序的输出；

（2）在“addi x5, x5, 4”指令被执行之前，执行的是哪条指令？

7-3 执行如下汇编语言程序，输出是什么？

```
                .data
Char:           .word       0x61626364
HelloWorld:     .string     "Hello, World!"
#
                .text
                .globl      main
main:           addi        x5, x0, 0
                la          x11, Char
                sw          x5, 4(x11)
                addi        x10, x0, 4
                ecall
#
Exit:           ......                #下一个任务
```

7-4 编写 RISC-V 汇编语言程序片段（使用指令 ecall），并给出实现这一功能的 C 程序（使用库函数）。

（1）在屏幕上显示 26 个大写英文字母（A～Z）。

（2）从键盘输入一个字符，如果该字符是字母表中的小写英文字母，则转化成大写英文字母输出，否则原样输出。

（3）从键盘输入一行字符（以“Enter”键结束），并将该行字符存储到以标记 park 开头的一段存储单元之中，然后回显除空格之外的所有字符。例如，如果输入是"Let's go to the park at 4:00pm."，输出为"Let'sgototheparkat4:00pm."。

7-5 设计一个新的服务例程，该服务例程读入一个字符并将其显示到屏幕上，读入的字符存储到 x11 中。

7-6 重新定义操作系统自陷机制。

（1）如果 mtvec 中的值是操作系统的自陷向量表的起始地址，那么，如何定义指令 ecall？

（2）如果存储单元 x0000 0000～x0000 1000 被分配给操作系统，通过将系统调用号左移 8 位，形成相应服务例程的起始地址，那么，如何定义指令 ecall？每个服务例程最多可以占用多少存储单元？ 最多可以有多少个服务例程？

（3）如果系统调用号就是相应服务例程的起始地址，那么，如何定义指令 ecall？

7-7 有如下程序：

```
#include <stdio.h>

int main() {
    int x = 0;
    int y = 0;
    char a = 'a';
    char b = 'b';
    a = getchar ();
    scanf ("%d%d", &x, &y);
    b = getchar ();

    printf ("%d %d %c %c", x, y, a, b);
}
```

（1）如果输入流是“10 20 C”，说明程序的输出；

（2）如果输入流是“C 10 20D”，说明程序的输出；

（3）如果输入流是“10 C”，说明程序的输出。

7-8 请给出 putchar 库函数的底层实现。提示：putchar 将输出的字符存入 stdout，如果存入的是换行符，或者 stdout 已满，就自陷进入操作系统处理例程，由操作系统将 stdout 中的字符串输出。

第8章 C函数的底层实现

在介绍了计算机的基本工作原理，以及一个基于 RISC-V 的计算机实例后，本书接下来将解释 C 语言程序在计算机中是如何执行的。

在 C 语言中，子程序被称为函数，C 程序本质上是函数的集合。要把 C 程序翻译到 RISC-V 机器上，就需要理解 C 函数的翻译过程。在了解了 RISC-V 计算机的子例程机制和 I/O 机制后，就可以将我们编写的 C 函数编译到 RISC-V 计算机上运行了。

此外，操作系统为运行在该系统下的应用程序提供了应用程序二进制接口（Application Binary Interface，ABI）。ABI 包含应用程序在这个系统下运行时必须遵守的编程约定，包括系统调用的约定，以及关于程序可以使用的内存和寄存器的约定。因此，将我们编写的 C 程序编译到 RISC-V 计算机时，必须遵守操作系统的 ABI 约定。GNU 为 RISC-V 计算机定义了 Linux 操作系统下的 ABI，如果在 RISC-V 计算机上运行的操作系统是 Linux，就必须遵守相关约定。

8.1 内存和寄存器的分配

内存和寄存器的分配

8.1.1 内存分配

图 8.1 中所示为当一个程序运行时 RV32I 的内存分配情况。

程序本身占用了一段存储空间（图中标记的代码区），当程序执行时，PC 的值指向代码区里的一个存储单元。

在内存中，有两段区域被用来为 C 函数的变量分配存储空间，即静态数据区和运行时栈，它们也分别占用了一段空间。静态数据区用来存储所有的静态存储类变量，寄存器 x3 指向静态数据区的开头；运行时栈是局部变量被分配的存储空间，寄存器 x2 指向运行时栈的栈顶。

还有一段预留的用来动态分配数据的区域叫作堆。当程序执行时，运行时栈和堆都能改变大小。运行时栈是向内存地址 x0000 0000 方向增长的。与之形成对比的是，堆向 xFFFF FFFF 方向增长。

图 8.1 中有一些标记为系统空间的存储空间，那是留给操作系统的，如自陷处理例程、自陷向量表、I/O 设备寄存器的内存映射地址等。

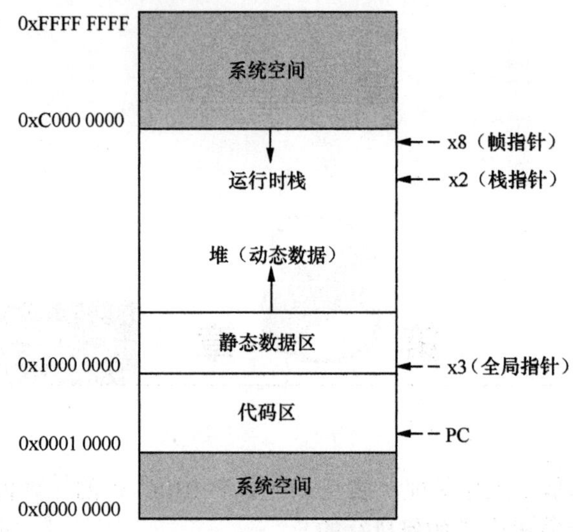

图 8.1 RV32I 的内存分配情况

8.1.2 寄存器分配

因为寄存器的访问比内存快得多，而且 RISC-V 算术/逻辑运算指令也是对寄存器进行运算，所以，在计算机中执行指令时，应尽量多地使用寄存器。

通常，应尽量将最常用的变量保存在寄存器中，而将不常用的变量放到内存中。

RV32I 有 32 个整数寄存器，可以按照表 8.1 所示的规则分配。

表 8.1 RV32I 寄存器分配

寄存器	用途	ABI 助记符	保存/恢复
x0	0	zero	无
x1	返回地址	ra (Return Address)	caller-save
x2	栈指针	sp (Stack Pointer)	callee-save
x3	全局指针	gp (Global Pointer)	无
x4	线程指针	tp (Thread Pointer)	无
x5～x7	临时值	t0～t2 (Temporary)	视情况采用 caller-save
x8	保存寄存器/帧指针	s0/fp (Frame Pointer)	callee-save
x9	保存寄存器	s1 (Saved)	callee-save
x10～x11	参数/返回值	a0～a1 (Argument)	callee-save
x12～x17	参数	a2～a7 (Argument)	callee-save
x18～x27	保存寄存器	s2～s11 (Saved)	callee-save
x28～x31	临时值	t3～t6 (Temporary)	视情况采用 callee-save

寄存器 x0 是恒零寄存器，存储硬件连线的常量 0，x1 用于存储返回地址，x2 用于存储栈指针，x3 用于存储全局指针，x4 用于存储线程指针。

x10～x17 用于存储参数，其中 x10 和 x11 可用于存储返回值。

x8、x9、x18～x27 用于存储局部变量，其中，x8 可用于存储帧指针。x5～x7 和 x28～x31

用于存储临时产生的值。

然而，当寄存器数量不足时，例如，当程序中出现的局部变量个数多于 12 个，或者参数个数多于 8 个时，就需要使用内存。这里的局部变量指的是基本数据类型的变量。数组、结构体等类型的变量则需分配到内存中。

ABI 为每一个寄存器定义了一个助记符，在 RISC-V 汇编指令中，可以使用助记符代替 x0～x31，例如，使用 sp 代替 x2。

此外，局部变量必须由被调用者保存/恢复，即采用 callee-save 策略，因为被调用者知道使用了哪些寄存器存储局部变量。栈指针如果被修改，也采用 callee-save 策略保存/恢复。x0、x3 和 x4 中的值是不变的，不需要保存/恢复。其他寄存器采用 callee-save 策略或视情况采用 caller-save 策略保存/恢复。

8.1.3 静态数据区

静态数据区是所有的静态存储类变量被分配的空间，包括全局变量和使用关键字 static 声明的静态变量。

以下代码片段给出了一个使用静态数据区的例子。

```
......
int a;
int b;
int main()
{
    ......
}
```

这个例子包含 2 个全局变量 a 和 b（均为 int 类型）。它们被分配到静态数据区中，如图 8.2 所示。

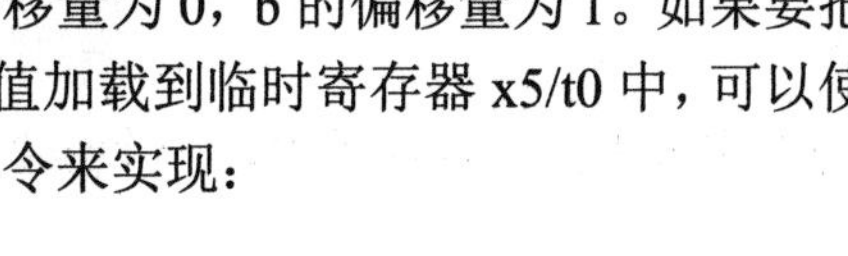

RV32I 使用 x3/gp 作为全局指针，即包含静态数据区的起始地址。为了访问全局变量，需要知道该变量距离 gp 的偏移量。在这里，a 的偏移量为 0，b 的偏移量为 1。如果要把变量 b 的值加载到临时寄存器 x5/t0 中，可以使用如下指令来实现：

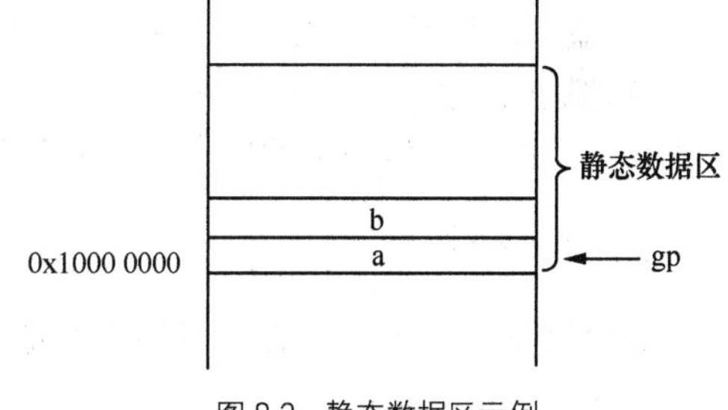

图 8.2　静态数据区示例

```
lw      t0, 4(gp)
```

8.1.4 运行时栈

局部变量，更确切地说，自动存储类变量，如果不能被分配给寄存器，就会被分配到运行时栈中。RV32I 使用 x2/sp 作为**运行时栈**的栈指针。

以下代码片段给出了一个使用运行时栈存储局部变量的例子。

```
int main() {
     int x[10];
/*对数组 x 进行初始化*/
......
/*输出累加和*/
```

```
    printf("sum = %d \n", sum);
}
```

数组 x 是局部变量，被分配到运行时栈中，如图 8.3 所示。

如果需要把变量 x[9]加载到临时寄存器 x5/t0 中，可以使用如下指令来实现：

```
lw      t0, 36(sp)
```

有时，为了方便访问运行时栈中的变量，可以采用一个被称为帧指针的寄存器作为基址，通过计算变量相对它的偏移量访问局部变量。RV32I 使用 x8/fp 作为帧指针，如图 8.3 所示。假设 x[9]距离帧指针 fp 的偏移量为−2，在帧指针和 x[9]之间存储的都是 int 类型的值，也可以使用如下指令将 x[9]的值加载到 x5/t0 中：

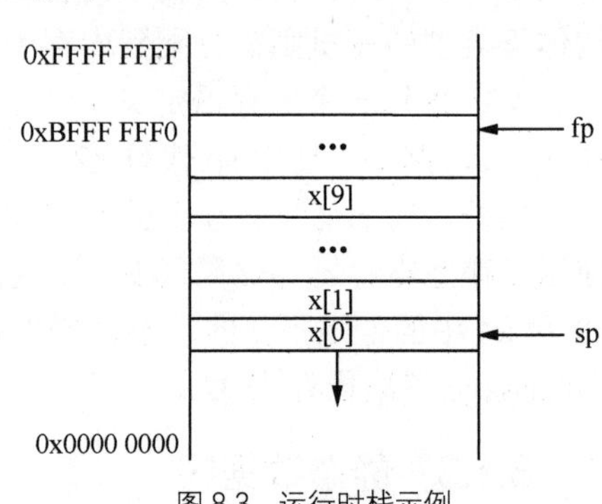

图 8.3　运行时栈示例

```
lw      t0, -8(fp)
```

从帧指针所指的单元到栈指针所指的单元的这段存储空间，被称为函数的栈帧或活动记录。那么，在函数的栈帧中，除了局部变量，还存储了哪些内容？答案与函数的调用过程有关。

8.2　函数调用过程

下面，看一下 C 语言中的函数是怎样在机器中执行的。函数在 C 语言中和汇编语言中的子例程是相当的，并且它们的调用/返回机制也是相同的。

在 C 语言中，调用一个函数需要 3 个步骤：

（1）调用者的变元/实际参数（argument，简称实参）传给被调用者的形式参数（parameter，简称形参），控制权传给被调用者；

（2）被调用者执行它的任务；

（3）返回值被传回给调用者，控制权返回调用者。

运行时栈

8.2.1　栈帧

调用机制中一个重要的约束条件就是函数必须与调用者无关。也就是说，一个函数应该能够被任何一个函数调用。

考虑一个问题：是为每个函数分配一个栈帧，还是为每一次函数调用分配一个栈帧？这二者的区别在于是否允许函数调用它本身，即是否允许递归。

C 程序设计语言允许使用递归函数，因此必须采用如下方案。

编译器为每一次函数调用在内存中分配一个栈帧。当函数返回时，它的栈帧将被回收。每一次函数调用都会在内存中获得它自己的空间。例如，如果函数 A 调用函数 A，被调用版本将被分配一个它自己的栈帧，用来存储其局部变量，这个记录与调用版本不同。之所以命名为“栈帧”，是因为在内存中为每一次函数调用分配空间时，采用了栈机制。内存中能够用于栈帧分配的空间，就是“运行时栈”。

无论函数何时被调用，也无论是被它本身调用还是被其他函数调用，栈帧的一份新的副本都会被压入运行时栈。也就是说，每一次函数调用都会得到一份新的、私有的副本，每一份副本不同于任何其他副本。这就允许函数调用它本身，即允许递归。如果为每一个函数的栈帧分配一段存储空间，则每一次对函数的递归调用都会覆盖前一次调用的值，无法实现递归调用。

计算 S_n 的递归 C 函数如图 8.4 所示。

```
#include <stdio.h>

int Sn(int n);

int main()
{
     int in = 3;
     int sum;

     sum = Sn(in);
     printf ("Sn of %d is %d\n",in, sum);
}

int Sn (int n)
{
      int result;

      if (n==1)
            return 1;
      else
      {
            result = Sn (n - 1) + n;
            return result;
      }
}
```

图 8.4 计算 S_n 的递归 C 函数

下面以计算 S_n 为例，从计算机系统的底层视角来查看函数是如何工作的，特别是查看运行时栈机制以及它是如何处理递归调用的。

首先，按照寄存器分配约定，main 函数将局部变量 in 和 sum 分配给寄存器 s1/x9 和 s2/x18；然后，Sn 函数将形参 n 分配给寄存器 a0/x10，将局部变量 result 分配给寄存器 s1/x9，将返回值分配给寄存器 a0/x10。

图 8.4 中的代码包含 3 个函数：main、printf 和 Sn。在暂时不考虑调用 I/O 库函数的情况下，main 函数调用 Sn，Sn 又调用它自身，最后，控制权返回 main 函数。现在，考虑当实参为 3 时，调用 Sn 函数的情况。

计算 Sn (3)期间的函数调用顺序：Sn (3)—Sn (2)—Sn (1)。

每一次函数调用都有一个栈帧。不管函数什么时候被调用，它的栈帧都将被分配到内存的某个空间，正如前面所讨论的，采用栈机制分配，如图 8.5 所示。

图 8.5 表明，当函数被调用以及控制权返回调用者时，运行时栈是如何增长和缩小的。当向栈中压入数值时，栈顶是向着低地址的存储单元方向移动/“增长”的。

图 8.5（a）所示为程序开始执行时的运行时栈。由于 C 程序都是由 main 开始执行的，

因此 main 的栈帧在栈中首先得到分配。

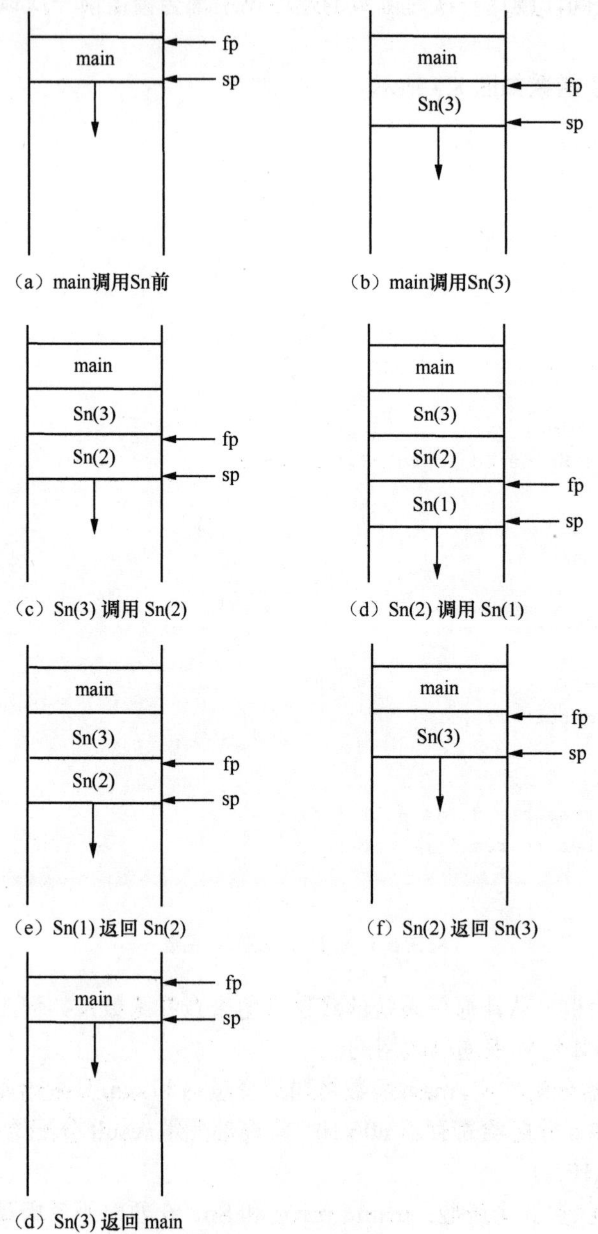

图 8.5 计算 Sn (3)的运行时栈

图 8.5（b）显示了 Sn (3)被 main 调用之后的运行时栈。注意，栈帧是以栈机制被分配的。也就是说，无论函数什么时候被调用，它的栈帧都会被压入栈；无论控制权什么时候返回其调用者，它的栈帧都会从栈中被弹出。

调用 Sn (3)，将计算 Sn (2)，因此 Sn (2)的栈帧被压入运行时栈，如图 8.5（c）所示。

Sn (2)将调用 Sn (1)，Sn (1)的栈帧被压入运行时栈，如图 8.5（d）所示。

Sn (1)的调用不再产生递归调用，因为 n 满足终止条件。数值 1 返回 Sn (2)。它的栈帧从栈中被弹出，如图8.5（e）所示。

现在，调用Sn (2)得以完成，其计算出的数值3返回它的调用者Sn (3)。它的栈帧从栈中被弹出，如图8.5（f）所示。

现在Sn (3)能够完成计算，它的结果为6，返回它的调用者main，如图8.5（g）所示。

值得注意的是，fp指向栈帧中的基址，栈指针sp总是指向栈的顶部。一般来说，这两个寄存器在运行时栈和C语言的函数的实现中都起着关键的作用。

8.2.2 函数调用约定

函数调用约定

当一个函数被调用时，机器底层要进行很多工作：将实参传递给形参，将栈帧压入/弹出，将控制权从一个函数转移到另一个。其中某些工作由调用函数完成，某些工作由被调用函数完成。

要完成所有这些工作，需要做下面几步。

（1）调用函数将实参传给被调用函数的形参，形参被分配给参数寄存器x10～x17（a0～a7）；如果需要（如参数多于8个），则将形参分配到运行时栈中。

（2）被调用函数完成栈帧的分配：将一些寄存器的值保存到运行时栈中，使得当控制权返回调用函数时，调用者的寄存器看起来好像没有被动过；如果需要（如数组、结构体等），将局部变量分配到运行时栈中。

（3）被调用函数执行它的任务。

（4）当被调用函数完成它的工作时，它的栈帧从栈中弹出，并且控制权返回调用函数。

（5）一旦控制权返回调用函数，就取回被调用函数的返回值。

下面，以Sn函数调用为例，查看一下执行这些操作的具体步骤。

1. 函数调用

图8.4中第10行的语句“sum = Sn (in);”通过实参in，调用Sn函数。然后，Sn的返回值被赋给局部变量sum。在“翻译”这个函数调用时，编译器会生成实现如下操作的代码。

（1）Sn函数的形参n被分配给寄存器x10/a0，而main函数使用x9/s1存储局部变量in，所以传递实参in的值给形参n，就是将x9的值传给x10。

（2）通过指令jal将控制权传给Sn。

执行这个函数调用的代码如下所示：

```
mv      a0, s1      # 实参→形参
jal     ra, Sn
```

2. 进入被调用函数

进入被调用函数Sn。

首先，根据要保存哪些寄存器，以及有哪些局部变量要分配到栈中等，计算出Sn栈帧的大小，调整sp的值，使其指向栈帧的顶部。

然后，将要保存的寄存器保存到栈帧中。

在本例中，需要保存的寄存器有存储调用者的返回地址的寄存器（x1/ra）、存储调用者的帧指针的寄存器（x8/fp）、为局部变量分配的寄存器（x9/s1），以及参数寄存器（x10/a0）。

因为函数 Sn 在执行过程中将递归调用函数 Sn 本身，ra 的值会被破坏，所以，必须采用 caller-save 策略对 ra 进行保存/恢复。如果函数在执行过程中没有调用其他函数，即函数为叶函数，且没有改变 ra 的值，就不需要对其进行保存/恢复。

进入函数 Sn，fp 的值就将被调整为新的栈帧的基址，因此，采用 callee-save 策略在 fp 被调整之前对 fp 进行保存/恢复。如果函数不使用帧指针 fp，就不需要对其进行保存/恢复。

保存了调用者的 fp 后，就可以调整 fp，使其指向被调用者的栈帧的底部。

在 Sn 中将使用 x9/s1 保存局部变量 result 的值，返回调用者 main 之后，这个寄存器还要被 main 的局部变量 in 使用，因此需要将其保存于运行时栈之中，这里采用的是 callee-save 策略。

参数寄存器 x10/a0 也需要保存。在调用函数 Sn 时，使用寄存器 a0 存储形参 n，计算结果也需要存储到 a0 中，作为返回值返回。在图 8.4 中第 22 行“result = Sn (n-1) + n;”调用 Sn(n-1)时，a0 的值为 n-1，从 Sn(n-1)返回后，a0 的值就改为 Sn(n-1)的计算结果了。所以，需要采用 caller-save 策略，将 a0 保存在栈中。

总结一下，在进入被调用函数时需要完成的任务如下：

（1）调整 sp，使其指向被调用函数栈帧的顶部，即为此次函数调用分配栈帧；

（2）保存 ra 中的返回地址；

（3）保存 fp 中的调用者的帧指针；

（4）调整 fp，指向栈帧的底部；

（5）保存其他寄存器，即局部变量寄存器、参数寄存器等。

图 8.6 所示为调用 Sn(3)后 main 和 Sn(3)的栈帧。在 main 的栈帧中，保存了 ra（返回地址）、fp（调用者的帧指针）、s1 和 s2（局部变量），在 Sn(3)的栈帧中，则保存了 ra（返回地址）、fp（调用者的帧指针）、s1（局部变量）和 a0（参数）。

注意：栈上的每个栈帧都有相同的结构。每个栈帧都包含为返回地址、调用者的帧指针、局部变量寄存器、参数寄存器和函数的局部变量（数组、结构体等）等分配的空间。

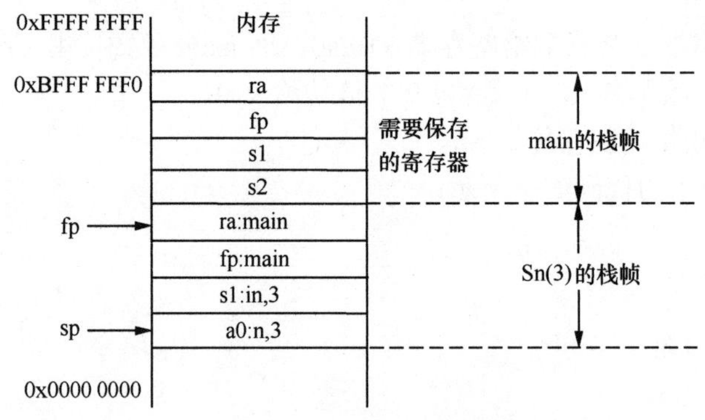

图 8.6 main 和 Sn(3)的栈帧

实现的代码如下：

```
Sn:     addi    sp, sp, -16     # 为 Sn 函数分配栈帧
        sw      ra, 12(sp)      # x1（返回地址）
        sw      fp, 8(sp)       # x8（帧指针）
        addi    fp, sp, 12      # 调整帧指针
```

```
        sw      s1, 4(sp)       # x9(局部变量)
        sw      a0, 0(sp)       # x10(参数)
```

3. 执行被调用函数

接下来，就可以执行被调用函数了。

实现的代码如下：

```
        li      t0, 1
        beq     a0, t0, exit1   # n==1?
        addi    a0, a0, -1      # n-1
        jal     ra, Sn          # S(n-1)
        mv      t1, a0          # S(n-1)的返回值
        lw      a0, 0(sp)       # 恢复x10(n)
        add     s1, t1, a0      # result = S(n-1) + n;
        mv      a0, s1          # return result;
        j       exit2
exit1:  li      a0, 1           # return 1; //S(1)
```

如果函数没有返回值，即可将其声明为void类型的函数，就不需要处理返回值了。有返回值的函数使用x10/a0存储返回值。

注意：调用Sn(n-1)返回后，返回值在a0中，再从栈中取出n的值，与Sn(n-1)的返回值相加。

完整的栈帧情况如图8.7所示。

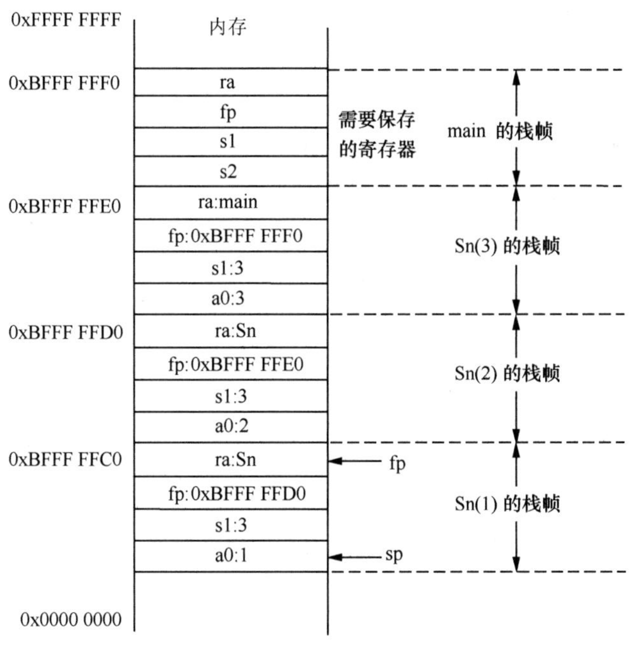

图8.7　完整的栈帧情况

4. 离开被调用函数

一旦被调用函数完成了它的工作，它会在将控制权还给调用函数之前，弹出当前的栈帧。在控制权返回调用函数前，需要完成的任务如下：

（1）恢复局部变量寄存器；
（2）恢复调用者的帧指针；
（3）恢复返回地址；
（4）调整 sp，使其指向调用者栈顶；
（5）使用指令 ret 让控制权返回调用程序。

相应的指令序列如下：

```
exit2:    lw      s1, 4(sp)      # 恢复 x9
          lw      fp, 8(sp)      # 恢复 x8
          lw      ra, 12(sp)     # 恢复 x1
          addi    sp, sp, 16     # 弹出 Sn 函数的栈帧
          ret
```

恢复局部变量寄存器 s1、调用者的帧指针 fp 和返回地址 ra，调整栈顶指针 sp，使其指向调用者栈顶。最后，返回调用者。

需要注意的是，即使 Sn 的栈帧从栈中被弹出，数值仍留在内存中。

5. 返回调用函数

被调用函数执行指令 ret 之后，控制权被传回调用函数。

这个步骤涉及被调用函数返回值的处理。没有返回值，即声明为 void 类型的函数不需要处理。有时函数虽然有返回值，但是调用者将返回值忽略，在这种情况下，也不需要处理。在图 8.4 所示的例子中，返回值 a0 被赋给 main 中的变量 sum，sum 被分配给寄存器 x18/s2。

jal 后面的代码如下所示：

```
mv      s2, a0      # sum = Sn (in);
```

调用函数继续执行下一条指令。注意，在控制权返回调用者之前，被调用者已经恢复了调用者的环境。所以，对于调用者而言，看起来好像什么事情也没改变。

递归函数使用运行时栈机制，并不需要进行特别的处理。运行时栈机制允许为每次函数调用在内存中分配一个栈帧，这样就不会与任何其他调用的栈帧相冲突。

最后给出计算 S_n 的 C 程序的 RISC-V 汇编代码片段，如图 8.8 所示。

注意，对于 main 函数，它的返回值类型是 int，按照 ANSI（American National Standards Institute，美国国家标准学会）标准要求，main 的结尾处应当有一个 return 0，代表程序正常结束。因此，在 main 函数结束之前，将 a0 的值设为 0。最后返回 main 函数的调用者，一般情况下是操作系统。

图 8.8 中省略了调用库函数 printf 的参数传递的相关代码。在 printf 函数的参数中，使用了字符串/字符数组，如"Sn of %d is %d\n"。第 9 章在介绍如何传递数组和指针类型的参数后，给出了计算 S_n 的 C 程序的完整的 RISC-V 汇编代码。

```
# main 函数
main:     addi    sp, sp, -16     # 为 main 函数分配栈帧
          sw      ra, 12(sp)      # x1（返回地址）
          sw      fp, 8(sp)       # x8（帧指针）
          addi    fp, sp, 12      # 调整帧指针
          sw      s1, 4(sp)       # x9（局部变量）
          sw      s2, 0(sp)       # x18（局部变量）
```

图 8.8　计算 S_n 的 C 程序的 RISC-V 汇编代码片段

```
        li      s1, 3           # in = 3;
        mv      a0, s1          # 实参 in→形参 n
        jal     ra, Sn
        mv      s2, a0          # sum = Sn (in);
#省略 printf 的参数传递
        call    printf
        li      a0, 0           # return 0;
        lw      s2, 0(sp)       # 恢复 x18
        lw      s1, 4(sp)       # 恢复 x9
        lw      fp, 8(sp)       # 恢复 x8
        lw      ra, 12(sp)      # 恢复 x1
        addi    sp, sp, 16      # 弹出 main 函数的栈帧
        ret
# Sn 函数
Sn:     addi    sp, sp, -16     # 为 Sn 函数分配栈帧
        sw      ra, 12(sp)      # x1（返回地址）
        sw      fp, 8(sp)       # x8（帧指针）
        addi    fp, sp, 12      # 调整帧指针
        sw      s1, 4(sp)       # x9（局部变量）
        sw      a0, 0(sp)       # x10（参数）
        li      t0, 1
        beq     a0, t0, exit1   # n==1?
        addi    a0, a0, -1      # n-1
        jal     ra, Sn          # S(n-1)
        mv      t1, a0          # S(n-1)的返回值
        lw      a0, 0(sp)       # 恢复 x10（n）
        add     s1, t1, a0      # result = S(n-1) + n;
        mv      a0, s1          # return result;
        j       exit2
exit1:  li      a0, 1           # return 1; //S(1)
exit2:  lw      s1, 4(sp)       # 恢复 x9
        lw      fp, 8(sp)       # 恢复 x8
        lw      ra, 12(sp)      # 恢复 x1
        addi    sp, sp, 16      # 弹出 Sn 函数的栈帧
        ret
```

图 8.8 计算 S_n 的 C 程序的 RISC-V 汇编代码片段（续）

8.2.3 寄存器的保存/恢复

再次回顾表 8.1 中寄存器的保存/恢复情况。

（1）x0、x3 和 x4 中的值是不变的，不需要保存/恢复。

（2）栈指针 x2/sp、帧指针 x8/fp 和局部变量寄存器 x9、x18～x27（s1～s11）如果被修改，均采用 callee-save 策略，由被调用者保存/恢复。因为被调用者知道这些寄存器是如何被修改的，可在改变它们的值之前进行保存，在返回调用者前进行恢复。

（3）返回地址 x1/ra 和参数寄存器 x10～x17（a0～a7）如果被修改，均采用 caller-save 策略，由调用者保存/恢复。调用者在调用其他函数之前，对其进行保存，从其他函数返回后，再进行恢复。

（4）临时寄存器 x5～x7 和 x28～x31（t0～t6）用于存储函数执行过程中用到的临时数据，

是否也需要在运行时栈中保存？如果调用者在调用其他函数后还将用到这些临时寄存器，那么，调用者需要在调用之前将这些寄存器保存，返回后再恢复，即采用 caller-save 策略。

递归与循环

8.3 递归与循环

显然，也可以使用 for 循环实现计算 S_n，而且代码可能要比递归更简明。在程序设计中，所有的递归函数都可以用传统的循环（如 for 和 while 循环）来实现。但是对于某些程序设计问题，递归要比循环更简单。而一些特定问题的解决方案很自然地就是递归，如以递归方程表达的问题。所以，知道哪些问题需要递归，哪些问题用循环可以更好地解决，是“计算机程序设计艺术”的一部分。

递归是很有用的，但是需要“付出代价”。

8.3.1 运行时间

做一个实验，使用数值很大的 n，对 Sn 函数的循环结构版本与递归版本从运行时间上进行对比。为了实现这个对比，可以使用库函数来获得函数开始执行和结束执行的时间（如 gettimeofday 库函数），代码如图 8.9 所示。

```
#include <stdio.h>
#include<sys/time.h>

int Sn(int n);                                          //采用递归实现的 Sn
int LoopSn (int n);                                     //采用 for 循环实现的 Sn

int main()
{
     int in;
     int sum;
     double timeuse;

     printf ("Input n: ");
     scanf ("%d", &in);
     struct timeval tv_begin, tv_end;

     gettimeofday(&tv_begin,NULL);
     sum = LoopSn (in);
     gettimeofday(&tv_end,NULL);
     timeuse = ( tv_end.tv_sec - tv_begin.tv_sec ) +
                (tv_end.tv_usec - tv_begin.tv_usec)/1000000.0;
     printf("time=%f\n",timeuse);          //输出采用循环结构实现的 Sn 的运行时间
     printf("%d\n",sum);

     gettimeofday(&tv_begin,NULL);
     sum = Sn(in);
     gettimeofday(&tv_end,NULL);
     timeuse = ( tv_end.tv_sec - tv_begin.tv_sec ) +
              (tv_end.tv_usec - tv_begin.tv_usec)/1000000.0;
```

图 8.9 采用循环和递归实现的 Sn 函数的运行时间对比

```
    printf("time=%f\n",timeuse);                //输出采用递归结构实现的 Sn 的运行时间
    printf("%d\n",sum);
}

int LoopSn (int n)
{
    int result = 0;
    int i = 1;

    for (i = 1; i <= n; i++){
        result = result + i;
    }
    return result;
}

......                                          //省略 Sn 的递归函数定义代码
```

图 8.9　采用循环和递归实现的 Sn 函数的运行时间对比（续）

对于不同的 n 值，可以发现递归版本的运行都更慢（假设编译器没有优化递归），原因是采用递归函数需要执行更多的指令。每一次递归调用都要执行参数传递、寄存器保存/恢复等指令，影响了效率。而循环结构版本只需要执行一次函数调用。

8.3.2　栈溢出

如果采用 RV32I 计算机，支持的整数为 32 位，那么，最大的整数是 $2^{31}-1$。因此，在不发生溢出的情况下，Sn 函数中 n 的取值最大可以是 $2^{16}-1$，即 65535。

但是，采用递归函数调用 Sn 时，n 可能达不到这个最大值。因为，每一次函数调用都要分配一个栈帧，如果递归调用次数过多，占用的栈空间就可能超过操作系统为其分配的最大值，从而导致栈溢出，程序异常退出，计算不出结果。

假设计算机中仅有 100KB 连续的存储单元提供给 Sn 函数做运行时栈使用，若 Sn 函数的栈帧大小为 16 个存储单元，n 的最大取值仅为 6400。

习题

8-1　有如下程序：

```
#include <stdio.h>

int Sub (int x, int y);

int main ()
{
    int x = 2;
    int y = 3;
    int z;

    z = Sub (x, y);
    x = Sub (y, z);
```

```
    y = Sub (x, y);
    printf ("%d %d %d\n", x, y, z);
}

int Sub (int y, int x)
{
    return y - x;
}
```

（1）说明程序的输出；

（2）请写出这段 C 程序的 RISC-V 汇编代码（忽略 printf 库函数的调用）。

提示：main 函数将局部变量 x、y 和 z 分配给寄存器 s1、s2 和 s3；Sub 函数将形参 y 和 x 分配给参数寄存器 a0 和 a1，将返回值分配给 a0。

8-2　有如下程序：

```
#include <stdio.h>

int Multiply (int x, int y);

int z = 4;                               //全局变量

int main ()
{
    int x = 2;
    int y = 3;
    int z;                           //局部变量

    z = Multiply (x, y);
    x = Multiply (y, z);
    y = Multiply (x, z);
    printf ("%d %d %d \n ", z, x, y);
}

int Multiply (int x, int y)
{
    return x * y * z;
}
```

（1）说明程序的输出；

（2）请写出这段 C 程序的 RISC-V 汇编代码（忽略 printf 库函数的调用）。

提示：main 函数将局部变量 x、y 和 z 分配给寄存器 s1、s2 和 s3；Multiply 函数将形参 x 和 y 分配给参数寄存器 a0 和 a1，将返回值分配给 a0。

8-3　有如下程序：

```
#include <stdio.h>

void Swap (int x, int y);

int main()
{
```

```
    int x = 1;
    int y = 2;
    printf ("x = %d, y = %d\n ", x, y);

    Swap (x, y);
    printf ("x = %d, y = %d\n ", x, y);
}

void Swap (int x, int y)
{
    int temp;

    temp = x;
    x = y;
    y = temp;
    printf ("x = %d, y = %d\n ", x, y);
}
```

（1）说明程序的输出；

（2）请写出这段C程序的RISC-V汇编代码（忽略printf库函数的调用）。

提示：main函数将局部变量x和y分配给寄存器s1和s2；Swap函数将形参x和y分配给参数寄存器a0和a1，将局部变量temp分配给寄存器s1。

8-4　有如下程序：

```
#include <stdio.h>

int Func1 (int x, int y);
int Func2 (int x, int y);
int Func3 (int x, int y);

int main ()
{
    int x;

    x = Func1 (3, 10);
    printf ("%d\n", x);
}

int Func1 (int x, int y)
{
    int z;

    z = Func2 (x, y);
    return z;
}

int Func2 (int x, int y)
{
    int z;

    z = Func3 (y, x) * y;
```

```
    return z;
}

int Func3 (int x, int y)
{
    int z;

    z = x / y;
    return z;
}
```

（1）说明程序的输出；

（2）请画出程序从函数 Func3 返回之前的运行时栈，并标出各单元的内容；

（3）请写出这段 C 程序的 RISC-V 汇编代码（忽略 printf 库函数的调用）。

提示：main 函数将局部变量 x 分配给寄存器 s1；Func1、Func2 和 Func3 函数都是将形参 x 和 y 分配给参数寄存器 a0 和 a1，将局部变量 z 分配给寄存器 s1，将返回值分配给 a0。

8-5 计算第 n 个斐波那契数的递归 C 函数如下。

```
int Fibonacci (int n)
{
    int sum;

    if (n == 0 || n==1)
        return 1;
    else {
        sum = (Fibonacci (n - 1) + Fibonacci (n - 2));
        return sum;
    }
}
```

（1）请画出调用 Fibonacci(3)的运行时栈，并标出各单元的内容。

（2）请写出 Fibonacci 函数的 RISC-V 汇编代码。

提示：Fibonacci 函数将形参 n 分配给参数寄存器 a0，将局部变量 sum 分配给寄存器 s1，将返回值分配给 a0。

（3）将此递归函数转化为非递归函数，使用 for 循环实现，并给出非递归函数的 RISC-V 汇编代码。

（4）对于非递归函数的计算，在不发生溢出的情况下，说明 n 的最大取值。

（5）上机实践：对 Fibonacci 函数的循环结构版本与递归版本从运行时间上进行对比。

第 9 章 C 指针和数组的底层实现

C 程序调用库函数 printf 和 scanf 时，传递的参数中使用了字符串/字符数组和变量地址，如“"Input n: "”“&in”等，这一类参数是如何在函数调用中传递的？本章从计算机系统的底层视角介绍指针和数组，以及指针和数组作为函数参数是如何传递的。

9.1 指针和数组的内存分配

指针运算符的底层实现

9.1.1 指针运算符的底层实现

C 语言声明指针变量的形式如下：

```
type * pointer_name;
```

以上代码声明一个变量名为 pointer_name 的指针变量，type 是指针所指的数据的类型。

指针变量包含一个存储对象的地址，如一个变量的地址。使用指针，可以间接地访问这些对象。

C 语言有两种与指针操作有关的运算符：取地址运算符“&”和间接运算符“*”。

1. 取地址运算符&

取地址运算符生成它的操作数的存储地址，操作数必须是一个与变量类似的存储在内存中的对象。在下面的代码片段中，指针变量 ptr 将指向整数变量 object，表达式“&object”将生成 object 的存储地址。

```
int object;
int *ptr;

object = 4;
ptr = &object;
```

假设声明的两个变量 object 和 ptr 都是局部变量，ptr 分配给寄存器 s1，则 object 必须被分配到栈帧中，如图 9.1 所示。在图 9.1 所示的栈帧中，ra、fp 和 s1 都是被保存在栈中的寄存器的值，object 位于栈顶。

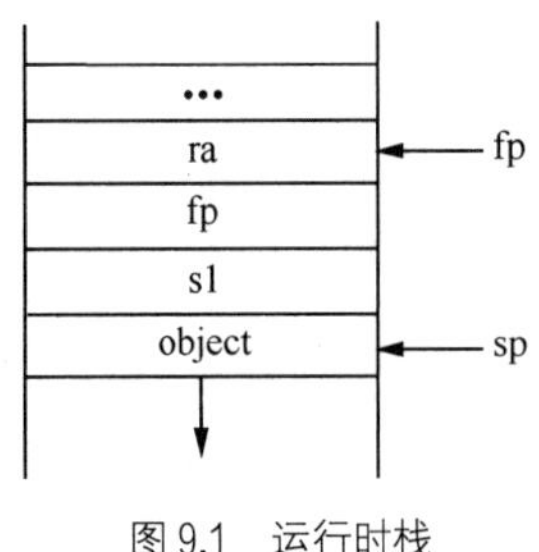

图 9.1　运行时栈

与以上代码片段中的两条赋值语句相应的 RISC-V 汇编指令如下：

```
li      t0, 4         # x5 = 4
sw      t0, 0(sp)     # object = 4;
mv      s1, sp        # ptr = &object;
```

2. 间接运算符*

间接运算符又被称为解引用运算符，它允许间接操作一个存储对象的值。

形如“type *pointer_name;”的声明应用了运算符*，表达式“*pointer_name”指的是指针变量 pointer_name 所指的值。

仍以前面的代码片段为例，“*ptr”指的是存储在变量 object 中的值。这里，*ptr 和 object 可以互换使用。在这段代码中添加一条语句如下：

```
int object;
int *ptr;

object = 4;
ptr = &object;
*ptr = *ptr + 1;
```

本质上，“*ptr = *ptr + 1;”等价于“object = object + 1;”。“*ptr”出现在赋值运算符的两边表示不同的意思。出现在赋值运算符的右边，它指的是出现在那个单元中的值（这个例子中是数值 4）。出现在赋值运算符的左边，它指的是要进行修改的单元（在这个例子中是 object 的地址）。语句“*ptr = *ptr + 1;”的汇编代码如下：

```
lw      t0, 0(s1)      # t0←*ptr
addi    t0, t0, 1      # *ptr + 1
sw      t0, 0(s1)      # *ptr = *ptr + 1;
```

对指针的解引用，就是使用指针作为基址。编译器为赋值运算符右边的“*ptr”生成一条 lw 指令，用来取出 ptr 指向的地址中的值。对出现在赋值运算符左边的解引用，编译器则生成一条 sw 指令。

注意，这段汇编代码不同于语句“object = object + 1;”的汇编代码。因为对 object 的访问需要以栈指针或帧指针作为基址，如果这条语句改为“object = *ptr + 1;”，编译器将会生成“sw t0, 0(sp)”。

数组的底层实现

9.1.2 数组的底层实现

数组是在内存中连续排列的一列数据。例如，在内存中连续排列的一个字符序列，就是一个字符数组。

下面是对一个包含 10 个整数的数组的声明：

```
int x[10];
```

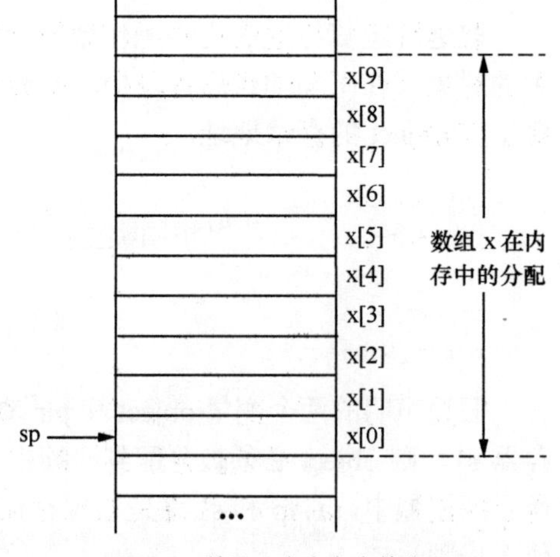

图 9.2 数组 x 在内存中的分配

图 9.2 所示为数组 x 在内存中的分配。第 1 个元素 x[0]被分配在最低的存储地址，而最后一个元素 x[9]被分配在最高的存储地址。如果数组 x 是一个局部变量，那么它的存储空间将被分配于运行时栈中。

使用下标/索引访问这个数组中某个特定的元素，索引就是从这个数组第 1 个元素开始的偏移量。所以，数组的第 1 个元素索引为 0，最后一个元素索引为 9。例如：

```
x[5] = x[0] + 1;
```

这条语句读出数组 x 的第 1 个元素的值（记住，数组元素的索引从 0 开始），把它加上 1，并把结果存储进 x 的第 6 个元素。这条语句的汇编代码如下所示。假设数组 x 是分配在这个栈帧中的唯一的局部变量，且 x[0]位于栈顶。

```
addi     t0, sp, 0      # t0 ← 数组的基址
lw       t1, 0(t0)      # t1 ← x[0]
addi     t1, t1, 1      # t1 ← x[0] + 1
sw       t1, 20(t0)     # x[5] = x[0] + 1;
```

第 1 条指令可以计算出数组的基址，也就是 x[0]的地址。数组的基址通常是数组的第 1 个元素的地址。

可以通过将要访问的元素的索引与元素所占存储单元的数目相乘，结果与基址相加，得到该元素的地址。此外，若数组元素出现在赋值运算符的右边，编译器生成一条加载指令，用于取出该地址中的值。而若数组元素出现在赋值运算符的左边，编译器则生成一条存储指令，它指明了要修改的地址。

数组强大的功能来自数组的索引可以是任意的、合法的 C 语言整数表达式这一事实。下面的例子显示了这一点：

```
x[i + 5] = x[i] + 1;
```

这条语句的汇编代码如下所示（假设 i 被分配给 s1）。

```
addi     t0, sp, 0      # t0 ← 数组的基址
slli     t1, s1, 2      # t1 ← i*4
add      t1, t0, t1     # 计算 x[i]的地址
lw       t2, 0(t1)      # t2 ← x[i]
addi     t2, t2, 1      # t2 ← x[i] + 1

addi     t1, s1, 5      # t1 ← i + 5
slli     t1, t1, 2      # t1 ← (i + 5)*4
add      t1, t0, t1     # 计算 x[i + 5]的地址
sw       t2, 0(t1)      # x[i+5] = x[i] + 1;
```

9.1.3 数组和指针的关系

数组的名字和与数组相同类型的指针变量存在相似之处。在 C 语言中，数组的名字指的是数组的基址。例如：

```
int x[10];
int *ptr;

ptr = x;
```

在这里，数组名 x 等价于&x[0]，类型与 int *类似，它包含一个整数的存储单元的起始地址。语句“ptr = x;”为指针变量 ptr 赋值为数组 x 的基址，这条语句的汇编代码如下所示。假设 ptr 被分配给 s1，数组 x 是分配在这个栈帧中的唯一的局部变量，且 x[0]位于栈顶。

```
addi     t0, sp, 0       # t0 ← 数组的基址
mv       s1, t0          # ptr = x;
```

因为它们都是整数指针，所以 ptr 和 x 可以交换使用。例如，可以通过使用“x[5]”或“*(ptr + 5)”访问数组中的第 6 个元素。

尽管如此，二者之间的一个区别就是 ptr 是一个变量，从而可以被重新赋值，而另一个数组标识符 x 不能被重新赋值。标识符总是指向内存中的一个固定点，它一经分配，就不能再移动。

9.2 参数传递：指针作参数

参数传递：指针作参数

使用指针，可以构建一个修改调用者的局部变量的函数。

9.2.1 示例 1：一个错误的 Swap 函数

下面，以一个经典的例子来讨论指针作为参数的用途。在图 9.3 所示的 C 程序中，Swap 函数被设计来交换它的两个参数的值。Swap 函数被 main 函数调用，它的实参 valueA 在这个程序中的值是 3，valueB 的值是 4。Swap 将控制交还给 main 时，我们希望 valueA 和 valueB 的值已被交换。但是，编译并执行这段代码，会发现传给 Swap 的两个实参仍然保留着原来的值。

```
#include <stdio.h>

void Swap (int firstVal, int secondVal);

int main()
{
     int valueA = 3;
     int valueB = 4;

     printf ("Before Swap ");
     printf ("valueA = %d and valueB = %d\n", valueA, valueB);

     Swap (valueA, valueB);

     printf ("After Swap ");
     printf ("valueA = %d and valueB = %d\n", valueA, valueB);
}

void Swap (int firstVal, int secondVal)
{
     int tempVal;

     tempVal = firstVal;
     firstVal = secondVal;
     secondVal = tempVal;
}
```

图 9.3 一个错误的 Swap 函数

通过检查 Swap 函数执行时的 RISC-V 汇编代码，就可以分析出原因。

在 main 函数中，使用 s1 和 s2 保存 valueA 和 valueB。在 Swap 函数中，使用 a0 和 a1 保存形参 firstVal 和 secondVal 的值，使用 s1 保存 tempVal 的值。Swap 函数的汇编代码如下：

```
01  Swap:   addi    sp, sp, -4         # 分配栈帧
02          sw      s1, 0(sp)          # s1（寄存器的保存）
03
04          mv      s1, a0             # tempVal = firstVal;
05          mv      a0, a1             # firstVal = secondVal;
06          mv      a1, s1             # secondVal = tempVal;
07
08          lw      s1, 0(sp)          # 恢复寄存器 s1
09          addi    sp, sp, 4
0A          ret
```

Swap 函数比较简单，没有需要使用内存存储的局部变量，返回地址 ra 不会被修改，假如也不需要使用帧指针，那么在栈帧中，只需保存局部变量寄存器 s1（01 行和 02 行）。Swap 函数执行时，将 a0 的值传给 s1（04 行），将 a1 的值传给 a0（05 行），将 s1 的值传给 a1（06 行）。执行完 06 行的指令后，a0 和 a1 的值进行了交换，s1 的值被改为 firstVal 的值。图 9.4（a）所示为 Swap 函数执行完 06 行指令之后、控制权返回 main 函数之前的运行时栈的状态。接下来执行 08 行指令，s1 的值又被恢复为进入 Swap 函数之前的值，即 valueA 的值，然后，Swap 函数将控制权交还给 main 函数。

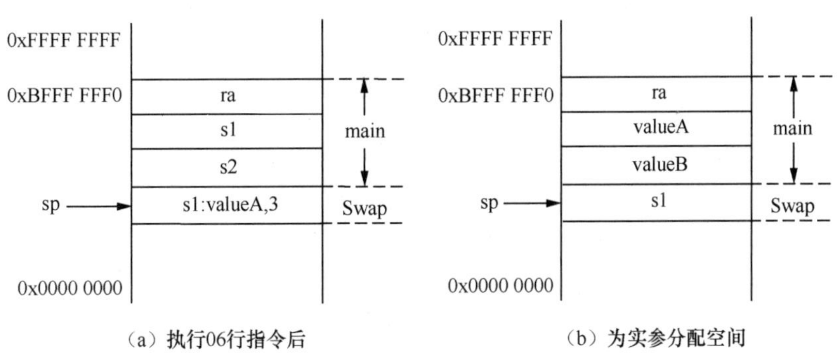

（a）执行06行指令后　　（b）为实参分配空间

图 9.4　Swap 函数将控制权交还给 main 函数之前的运行时栈

通过以上的分析，可以看出，Swap 函数只是交换了参数寄存器 a0 和 a1 的值。main 函数中的两个值没有被交换。

在 C 语言中，实参总是以值的形式从调用函数传递到被调用函数。Swap 函数要修改调用者传递给它的实参，就必须在调用函数的活动记录中为实参分配空间，如图 9.4（b）所示。这样，通过访问调用函数的栈帧，确切地说，通过访问存储它们的单元，就可以实现实参的值的修改。在 Swap 函数中，需要获得 main 函数中的 valueA 和 valueB 的地址，以便改变它们的值。指针及其相关运算使这些成为可能。

9.2.2　示例 2：使用指针的 Swap 函数

使用取地址运算符和间接运算符，就可以修正不能实现两个变量交换的 Swap 函数。图 9.5 所示的程序包含被称为 NewSwap 的 Swap 修正版本函数。

```
#include <stdio.h>

void NewSwap (int *firstVal, int *secondVal);

int main()
{
    int valueA = 3;
    int valueB = 4;

    printf ("Before Swap ");
    printf ("valueA = %d and valueB = %d\n", valueA, valueB);

    NewSwap (&valueA, &valueB);

    printf ("After Swap ");
    printf ("valueA = %d and valueB = %d\n", valueA, valueB);
}

void NewSwap (int *firstVal, int *secondVal)
{
    int tempVal;

    tempVal = *firstVal;
    *firstVal = *secondVal;
    *secondVal = tempVal;
}
```

图 9.5　交换两个参数值的 NewSwap 函数

第一处修改是 NewSwap 函数的参数不再是整数，而是整数指针（int *）。在 NewSwap 函数体的内部，使用间接运算符“*”获得这些指针所指的值。

当从 main 函数中调用 NewSwap 函数时，需要为想交换的两个变量提供存储地址，而不是提供变量的值。在 NewSwap 函数调用语句中，使用取地址运算符“&”构建表达式“&valueA”和“&valueB”，将两个变量的地址传给被调用函数，被调用函数就能使用间接运算符“*”来访问（以及修改）其存储对象的原来的值。

假设在 main 函数中，变量 valueA 和 valueB 被分配的单元地址为 xBFFF FFEC 和 xBFFF FFE8，在 NewSwap 函数中，使用 a0 和 a1 保存参数 firstVal 和 secondVal 的值（分别为 xBFFF FFEC 和 xBFFF FFE8），那么“*firstVal”和“*secondVal”指的就是 xBFFF FFEC～xBFFF FFEF 和 xBFFF FFE8～xBFFF FFEB 中的值。

NewSwap 函数的汇编代码如下：

```
NewSwap:    addi    sp, sp, -4
            sw      s1, 0(sp)       # 寄存器 s1 的保存

            lw      t0, 0(a0)       # *firstVal
            mv      s1, t0          # tempVal = *firstVal;
            lw      t1, 0(a1)       # *secondVal
            sw      t1, 0(a0)       # *firstVal = *secondVal;
            sw      s1, 0(a1)       # *secondVal = tempVal;
```

```
09
0A          lw      s1, 0(sp)      # 恢复 s1
0B          addi    sp, sp, 4
0C          ret
```

图 9.6 所示为 NewSwap 函数中的不同语句被执行后的运行时栈。图 9.6（a）～图 9.6（c）对应 05 行、07 行和 08 行指令被执行后的运行时栈。

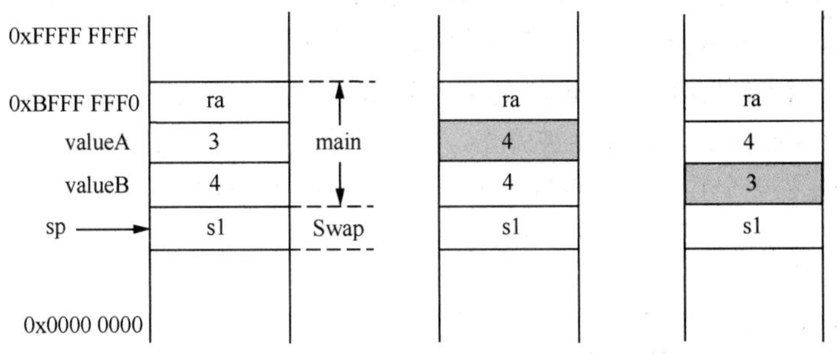

图 9.6 当 NewSwap 函数分别执行 05 行、07 行、08 行指令后的运行时栈

9.2.3 示例 3：一个错误使用指针的函数

在被调用函数中使用指针，可以修改调用者的局部变量。反过来，控制权返回调用者后，是否可以通过指针修改被调用函数的局部变量呢？图 9.7 所示的代码给出了一个错误使用指针的函数。

```
#include <stdio.h>

int* f ( );
void g (int *);

int main()
{
     int * p = f ( );
     g ( p );

     printf ( "%d\n", *p );
}

int* f ( )
{
     int x = 0;
     int * fp = &x;
     return fp;
}

void g (int * gp)
{
     int y[3] = {0, 1, 2};
     *gp = *gp + 1;
}
```

图 9.7 错误使用指针的函数

在这个程序中，main 函数调用了 f 函数和 g 函数。f 函数中有一个局部变量 x，初值为 0，该函数的返回值是指向这个局部变量的指针。main 函数将这个返回值作为实参，传给 g 函数的形参，在 g 函数中将这个指针所指的整数加 1。执行这段程序，输出结果不是“x+1”的值 1。

通过检查程序执行期间的运行时栈，就可以分析出原因。

main 函数将局部变量 p 分配给寄存器 s1。f 函数将局部变量 fp 分配给寄存器 s1，将局部变量 x 分配到栈帧中。main 函数调用 f 函数的运行时栈情况如图 9.8（a）所示。在 f 函数中，返回值为局部变量 x 的内存地址，也就是图 9.8（a）中的 xBFFF FFE4。

注意，在 f 函数返回后，其栈帧被弹出。main 函数又调用了 g 函数，为 g 函数分配栈帧。在 g 函数中，声明了一个数组 y，该数组被分配到 g 函数的栈帧中，如图 9.8（b）所示。

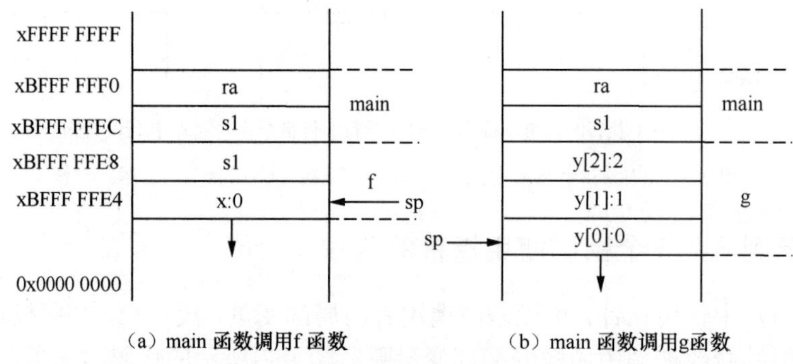

图 9.8　图 9.7 中的 C 程序的运行时栈

所以，当 g 函数通过参数 gp 访问所指的内存单元时，xBFFF FFE4 中的内容已经不再是 f 函数的局部变量 x 的值，对其进行加 1 的运算，结果不是“x+1”的值！

在 f 函数返回后，f 函数返回的指针 fp 所指的局部变量 x 已经不存在，指向 x 的指针就成为野指针（Wild Pointer）。

因此，在函数返回后，不可再对被分配到栈帧中的函数局部变量进行操作。对这种指针进行操作将使程序发生不可预知的错误。

数组名作参数

9.3　参数传递：数组名作参数

在函数之间传递数组是十分有用的，便于构建出能对数组进行运算的函数。假设想构建能够计算一个整数数组的平均值和中值的一系列函数，如果数组包含大量元素，把每个元素从一个栈帧中复制到另一个栈帧中可能花费大量执行时间。因此，C 程序是通过传递数组名即数组的基址来传递数组的。

9.3.1　示例 1：BubbleSort 函数在底层的实现

将一个整数数组按升序排列的冒泡排序程序如图 9.9 所示。BubbleSort 函数有 2 个参数，一个是要排序的整数数组，另一个是数组的大小，没有返回值。

在 BubbleSort 函数的声明中，数组作参数可以使用形如“int list[]”的方式（第 4 行）。在此，方括号“[]”向编译器表明相关的参数是特定类型的数组的基址，在这个例子中是整数数组。在声明中也可以使用形如“int *list”的方式指定参数。

```
1  #include <stdio.h>
2  #define MAX_NUMS 10
3
4  void BubbleSort (int list[], int);
5
6  int main()
7  {
8       int index;
9       int numbers [MAX_NUMS];
10
11      /*获取输入*/
12      printf ("Enter %d numbers.\n", MAX_NUMS);
13      for (index = 0; index < MAX_NUMS; index++)
14      {
15            printf ("Input number %d : ", index);
16            scanf ("%d", &numbers[index]);
17      }
18
19      /*调用排序程序*/
20      BubbleSort (numbers, MAX_NUMS);
21
22      /*输出已排序的数组*/
23      printf ("\nThe input set, in ascending order:\n");
24      for (index = 0; index < MAX_NUMS; index++)
25            printf ("%d\n", numbers[index]);
26  }
27
28  void BubbleSort (int list[], int n)
29  {
30       int i, j;
31       int temp;
32       for (i = 1; i <= n -1; i++)
33             for (j = 1; j <= n - i; j++)
34                   if (list[j - 1] > list[j])
35                   {
36                          temp = list[j-1];
37                          list[j - 1] = list[j];
38                          list[j] = temp;
39                   }
40  }
```

图 9.9 冒泡排序程序

C 程序通过数组名传递数组，所以，当从 main 函数中调用 BubbleSort 函数时，使用数组名 numbers 作为传递给函数的实参（第 20 行）。这是将数组 numbers 的基址传递给 BubbleSort 函数，因为在 C 程序中，数组的名字指的就是数组的基址。numbers 等价于&numbers[0]。numbers 的类型与 int*类似，它包含一个整数的存储单元的起始地址。

在 BubbleSort 函数内部，参数 list 被赋值为数组 numbers 的首地址。在 BubbleSort 函数中，可以用标准的数组符号来访问原数组中的元素，如使用 list[2]访问 numbers [2]；也可以使用指针访问原数组中的元素，如使用*(list + 2)访问 numbers [2]。

注意：在 BubbleSort 函数中，若数组元素出现在赋值运算符的右边，则用于取出该地址中的值（36 行和 37 行）；而若数组元素出现在赋值运算符的左边，则指明了要修改的地址（37 和 38 行）。所以，从 BubbleSort 函数返回 main 函数后，main 函数中的数组 numbers 中的数已经被修改为排序后的数。在 C 程序中，一旦被调用函数将控制权交还给调用函数，任何在被调用函数中对数组值的修改都是可见的。

BubbleSort 函数的 RISC-V 汇编代码如图 9.10 所示。

```
01  BubbleSort:    addi   sp, sp, -12      # 分配栈帧
02                 sw     s1, 0(sp)        # 寄存器 s1 的保存
03                 sw     s2, 4(sp)        # 寄存器 s2 的保存
04                 sw     s3, 8(sp)        # 寄存器 s3 的保存
05  #
06                 li     s1, 1            # i = 1
07  OutLoop:       addi   t0, a1, -1       # n - 1
08                 bgt    s1, t0, exit_1   # i <= n-1
09                 li     s2, 1            # j = 1
0A  InLoop:        sub    t0, a1, s1       # n-i
0B                 bgt    s2, t0, exit_2   # j <= n-i
0C                 addi   t0, s2, -1       # j-1
0D                 slli   t0, t0, 2        # (j-1)*4
0E                 add    t0, a0, t0       # &list[j-1]
0F                 lw     t1, 0(t0)        # list[j-1]
10                 slli   t2, s2, 2        # j*4
11                 add    t2, a0, t2       # &list[j]
12                 lw     t3, 0(t2)        # list[j]
13                 bge    t3, t1, exit_3   # if( list[j-1] > list[j])
14                 mv     s3, t1           # temp = list[j-1];
15                 sw     t3, 0(t0)        # list[j-1] = list[j];
16                 sw     s3, 0(t2)        # list[j] = temp;
17  exit_3:        addi   s2, s2, 1        # j++
18                 j      InLoop
19  exit_2:        addi   s1, s1, 1        # i++
1A                 j      OutLoop
1B  exit_1:        lw     s3, 8(sp)        # 恢复寄存器
1C                 lw     s2, 4(sp)
1D                 lw     s1, 0(sp)
1E                 addi   sp, sp, 12       # 弹出栈帧
1F                 ret
```

图 9.10　BubbleSort 函数的 RISC-V 汇编代码

在 BubbleSort 函数中，使用 a0 保存形参 list 的值，使用 a1 保存形参 n 的值，使用 s1、s2 和 s3 保存局部变量 I、j 和 temp 的值。

进入 BubbleSort 函数前，形参 list（即 a0）得到实参 numbers 的值（即 numbers[0]的地址）。在 BubbleSort 函数中，0E 行可计算出“list + (j - 1)*4”的值，这是 numbers[j-1]的地址；11 行可计算出“list + j * 4”的值，这是 numbers[j]的地址。

15 行使用指令 sw 修改了地址“list + (j - 1)*4”中的值，即 numbers[j-1]的值；16 行使用指令 sw 修改了地址“list + j * 4”中的值，即 numbers[j]的值。

假设数组 numbers 包含 10 个元素，如图 9.11（a）所示。BubbleSort 函数执行返回后，10 个元素已经按照升序排列，如图 9.11（b）所示。

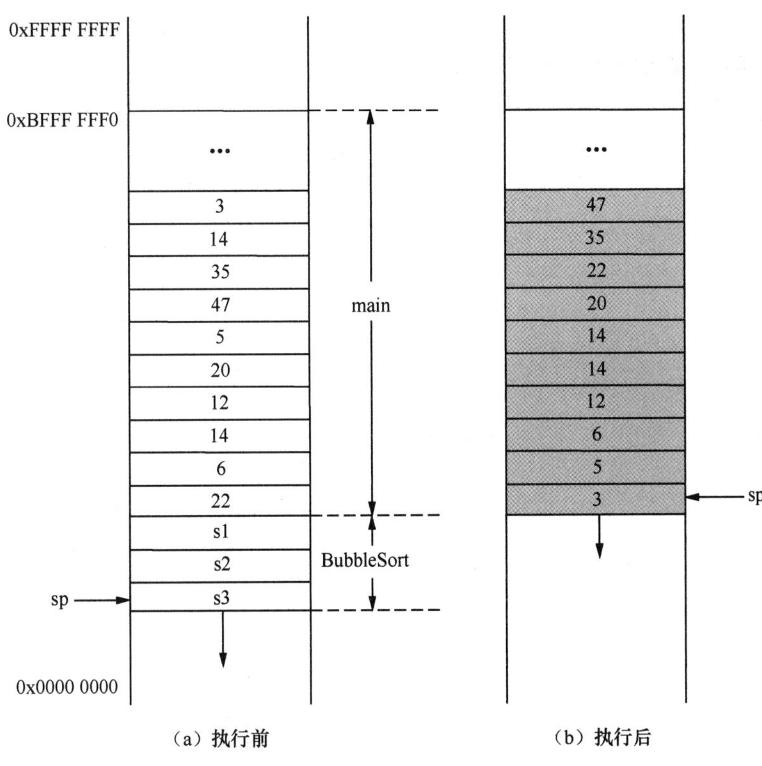

图 9.11　BubbleSort 函数执行前和执行后的运行时栈

9.3.2　示例 2：StrCmp 函数在底层的实现

在 C 程序中，数组的常见用途是字符串。

用于对两个字符串进行比较的 StrCmp 函数的 C 代码如图 9.12 所示。StrCmp 函数按照字典顺序比较两个字符串，如果第一个字符串排在第二个字符串之前，返回-1，反之返回 1，如果二者相同，则返回 0。

```
int StrCmp (char *firstStr, char *secondStr)
{
    int i = 0;
    int res;

    while (!(res = firstStr[i] - secondStr[i]) && secondStr[i])
    {
         i++;            /*如果两字符相同且第二个字符串未到末尾，继续比较*/
    }
    if (res < 0)         /*res 用于保存字符比较的结果                        */
         res = -1 ;
    else if (res > 0)
         res = 1 ;
    return res;
}
```

图 9.12　用于对两个字符串进行比较的 StrCmp 函数的 C 代码

StrCmp 函数对 firstStr 和 secondStr 两个字符串同时进行一次遍历，当发现它们中存在不同值时，或者到达 secondStr 的末尾时，就停止循环，并根据它们最后一个字符的大小返回相应的结果。

StrCmp 函数的汇编代码如图 9.13 所示。

```
01  StrCmp:    addi   sp, sp, -8     # 分配栈帧
02             sw     s1, 0(sp)      # 寄存器 s1 的保存
03             sw     s2, 4(sp)      # 寄存器 s2 的保存
04  #
05             li     s1, 0          # i = 0
06  loop:      add    t0, a0, s1     # &firstStr[i]
07             lb     t0, 0(t0)      # firstStr[i]
08             add    t1, a1, s1     # &secondStr[i]
09             lb     t1, 0(t1)      # secondStr[i]
0A             sub    s2, t0, t1     # firstStr[i] - secondStr[i]
0B             bnez   s2, exit_1     # !(res = firstStr[i] - secondStr[i])?
0C             beqz   t1, exit_1     # secondStr[i]?
0D             addi   s1, s1, 1      # i++;
0E             j      loop
0F  exit_1:    beqz   s2, end
10             bltz   s2, exit_2     # res < 0?
11             li     s2, 1          # res = 1 ;
12             j      end
13  exit_2:    li     s2, -1         # res = -1 ;
14  end:       mv     a0, s2         # return res;
15             lw     s2, 4(sp)      # 恢复 s2 寄存器
16             lw     s1, 0(sp)      # 恢复 s1 寄存器
17             addi   sp, sp, 8      # 弹出栈帧
18             ret
```

图 9.13 StrCmp 函数的汇编代码

在 StrCmp 函数中，使用 a0 保存形参 firstStr 的值，使用 a1 保存形参 secondStr 的值，使用 s1 和 s2 保存局部变量 i 和 res 的值。

在 StrCmp 函数中，数组元素只出现在赋值运算符的右边，用于取出该地址中的值。参数 firstStr 和 secondStr，即 a0 和 a1 分别得到两个字符串的首地址。06 行指令计算出 firstStr[i] 的地址，07 行指令取出该地址中的字符；08 行指令计算 secondStr[i]的地址，09 行指令取出该地址中的字符。

注意，14 行将 s2 的值写入 a0 寄存器，这就是 StrCmp 函数的返回值。

9.3.3 printf 函数的参数传递

printf 函数和 scanf 函数的参数传递

printf 函数的参数与其他函数的有些不同。printf 函数的第一个参数是一个格式用字符串。调用 printf 函数时，在格式用字符串中的每一个转换说明和出现在格式用字符串后面的每个参数之间存在着一一对应的关系。

例如：

```
printf ("valueA = %d and valueB = %d\n", valueA, valueB);
```

与这条 printf 函数调用语句相关的汇编代码片段如图 9.14 所示。

```
01              .data
02  String:     .string     "valueA = %d and valueB = %d\n"
03  #
04              .text
05  # 省略其他代码
06              mv          a2, t1          # 传递参数 a2← valueB
07              mv          a1, t0          # 传递参数 a1← valueA
08              la          a0, String      # 传递参数 a0← String
09              call        printf
0A  # 以下为 printf 相关代码
0B  stdout:     .byte       0, 0, ......    #标准输出流
0C  #
0D  printf:
0E  # 省略如下功能代码
0F  # 根据 a0 所指的格式用字符串中的转换说明，将 a1 ~ ax 中的值转换为字符序列
10  # 存储到标准输出流 stdout 中
11  # 遇'\n'或输出流已满，自陷进入操作系统处理例程
12              la          a0, 4           # puts
13              la          a1, stdout
14              ecall
15  # 省略其他代码
16              ret
```

图 9.14　与上述 printf 函数调用语句相关的汇编代码片段

在 printf 函数中，使用 a0 保存第一个形参的值，即格式用字符串的首地址，使用 a1 和 a2 保存来自实参 valueA 和 valueB 的值。

格式用字符串被存储在静态数据区，假设其位于标记 String 标识的一段存储空间中（02 行）。调用 printf 函数，第一步是传递参数。绝大多数编译器的参数传递方向都是“自右向左”：将 valueB 的值（假设在 t1 中）传递给 a2 寄存器（06 行），将 valueA 的值（假设在 t0 中）传递给 a1 寄存器（07 行），将 String 传递给 a0 寄存器（08 行）。然后就可以通过 call 伪指令调用 printf 库函数了。

传给 printf 函数的参数的个数是不确定的，参数个数取决于被打印的项目的个数，即 printf 函数具有可变参数列表。

如果传给 printf 函数的参数多于 8 个，那么，可以先使用 a0～a7 存储前 8 个参数值，剩下的参数被分配到栈帧中。

如果 printf 函数的转换说明与参数不对应，会发生什么？例如：

```
printf ("The value of nothing is %d\n");
```

没有参数对应格式说明符%d，在调用 printf 函数时，将格式用字符串首地址传给 a0 寄存器。进入 printf 函数后，假定正确的参数个数已被传递，a0 寄存器中是格式用字符串的首地址，a1 中的值就是对应格式说明符%d 的参数。无论此时 a1 中的值是什么，都会作为参数被转换，因此，这是一个“垃圾值”。

9.3.4　scanf 函数的参数传递

与 printf 函数类似，scanf 函数也具有可变参数列表，第一个参数也是一个格式用字符串。与 printf 函数不同的是，scanf 函数从第二个参数开始，传递的实参都是变量地址。

例如：

```
scanf ("%d", &input );
```

scanf 函数根据格式用字符串中的格式说明符%d，从输入流的下一个非空白字符开始找到一个十进制数的 ASCII 字符序列，将其转化为整数，并存储在对应的变量 input 中。

在 scanf 函数中，跟在格式用字符串后面的所有参数都是指针，这是因为为了给内存中的对象赋值，scanf 函数必须能够访问它们的原地址。

与这条 scanf 函数调用语句相关的汇编代码片段如图 9.15 所示。

```
01            .data
02 String:     .string     "%d"
03 #
04            .text
05 # 省略其他代码
06            addi        t0, sp, 0      # &input，假设 input 位于栈顶
07            mv          a1, t0         # 传递参数 a1← &input
08            la          a0, String     # 传递参数 a0← String
09            call        scanf
0A            lw          t0, 0(sp)      # input，已得到输入的整数
0B # 以下为 scanf 相关代码
0C stdin:     .byte       0, 0, ......   #标准输入流，共 size 字节
0D #
0E scanf:
0F # 省略如下功能代码
10 # 根据 a0 所指的格式用字符串中的转换说明，从 stdin 中找 ASCII 字符序列
11 # 如果输入流中无字符，则自陷
12 # 如果有字符，根据格式说明符寻找相应的 ASCII 字符序列进行转换
13 # 如果格式说明符为%d，抛弃开头的空白字符
14 # 读入一串以“非数字”结束的十进制数 ASCII 字符序列
15 # 如果存在这样的 ASCII 字符序列，就将其转换为一个二进制整数，并存储
16            sw          t0, 0(a1)      # 存储到 a1 所指的地址中
17 # 省略其他代码
18 ret
```

图 9.15　与上述 scanf 函数调用语句相关的汇编代码片段

在 scanf 函数中，使用 a0 保存第一个形参的值，即格式用字符串的首地址，使用 a1 保存来自实参&input 的值，即 input 的地址。

在 scanf 函数中，16 行的指令改变了 input 的值，所以传递参数时，要使用&运算符。如果省略了&运算符，在参数传递时，假如 t1 中得到的是 input 的值，即删除 06 行的指令，将 07 行的指令改为“mv a1, t1”，也就是将 input 的值传给 a1，这会导致一个运行时错误，即错误在执行程序的过程中被发现。这是因为程序正试图去修改一个它不能访问的存储单元。例如，在 input 的值为 0 的情况下，由于存储单元 0 属于系统空间，不可被程序修改，因此在执行 16 行的指令时，将产生运行时错误。

9.4　编译过程

编译过程

图 9.14 和图 9.15 所示的汇编代码片段给出了 printf/scanf 的相关代码。

这些库函数一般是由编译器和操作系统的设计者提供的，为了使用 C 的标准库函数，C 程序必须包括恰当的头文件（如 stdio.h 文件）。这些头文件包含相关库函数的函数声明、有关的预处理宏，以及其他信息，但是不包含库函数的源代码。如果头文件不包含源代码，printf 函数等的代码是如何被添加到程序中的？又是如何生成可执行程序/可执行文件的？完整的编译过程如图 9.16 所示，下面进行详细介绍。

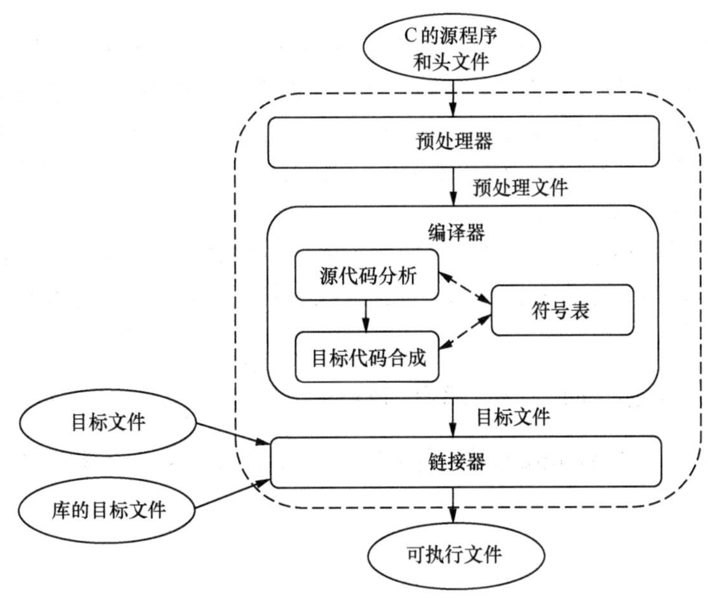

图 9.16　完整的编译过程（虚线框）

9.4.1　完整的编译过程

C 程序从源程序翻译到可执行文件的完整的编译过程包含预处理、编译和链接。由于使用编译器时，预处理器和链接器通常被自动调用，因此，该过程被称作编译过程。图 9.16 中显示了编译过程中的预处理器、编译器和链接器组件。

1. 预处理器

在把 C 程序传入编译器之前，由预处理器先进行预处理。预处理器从头至尾扫描源文件，寻找以“#”开头的预处理指令，并执行预处理指令。

预处理指令与汇编语言中的汇编命令相似。它们以某些控制方式指示预处理器转换 C 源文件。

例如，“#define X Y”指令指示预处理器用文本 Y 代替出现的与 X 匹配的任意文本；而“#include <X.h>”指令指示预处理器将头文件 X.h 插入源文件，即#include 指令本身被头文件的内容所代替。库函数的函数声明、有关的预处理宏等位于头文件中，因此，要使用某个 C 标准库定义的函数，必须将相应的头文件包含进来。

2. 编译器

在预处理器对输入的源文件进行转换之后，程序已做好传入编译器的准备。编译器把预处理过的程序转换为一个目标文件。目标文件是整个程序中的一段机器代码。编译有两个主要阶段：分析，即源程序被分解或分析为其组成部分；合成，即生成程序的机器代码版本。分析阶段的工作是读入、分析和构造原始程序的内部表示。合成阶段的工作是生成机器代码，并根据需要进行代码优化，使其在即将运行的计算机上执行得更快、更高效。有一些编译器则生成汇编代码，再由汇编器完成从汇编代码到机器代码的翻译工作。

3. 链接器

在编译器把源文件翻译成目标文件后，由链接器接管工作。链接器的工作是把所有的目标文件链接成程序的可执行文件。可执行文件是一个能够被加载到内存中，并被底层硬件所执行的程序版本。

通常，C 程序依赖于库程序。库程序执行普遍而有用的任务（如 I/O），一般由系统软件（如操作系统和编译器）的设计者提供。如果一个程序调用了库程序，那么链接器会查找与库程序相对应的目标文件，并把它链接进最终的可执行文件。通常，库目标文件根据具体的计算机操作系统被保存在一个特定的地方。例如，在 UNIX 操作系统中，许多通用的库目标文件可以在/usr/lib 目录中找到。

此外，程序还可以被动态链接。使用某些类型的库，如 DLL（Dynamic Link Library，动态链接库）或共享库，库程序的机器代码不会出现在可执行文件中，而是在程序执行时根据需要被"链接"。

9.4.2 示例：HelloWorld.c 的编译过程

下面，以一个简单的 HelloWorld.c 程序文件为例，给出其在 RISC-V 计算机系统中的编译过程。

```
#include <stdio.h>
int main( )
{
    printf ("Hello, World!\n");
    return 0;
}
```

经过预处理和编译，可以得到 RISC-V 汇编代码，如图 9.17 所示。如果使用 RISC-V GCC 对其进行编译，也可以得到类似的汇编代码。

```
        .data
        .align      2
LC0:    .string     "Hello World!"

        .text
        .align      2
        .globl      main
main:
        addi        sp, sp, -8      # 分配栈帧
        sw          ra, 4(sp)       # 保存返回地址
        sw          fp, 0(sp)       # 保存帧指针
        addi        fp, sp, 4       # 调整帧指针
        la          a0, LC0         # 传递参数
        call        printf          # printf ("Hello, World!\n");
        li          a0, 0           # return 0;
        lw          ra, 4(sp)       # 恢复寄存器
        lw          fp, 0(sp)       # 恢复寄存器
        addi        sp, sp, 8       # 弹出栈帧
        ret                         # 返回
```

图 9.17　HelloWorld.c 的汇编代码

下一步就是使用汇编器翻译汇编代码，生成一种可以重新定位的目标文件。在 UNIX 操作系统中，文件以.o 为扩展名，在 MS-DOS 中文件的扩展名为.obj 或.lib。

首先，数据区和代码区的起始地址只有到了链接阶段才能最终确定。因此，数据区和代码区的起始地址在编译阶段是从相对地址 0 开始的，如表 9.1 和表 9.2 所示。

表 9.1　　HelloWorld.c 的目标文件——代码区

相对地址	机器代码	解释
0	1111 1111 1000 00010 000 00010 0010011	addi sp, sp, -8
4	0000000 00001 00010 010 00100 0100011	sw ra, 4(sp)
8	0000000 01000 00010 010 00000 0100011	sw fp, 0(sp)
C	0000 0000 0100 00010 000 01000 0010011	addi fp, sp, 4
10	0000 0000 0000 0000 0000 01010 0110111	lui a0, 0x0
14	0000 0000 0000 01010 000 01010 0010011	addi a0, a0, 0x0
18	0000 0000 0000 0000 0000 00001 0010111	auipc ra, 0x0
1C	0000 0000 0000 00001 000 00001 1100111	jalr ra, 0(ra)
20	0000 0000 0000 00000 000 01010 0010011	addi a0, zero, 0
24	0000 0000 0100 00010 010 00001 0000011	lw ra, 4(sp)
28	0000 0000 0000 00010 010 01000 0000011	lw fp, 0(sp)
2C	0000 0000 1000 00010 000 00010 0010011	addi sp, sp, 8
30	0000 0000 0000 00001 000 00000 1100111	jalr zero, 0(ra)

表 9.2　　HelloWorld.c 的目标文件——数据区

相对地址	数据的二进制表示	数据
0	0100 1000	'H'
1	0110 0101	'e'
2	0110 1100	'l'
3	0110 1100	'l'
4	0110 1111	'o'
5	0010 0000	' '
6	0101 0111	'W'
7	0110 1111	'o'
8	0111 0010	'r'
9	0110 1100	'l'
A	0110 0100	'd'
B	0010 0001	'!'
C	0000 0000	null

在数据区，LC0 的地址为相对地址 0，因此，在将伪指令“la a0, LC0”翻译为如下 2 条指令时，Hi 和 Lo 的值均为 0（地址 10 和 14 中的指令）。

```
lui     x10, Hi                 # Hi 是 LC0 的高 20 位
addi    x10, x10, Lo            # Lo 是 LC0 的低 20 位
```

将伪指令“call printf”翻译为如下 2 条指令。

```
auipc    x1, offsetHi          # offsetHi 是 offset 的高 20 位
jalr     x1, offsetLo(x1)      # offsetLo 是 offset 的低 12 位
```

由于在编译阶段还不知道 printf 位于何处，也就是说在此阶段无法确定 printf 与 PC 的偏移量 offset，因此，暂时将 offset 设置为 0，得到 18 和 1C 中的机器代码。只有到了链接阶段，才能确定 offset 的值。

因此，目标文件不是可执行文件，需要将目标文件提供给链接器。链接器将调用函数库，通过重定位技术把目标文件合成可执行文件，即计算机可以执行的二进制指令序列。

为了让链接器知道在链接阶段需要对哪些标记进行地址确定工作，编译器除了提供目标文件外，还需要提供符号表。符号表中存储了与标记相关的信息，在本例中包括 LC0、main 和 printf 这几个标记的信息。

在链接阶段，链接器将此目标文件（包括符号表）和已经存在的机器代码（如库函数的目标文件）“拼接”起来，得到最后的可执行文件。在 UNIX 操作系统中，链接后产生以.out 为扩展名的文件，在 MS-DOS 中文件的扩展名为.exe。

链接器根据内存的分配规则确定目标文件中的程序和数据的地址，从而确定标记的地址。如果 LC0 被确定为地址 0x0002 0A10，main 被确定为地址 0x0001 01B0，printf 被确定为地址 0x0001 0450，生成的可执行文件的代码区片段如表 9.3 所示。

表 9.3　　HelloWorld.c 的可执行文件的代码区片段

绝对地址	机器代码	解释
0x0001 01B0	1111 1111 1000 00010 000 00010 0010011	addi　sp, sp, -8
0x0001 01B4	0000000 00001 00010 010 00100 0100011	sw　ra, 4(sp)
0x0001 01B8	0000000 01000 00010 010 00000 0100011	sw　fp, 0(sp)
0x0001 01BC	0000 0000 0100 00010 000 01000 0010011	addi　fp, sp, 4
0x0001 01C0	0000 0000 0000 0010 0001 01010 0110111	lui a0, 0x21
0x0001 01C4	1010 0001 0000 01010 000 01010 0010011	addi a0, a0, -1520
0x0001 01C8	0010 1000 1000 0000 0000 00001 1101111	jal ra, 0x288
0x0001 01CC	0000 0000 0000 00000 000 01010 0010011	addi　a0, zero, 0
0x0001 01D0	0000 0000 0100 00010 010 00001 0000011	lw　ra, 4(sp)
0x0001 01D4	0000 0000 0000 00010 010 01000 0000011	lw　fp, 0(sp)
0x0001 01D8	0000 0000 1000 00010 000 00010 0010011	addi　sp, sp, 8
0x0001 01DC	0000 0000 0000 00001 000 00000 1100111	jalr zero, 0(ra)

可以注意到，0x0001 01C0 和 0x0001 01C4 中的指令已将立即数填充为 x00021 和 0xA10，因为 0x0002 1000 + 0xFFFF FA10 的值为 0x0002 0A10，即 LC0 的地址。由于 printf 的地址与当前 PC 的偏移量可以用 20 位立即数表示出来，因此，0x0001 01C4 中的指令使用指令 jal 跳转到 printf，偏移量为 0x0288，0x0001 01C4+0x0000 0288 的值为 0x0001 0450，即 printf 的地址。

得到可执行文件后，要运行这个程序，需要通过“加载器”把这个程序加载到内存中，并将 PC 的值设置为 main 所在的地址。加载器也是操作系统的一部分。

动态链接程序的加载则更复杂一些，操作系统不直接运行程序，而是运行一个动态链接

器，再由动态链接器开始运行程序，并负责处理所有外部函数的第一次调用，把它们加载到内存中，然后修改程序，填入正确的调用地址。

习题

9-1 有如下程序：

```
#include <stdio.h>

int main() {
     int x = 1;
     int *ptr1;
     int **ptr2;

     ptr2 = &ptr1;
     *ptr2 = &x;
     **ptr2 = 2;

     x ++;
     (*ptr1) ++;
     (**ptr2) ++;

     printf ("%d \n", x);
}
```

（1）说明程序的输出。提示：ptr2 是一个指向指针的指针。

（2）请描述语句“(**ptr2) ++;”执行之后运行时栈中的内容。提示：main 函数将局部变量 ptr2 分配给寄存器 s1，将局部变量 x 和 ptr1 分配到栈帧中。

9-2 将如下 C 函数翻译为 RISC-V 汇编代码。提示：Func 函数将形参 a 分配给参数寄存器 a0，将局部变量 sum 和 i 分配给寄存器 s1 和 s2，将返回值分配给 a0。

```
int Func (int *a) {
     int sum = 0;
     int i;
     for (i=0; i<5; i++)
           sum = sum + a[i];
     return sum;
}
```

9-3 将如下 C 函数翻译为 RISC-V 汇编代码。提示：StringLength 函数将形参 string 分配给参数寄存器 a0，将局部变量 index 分配给寄存器 s1，将返回值分配给 a0。

```
int StringLength (char string[]) {
     int index = 0;

     while (string[index] != '\0')
          index = index + 1;

     return index;
}
```

9-4 以下 C 函数将一个字符串中的小写字母转换为大写字母，代码中存在 bug，请找出并修复。

```
char *ToUpper (char *inchar) {
     char str[10];
     int i = 0;

     while ( inchar[i] != '\0' ) {
         if ('a' <= inchar[i] && inchar[i] <= 'z')
               str[i] = inchar[i] - ('a' - 'A');
         else
               str[i] = inchar[i];
         i++;
     }
     return str;
}
```

9-5 请将图 9.9 所示的冒泡排序程序中的 main 函数翻译为 RISC-V 汇编代码。提示：main 函数将局部变量 index 分配给寄存器 s1，将数组 numbers 分配到栈帧中；假设字符串"%d"和"%d\n"位于静态数据区，"%d"的首地址为 LC0，"%d\n"的首地址为 LC1。

```
int main()
{
     int index;
     int numbers [10];

     for (index = 0; index < 10; index++)
     {
          scanf ("%d", &numbers[index]);
     }

     BubbleSort (numbers, 10);

     for (index = 0; index < 10; index++)
          printf ("%d\n", numbers[index]);
}
```

9-6 有如下程序：

```
#include <stdio.h>

void P ( int * );

int a = 3;
int b = 4;

int main ( )
{
        int* p = &a;
        P ( p );
        printf ( "%d\n", *p );
}
```

```
void P ( int* p )
{
        p = &b;
        *p = 5;
}
```

（1）说明程序的输出；

（2）请写出这段 C 程序的 RISC-V 汇编代码。

提示：a 和 b 是全局变量，main 函数将局部变量 p 分配给寄存器 s1；P 函数将形参 p 分配给参数寄存器 a0。

第10章 从RISC-V到x86

我们使用的计算机，无论是台式计算机，还是笔记本电脑，其CPU使用的都是x86指令系统。x86指令集是在1978年由美国Intel公司为其CPU（8086）专门开发的指令集。Intel在早期以“80x86”这样的数字格式来命名处理器，包括Intel 8086、Intel 80386、Intel 80486等。由于以“86”作为结尾，因此其指令集结构被称为“x86”。此后的Pentium系列、Celeron（赛扬）系列、Core（酷睿）系列CPU，使用的都是x86指令集。

x86指令集属于CISC指令集，与RISC-V指令集相比，其操作码、数据类型、寻址模式、指令格式等都更加复杂。但是，理解了RISC-V计算机系统的工作原理后，再来学习x86指令集，就可以达到事半功倍的效果了。

10.1 x86指令集简介

x86指令集

10.1.1 寄存器

与RISC-V相比，x86的寄存器较少，32位的通用寄存器仅有8个，命名为EAX（累加）寄存器、ECX（计数）寄存器、EDX（数据）寄存器、EBX（基址）寄存器、ESP（栈指针）寄存器、EBP（基址指针）寄存器、ESI（源索引）寄存器和EDI（目标索引）寄存器。

各寄存器名称中开头的“E”代表扩展（Extended），表示16位的寄存器扩展为32位。虽然被称为通用寄存器，但是每个寄存器有其独特的用途，从命名即可获知。

x86还有一些特殊寄存器，包括EIP（指令指针）寄存器、EFLAGS（标志）寄存器等，前者即PC。

10.1.2 指令格式

x86的指令格式如下：

Prefix	Opcode	ModR/M	SIB	Displacement	Immediate
前缀	操作码	寄存器/内存寻址模式	缩放索引基址	偏移量	立即数

在指令中，前缀（Prefix）为1字节，操作码（Opcode）为1、2或3字节，寄存器/内存寻址模式（ModR/M）为1字节，缩放索引基址（Scale Index Base，SIB）为1字节，偏移量（Displacement）为1、2或4字节，立即数（Immediate）为1、2或4字节。

其中，只有操作码是必需的，其他字段均为可选字段。所以，x86 的指令使用了可变长指令格式，指令编码从 1 字节到十几字节不等。

10.1.3 常用指令

x86 指令集设计了数千条指令，在此，仅给出最常用的一些指令。

1. 数据传送指令

（1）mov

mov 是使用最频繁的指令，它可将数据传送到寄存器或内存中，用于寄存器和寄存器之间、寄存器和内存之间的数据传送，还允许将立即数传送至寄存器或内存中。mov 不仅具有 RISC-V 中的 lw 和 sw 等指令的功能，还支持多种复杂的寻址模式，功能更加强大。

mov 的汇编格式如下：

```
mov     Reg/Mem, Reg/Mem/Imm
```

mov 是两操作数指令，目标操作数在前，源操作数在后，而且两个操作数之一可以是内存中的数。

例如：

```
mov     eax, [esp+60]
```

在这条指令中，源操作数是内存中的数。

这条指令采用了“寄存器相对”寻址模式。用 ESP 寄存器中的值加上一个偏移量 60，计算出一个内存地址。再将此内存地址中的数据加载到 EAX 寄存器中。在此，需要将“ESP+60”放到方括号“[]”中，表示操作数是内存中的数。

此外，为了标识内存中的数的位数，需要在方括号“[]”前加上 WORD/DWORD/BYTE PTR，分别标识 16 位、32 位和 8 位。

（2）push

push 是将一个寄存器中的值压栈。例如：

```
push     ebp          ; 将 EBP 寄存器中的值压栈
```

该指令可分解为

```
sub      esp, 4       ; ESP ← ESP - 4
mov      [esp], ebp   ; M[ESP] ← EBP
```

（3）pop

pop 是将栈顶的数据弹出，加载到一个寄存器中。例如：

```
pop      eax          ; 将栈顶的值弹出，加载到 EAX 寄存器中
```

该指令可分解为

```
mov      eax, [esp]   ; EAX← M[ESP]
add      esp, 4       ; ESP ← ESP + 4
```

（4）leave

leave 的作用相当于

```
mov      esp, ebp     ; ESP ← EBP
```

```
pop     ebp                 ; EBP ← M[ESP], ESP ← ESP + 4
```

该指令用于将函数返回前的栈帧弹出。

2. 地址传送指令

指令 lea（Load Effective Address，加载有效地址）把一个内存地址加载到寄存器中。lea 的汇编格式如下：

```
lea     Reg, Mem
```

例如：

```
lea     eax, [esp+20]       ; EAX← ESP + 20
```

注意，该指令与 mov 的区别：该指令中的方括号“[]”代表内存地址，计算出内存地址后，直接加载到寄存器中，而不是加载该内存地址中的数据。

3. 算术/逻辑运算指令

算术/逻辑运算指令是两操作数指令，第一个操作数既是目标操作数，又是源操作数，第二个操作数是源操作数，而且两个操作数之一可以是内存中的数。

（1）add

以 add 为例，算术/逻辑运算指令的汇编格式如下：

```
add     Reg/Mem, Reg/Mem/Imm
```

与 RISC-V 相比，x86 的算术/逻辑运算指令不仅可以执行寄存器与寄存器、寄存器与立即数的运算，还可以与内存中的数进行运算，功能更加强大。

（2）cmp

cmp 用于比较目标操作数和源操作数的值，根据比较结果，对 EFLAGS 寄存器的相应位进行设置。例如：

```
cmp     edx, eax      ; 比较 EDX 和 EAX 中的值的大小
```

这条指令用于计算“EDX−EAX”的减法结果，在不溢出的情况下，设置 EFLAGS 的 OF（溢出标志）位为 0，如果结果小于零，则设置 EFLAGS 的 SF（符号标志）位为 1，如果结果大于零，则设置 SF 位为 0，如果结果等于零，则设置 EFLAGS 的 ZF（零标志）位为 1。

注意：算术/逻辑运算指令均根据运算结果设置 EFLAGS 的相应位。

4. 流程控制指令

（1）jmp

jmp 为无条件跳转指令，汇编格式如下：

```
jmp  Label
```

jmp 将 EIP 寄存器的值设置为 Label 所标识的指令地址，即跳转至 Label 所标识的指令去执行。

（2）条件分支指令

带条件的跳转指令（jg、jge、jl、jle、je、jne 等）根据 EFLAGS 中的标志位设置 EIP 的值，完成相应的跳转。条件分支指令的汇编格式如下：

```
jx      Label
```

例如：

```
jle     L3
```

jle 表示小于等于跳转，如果 EFLAGS 中 SF 位与 OF 位的值不同，或者 ZF 位为 1，就跳转执行标记 L3 所标识的指令。

而 RISC-V 指令集中没有标志寄存器，条件跳转指令直接根据两个寄存器的比较结果完成跳转，过程更加简单。

（3）call/ret

调用子例程的指令 call 的汇编格式如下：

```
call     Label
```

call 需要完成两个任务：对当前指令的下一条指令的地址（返回地址）进行压栈操作，以便将来实现子例程的返回；设置 EIP 寄存器的值，跳转执行 Label 所标识的指令。

ret 完成的任务与 call 正好相反：弹出栈中保存的返回地址，加载到 EIP 寄存器中，跳转到该返回地址中执行指令。

10.2 从 C 到 x86

函数调用约定

10.2.1 函数调用约定

x86 的函数调用过程与 RISC-V 最大的区别在于：由于寄存器数量较少，局部变量和参数都要分配到栈帧中。x86 的函数调用步骤与 RISC-V 基本相同，具体介绍如下。

（1）函数调用

① 传递参数：将参数分配到栈帧的顶部，即低地址端；一般采用自右向左的入栈方式。

② 使用指令 call 调用子例程。注意：call 将返回地址压栈，此时，栈顶为返回地址。

（2）进入被调用函数

① 将 EBP 寄存器压栈，即采用 callee-save 策略保存 EBP 寄存器。

② 将其他需要保存的寄存器压栈。

③ 调整帧指针，使其指向栈帧的高地址端，即指向保存 EBP 寄存器的单元。

④ 分配栈帧：x86 要求栈帧对齐，起始地址以 4 个 0 结尾，栈帧的大小是 16 的倍数。

⑤ 将局部变量分配到栈帧中。

（3）执行被调用函数

执行被调用函数可以使用帧指针访问栈帧中的局部变量，特别是读取调用者传来的参数，比使用栈指针访问更方便。如果函数有返回值，将返回值存在 EAX 寄存器中。

（4）离开被调用函数

① 执行结束，将保存的寄存器弹出，即恢复寄存器。

② 使用指令 leave 弹出栈帧。

③ 使用指令 ret 返回。

（5）返回调用函数

被调用函数执行 ret 之后，控制权被传回调用函数。

首先是被调用函数返回值的处理。对于没有返回值，或者虽然有返回值，但是调用者忽略返回值的情况，则不需要处理。

然后，调用函数继续执行下一条指令。

10.2.2 示例 1：Swap 函数在 x86 上的实现

对图 9.5 中的交换两个参数值的程序使用 GCC，得到图 10.1 和图 10.2 所示的 x86 汇编代码。使用“gcc -S -masm=intel *.c”命令，生成 Intel 格式的 x86 汇编代码。在图 10.1 给出的 main 函数的汇编代码中，省略了一些 printf 函数调用的代码。

```
01        .section .rdata,"dr"          ; 只读数据区
02  LC0:
03        .ascii   "valueA = %d and valueB = %d\12\0"
04        .text                         ; 代码区
05        .globl _main
06        ;
07  _main:
08        push     ebp                       ; 保存 EBP
09        mov      ebp, esp                  ; 调整 EBP
0A        and      esp, -16                  ; 栈帧对齐
0B        sub      esp, 32                   ; 分配栈帧
0C        call     __main
0D        mov      DWORD PTR [esp+28], 3     ; M[ESP+28]←3, valueA=3
0E        mov      DWORD PTR [esp+24], 4     ; M[ESP+24]←4, valueB=4
0F        lea      eax, [esp+24]             ; EAX←ESP+24, &valueB
10        mov      DWORD PTR [esp+4], eax    ; M[ESP+4]←EAX, 参数压栈
11        lea      eax, [esp+28]             ; EAX←ESP+28, &valueA
12        mov      DWORD PTR [esp], eax      ; M[ESP]←EAX, 参数压栈
13        call     _NewSwap
14        mov      edx, DWORD PTR [esp+24]   ; EDX←M[ESP+24], valueB
15        mov      eax, DWORD PTR [esp+28]   ; EAX←M[ESP+28], valueA
16        mov      DWORD PTR [esp+8], edx    ; M[ESP+8]←EDX, 参数压栈
17        mov      DWORD PTR [esp+4], eax    ; M[ESP+4]←EAX, 参数压栈
18        mov      DWORD PTR [esp], OFFSET FLAT:LC0 ; M[ESP]←LC0, 参数压栈
19        call     _printf
1A        mov      eax, 0                    ; return 0
1B        leave                              ; 栈帧弹出
1C        ret                                ; 返回
```

图 10.1 main 函数的 x86 汇编代码

图 10.3 所示为调用 NewSwap 函数前后的运行时栈情况。

在图 10.1 所示的 main 函数汇编代码中，在调用指令 call 之前（13 行），main 函数的栈帧中从 EBP 所指的单元到 ESP 所指的单元这一段内存空间中自上而下依次存放了进入 main 函数之前的 EBP 的值、局部变量 valueA 和 valueB，以及调用 NewSwap 函数的参数，如图 10.3（a）所示。

注意，valueB 和参数之间有一些内存单元（16 个单元）未被使用。这是由于栈帧大小是 16 的倍数，从存储局部变量 valueA 开始，到参数传递结束，共分配了 32 个单元（0B 行），因此，内存空间会有一定的浪费。

图 10.1 中 0F 行到 12 行的代码完成了参数的传递：将参数分配到栈帧的顶部，即低地址端，

且采用自右向左入栈的方式。先入栈的是第 2 个参数值&valueB，后入栈的是第 1 个参数值&valueA。

```
        .globl _NewSwap
        ;
_NewSwap:
        push    ebp                          ; 保存 EBP
        mov     ebp, esp                     ; 调整 EBP
        sub     esp, 16                      ; 分配栈帧
        mov     eax, DWORD PTR [ebp+8]       ; EAX←M[EBP+8], firstVal, &valueA
        mov     eax, DWORD PTR [eax]         ; EAX←M[EAX], *firstVal
        mov     DWORD PTR [ebp-4], eax       ; M[EBP-4]←EAX, temp=*firstVal
        mov     eax, DWORD PTR [ebp+12]      ; EAX←M[EBP+12], secondVal, &valueB
        mov     edx, DWORD PTR [eax]         ; EDX←M[EAX], *secondVal
        mov     eax, DWORD PTR [ebp+8]       ; EAX← M[EBP+8], firstVal, &valueA
        mov     DWORD PTR [eax], edx         ; M[EAX]←EDX, *firstVal=*secondVal
        mov     eax, DWORD PTR [ebp+12]      ; EAX←M[EBP+12], secondVal, &valueB
        mov     edx, DWORD PTR [ebp-4]       ; EDX←M[EBP-4], temp
        mov     DWORD PTR [eax], edx         ; M[EAX]←EDX, *secondVal=temp
        leave                                ; 栈帧弹出
        ret                                  ; 返回
```

图 10.2 NewSwap 函数的 x86 汇编代码

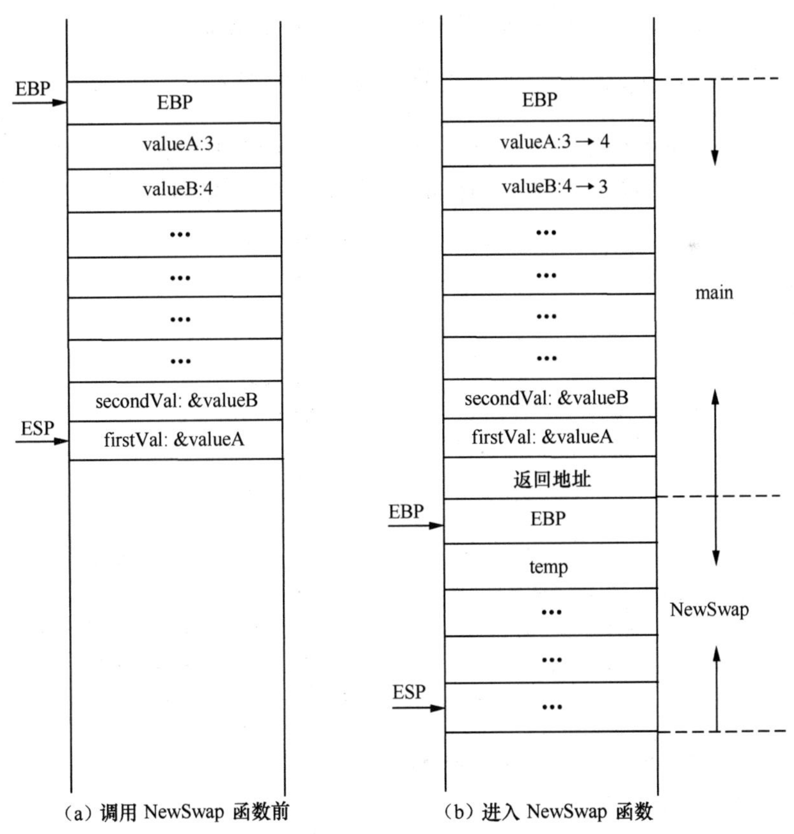

图 10.3 调用 NewSwap 函数前后的运行时栈情况

main 函数使用指令 call 先将返回地址压栈，再进入 NewSwap 函数。在 NewSwap 函数的

栈帧中，从 EBP 所指的单元到栈指针 ESP 所指的单元这一段内存空间中自上而下依次存放了 main 函数的 EBP 的值和局部变量 temp，如图 10.3（b）所示。由于为 NewSwap 函数分配的栈帧为 16 个单元（图 10.2 的 06 行），栈顶的一些单元未被使用。

可以看出，按照这个约定分配栈帧，在 EBP+4 的内存单元中，存储的是返回地址，在 EBP+8 的内存单元中，存储的是第 1 个参数，在 EBP+12 的内存单元中，存储的是第 2 个参数。这就是大多数编译器采用“自右向左”进行参数传递的原因。

在 NewSwap 函数中，可以使用帧指针访问调用者传递的参数。图 10.2 的 07 行通过将 EBP 的值加上偏移量 8，计算出一个内存地址，读出该地址中的数据，就得到了参数 firstValue 的值，即 valueA 的地址。0A 行通过将 EBP 的值加上偏移量 12，计算出一个内存地址，读出该地址中的数据，就得到了参数 secondValue 的值，即 valueB 的地址。

图 10.2 的 11 行的指令 leave 将 ESP 赋值为 EBP 的值，此时 ESP 指向保存 main 函数的 EBP 的单元，弹出栈顶数据，加载到 EBP 中，即恢复 EBP 的值，EBP 又指向 main 函数的栈帧，ESP 指向保存返回地址的单元。

图 10.2 的 12 行的指令 ret 弹出栈中保存的返回地址，加载到 EIP 中，跳转执行该返回地址中的指令（图 10.1 的 14 行）。

返回 main 函数后，图 10.1 的 14 行～18 行将调用 printf 函数的 3 个参数入栈，过程与调用 NewSwap 函数相同。从 printf 函数返回后，1A 行的指令将 EAX 寄存器赋值为 0，将 EAX 作为返回值寄存器。最后返回 main 函数的调用者，即操作系统。

10.2.3 示例 2：BubbleSort 函数在 x86 上的实现

BubbleSort 函数在 x86 上的实现

对图 9.9 中的冒泡排序程序使用 GCC，得到图 10.4 和图 10.5 所示的 x86 汇编代码。图 10.6 所示为调用 BubbleSort 函数前后的运行时栈情况。

```
        .text                               ; 代码区
        .globl  _main
        ;
_main:
        push    ebp                         ; 保存帧指针
        mov     ebp, esp                    ; 调整帧指针
        and     esp, -16                    ; 栈帧对齐
        sub     esp, 64                     ; 分配栈帧
        ;
        mov     DWORD PTR [esp+60], 0       ; M[esp+60]←0, index=0
        ; 省略调用 scanf 函数的相关代码
        mov     DWORD PTR [esp+4], 10       ; M[esp+4]←10,参数 n=10
        lea     eax, [esp+20]               ; eax←esp+20, &numbers[0]
        mov     DWORD PTR [esp], eax        ; M[esp]←eax,参数 list=&numbers[0]
        call    _BubbleSort
        ; 省略调用 printf 函数的相关代码
        mov     eax, 0                      ; return 0
        leave                               ; 栈帧弹出
        ret                                 ; 返回
```

图 10.4 main 函数的 x86 汇编代码

```
        .globl _BubbleSort
_BubbleSort:
        push    ebp                         ; 保存帧指针
        mov     ebp, esp                    ; 调整帧指针
        sub     esp, 16                     ; 分配栈帧
        mov     DWORD PTR [ebp-4], 1        ; M[ebp-4]←1, i=1
        jmp     L7
L11:
        mov     DWORD PTR [ebp-8], 1        ; M[ebp-8]←1, j=1
        jmp     L8
L10:
        mov     eax, DWORD PTR [ebp-8]      ; j
        dec     eax                         ; j-1
        sal     eax, 2                      ; (j-1)*4
        add     eax, DWORD PTR [ebp+8]      ; eax←M[ebp+8]+(j-1)*4, &list[j-1]
        mov     edx, DWORD PTR [eax]        ; edx←M[eax], list[j-1]
        mov     eax, DWORD PTR [ebp-8]      ; j
        sal     eax, 2                      ; j*4
        add     eax, DWORD PTR [ebp+8]      ; eax←M[ebp+8]+(j)*4, &list[j]
        mov     eax, DWORD PTR [eax]        ; list[j]
        cmp     edx, eax                    ; list[j-1]-list[j]
        jle     L9                          ; list[j-1]<=list[j]?
        mov     eax, DWORD PTR [ebp-8]      ; j
        dec     eax                         ; j-1
        sal     eax, 2                      ; (j-1)*4
        add     eax, DWORD PTR [ebp+8]      ; &list[j-1]
        mov     eax, DWORD PTR [eax]        ; list[j-1]
        mov     DWORD PTR [ebp-12], eax; M[ebp-12]←eax, temp=list[j-1]
        mov     eax, DWORD PTR [ebp-8]      ; j
        dec     eax                         ; j-1
        sal     eax, 2                      ; (j-1)*4
        add     eax, DWORD PTR [ebp+8]      ; &list[j-1]
        mov     edx, DWORD PTR [ebp-8]      ; j
        sal     edx, 2                      ; j*4
        add     edx, DWORD PTR [ebp+8]      ; &list[j]
        mov     edx, DWORD PTR [edx]        ; list[j]
        mov     DWORD PTR [eax], edx        ; list[j-1]=list[j]
        mov     eax, DWORD PTR [ebp-8]      ; j
        sal     eax, 2                      ; j*4
        add     eax, DWORD PTR [ebp+8]      ; &list[j]
        mov     edx, DWORD PTR [ebp-12]; temp
        mov     DWORD PTR [eax], edx        ; list[j]=temp
L9:
        inc     DWORD PTR [ebp-8]           ; j++
L8:
        mov     eax, DWORD PTR [ebp-4]      ; i
        mov     edx, DWORD PTR [ebp+12]; 形参 n
        mov     ecx, edx
        sub     ecx, eax                    ; n-i
        mov     eax, ecx
```

图 10.5 BubbleSort 函数的 x86 汇编代码

```
        cmp     eax, DWORD PTR [ebp-8] ; n-i - j
        jge     L10                    ; n-i >= j
        inc     DWORD PTR [ebp-4]      ; i++
L7:
        mov     eax, DWORD PTR [ebp+12]; n
        dec     eax                    ; n-1
        cmp     eax, DWORD PTR [ebp-4] ; n-1 - i
        jge     L11                    ; n-1 >= i
        leave                          ; 栈帧弹出
        ret                            ; 返回
```

图 10.5 BubbleSort 函数的 x86 汇编代码（续）

在图 10.4 给出的 main 函数的汇编代码中，省略了调用 scanf 函数和 printf 函数的相关代码。在调用指令 call 之前，main 函数的栈帧中从 EBP 所指的单元到 ESP 所指的单元这一段内存空间中自上而下依次存放了进入 main 函数之前的 EBP 的值、局部变量 index、数组 numbers 的 10 个元素、调用 BubbleSort 函数的参数。由于栈帧共分配了 64 个单元（08 行），numbers[0]和参数之间有一些内存单元（12 个单元）未被使用，如图 10.6（a）所示。

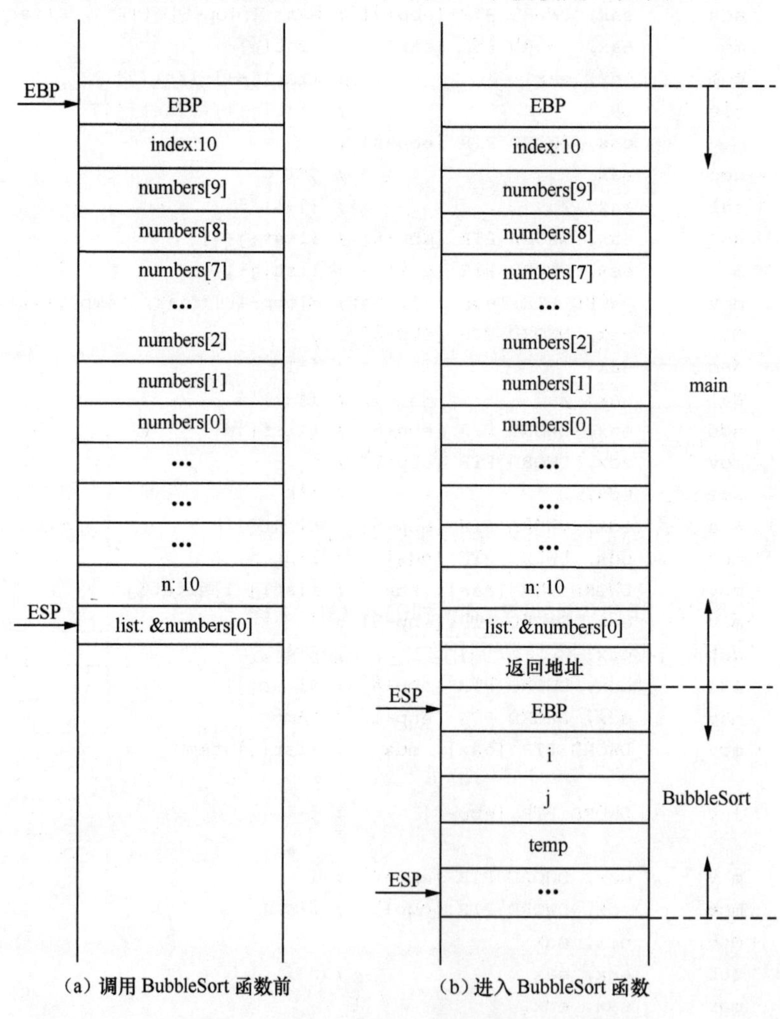

图 10.6 调用 BubbleSort 函数前后的运行时栈情况

main 函数使用指令 call，先将返回地址压栈，再进入 BubbleSort 函数。在 BubbleSort 函数的栈帧中，从帧指针 EBP 所指的单元到栈指针 ESP 所指的单元这一段内存空间中自上而下依次存放了 main 函数的帧指针寄存器 EBP 的值、局部变量 i、局部变量 j 和 temp，如图 10.6（b）所示。由于为 BubbleSort 函数分配的栈帧为 16 个单元（图 10.5 的 05 行），栈顶的单元未被使用。可以看出，在 EBP+4 的内存单元中，存储的是返回地址，在 EBP+8 的内存单元中，存储的是第 1 个参数，在 EBP+12 的内存单元中，存储的是第 2 个参数。

在 BubbleSort 函数中，可以使用帧指针访问调用者传递的参数。图 10.5 的 0F 行通过将 EBP 的值加上偏移量 8，计算出一个内存地址，读出该地址中的数据，就得到参数 list 的值，即 numbers[0]的地址，再与 EAX 寄存器中的值“(j-1)*4”相加，得到 list[j-1]的地址，即 numbers[j-1]的地址。图 10.5 的 2F 行通过将 EBP 的值加上偏移量 12，计算出一个内存地址，读出该地址中的数据，就得到参数 n 的值。

图 10.5 的 0D 行使用指令 dec，该指令为算术运算指令，功能为递减。图 10.5 的 0E 行使用指令 sal，该指令为算术左移运算指令，功能为乘 2 的 n 次方。

通过 BubbleSort 函数的汇编代码，可以看出，由于 x86 的通用寄存器较少，且只有 EAX 和 EDX 可用于在运算过程中存储临时数据，因此，与 RISC-V 的汇编代码相比，重复代码较多。例如，图 10.5 的 0C 行～0F 行得到 list[j-1]的地址，由于存储该地址的 EAX 寄存器在接下来的指令中又用于存储其他值，因此，当再次获取 list[j-1]的地址时，必须重新执行这 4 行代码，如 17 行～1A 行、1D 行～20 行。同理，11 行～13 行、21 行～23 行、26 行～28 行的代码都相同，都用来计算 list[j]的地址。

10.2.4　示例 3：编译器与++/−−运算符

编译器与++运算符

在编写 C 程序时，有如下建议。

在一个表达式中，自增（++）和自减（−−）运算符不应同其他运算符混合在一起。例如，“sum=sum++ +i”这个表达式中既有自增运算符，又有加法和赋值运算符，这就是一个不建议采用的表达式。

这是因为这样的表达式削弱了代码的可读性，还有更重要的一点，该表达式在不同的编译环境下会产生不同的结果。以图 10.7 中的代码为例，其在 Visual Studio 和 Dev-C++编译环境下，会产生不同的结果。按照函数调用约定，main 函数的栈帧情况如图 10.8 所示。

```
#include <stdio.h>

int main( ){
    int sum = 0;
    int i = 0;
    sum = sum++ +i;
    printf ( "%d %d\n", sum, i );
}
```

图 10.7　将++与其他运算符混合使用的表达式示例

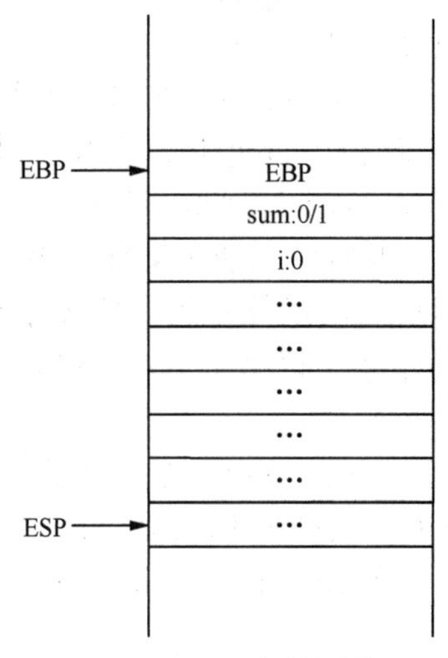

图 10.8　main 函数的栈帧情况

1. Visual Studio 编译环境

使用 Visual Studio 编译并运行这个 C 程序，输出结果为“1 0”，即 sum 的计算结果为 1，i 不变。在 Visual Studio 集成开发环境中，通过在“sum=sum++ +i;”语句处设置断点，开始调试，打开反汇编窗口和内存窗口，可以查看该语句编译后的汇编代码。

```
          ; sum = sum++ + i;
01        mov      eax,dword ptr [sum]      ; EAX←M[sum], 0
02        add      eax,dword ptr [i]        ; EAX←EAX+M[i], 0
03        mov      dword ptr [sum],eax      ; M[sum]←EAX, 0
04        mov      ecx,dword ptr [sum]      ; ECX←M[sum],0
05        add      ecx,1                    ; ECX←ECX+1
06        mov      dword ptr [sum],ecx      ; M[sum]←ECX, 1
```

分析汇编代码，01 行～03 行完成了“sum = sum + i”，sum 得到 0，04 行～06 行完成了“sum = sum + 1”，sum 得到 1，而 i 保持不变，即“sum++”是第 2 个加法运算。

2. Dev-C++编译环境

使用 Dev-C++编译并运行这个 C 程序，输出结果为“0 0”，即 sum 的计算结果为 0，i 不变。由于 Dev-C++使用的是 GCC，使用该编译器的编译命令“gcc -S -masm=intel -m32 *.c”，生成 Intel 格式的 x86 汇编文件，可以查看“sum=sum++ +i;”语句的汇编代码。

```
01          mov     eax, DWORD PTR [esp+28]      ; EAX←M[ESP+28], sum
02          lea     edx, [eax+1]                 ; EDX← EAX+1, sum+1
03          mov     DWORD PTR [esp+28], edx      ; M[ESP+28]←EDX, sum=sum+1
04          mov     edx, DWORD PTR [esp+24]      ; EDX←M[ESP+24], i
05          add     eax, edx                     ; EAX←EAX+EDX, sum递加前的值+i,0
06          mov     DWORD PTR [esp+28], eax      ; M[EBP-4]←EAX, sum=0
```

01 行取出栈帧中 sum 的值，加载到 EAX 寄存器中；02 行将 EAX 中的值加 1，并将加法结果存储到 EDX 寄存器中；03 行将这个加法结果存回栈帧中 sum 所在的单元。也就是说，01 行～03 行完成了“sum = sum + 1”，sum 得到 1。与 Visual Studio 编译结果比较，这里先进行了“sum++”。

04 行取出 i 的值 0，05 行将 i 的值与 EAX 中的值相加。注意，此时 EAX 中的值是 01 行得到的 sum 的值，是 0，因此加法结果为 0。06 行将加法结果存回栈帧中 sum 所在的单元，所以，sum 得到 0，i 保持不变。

从对以上两个编译结果的分析可以看出，在一个混合了多种运算符的表达式中，自增或自减运算符的求值顺序是取决于编译器的。因为这种表达式中的“++/−−”的求值顺序是 C 语言中没有明确定义的，编译器可以自行定义，不同的编译器给出的定义可能不相同。

因此，在某一个编译器下能够如期运行的、没有明确定义行为的代码，在另一个编译器下可能会产生不同的结果。

图 10.7 中的“sum=sum++ +i;”应改为如下有明确定义行为的代码：

```
sum = sum + i;
sum++;
```

在此，不需要追求代码紧凑，因为紧凑的代码也并不会产生高效的机器代码。无论是在 Visual Studio 编译环境下还是在 Dev-C++编译环境下，都需要执行两次加法指令。

习题

10-1　有如下 switch 语句：

```
int result = 0;
switch (x) {
case 1:
     result += 1;
     break;
case 2:
     result += 2;
case 3:
     result += 3;
     break;
case 4:
case 5:
     result += 5;
     break;
default:
     result = 0;
}
```

（1）请使用 GCC，查看该 switch 语句的汇编代码；

（2）将此 switch 语句转化为级联的 if-else 语句，查看级联的 if-else 语句的汇编代码；

（3）将级联的 if-else 语句与 switch 语句的汇编代码进行对比，比较当 x 的值分别为 0、1、2、3、4、5 和 6 时，执行的指令数目。

10-2　有如下程序：

```
#include <stdio.h>

void Swap (int x, int y);

int main()
{
     int x = 1;
     int y = 2;
     printf ("x = %d, y = %d\n ", x, y);

     Swap (x, y);
     printf ("x = %d, y = %d\n ", x, y);
}

void Swap (int x, int y)
{
     int temp;

     temp = x;
     x = y;
     y = temp;
```

```
    printf ("x = %d, y = %d\n ", x, y);
}
```

（1）说明程序的输出；

（2）请使用 GCC，生成 x86 汇编文件，并查看该汇编文件，画出调用 Swap 函数前后的运行时栈情况，并标出相关单元的内容。

10-3 计算第 n 个斐波纳契数的递归 C 函数如下。

```
int Fibonacci (int n)
{
    int sum;

    if (n == 0 || n==1)
        return 1;
    else {
        sum = (Fibonacci (n - 1) + Fibonacci (n - 2));
        return sum;
    }
}
```

（1）请使用 GCC，生成 x86 汇编文件，并查看该汇编文件，画出调用 Fibonacci(3)的运行时栈情况，并标出相关单元的内容；

（2）将此递归函数转化为非递归函数（使用 for 循环实现），查看新的汇编文件，画出调用 Fibonacci 函数前后的运行时栈情况，并标出相关单元的内容。

10-4 请使用 GCC 查看 StringLength 函数的 x86 汇编代码，画出调用 StringLength 函数前后的运行时栈情况，并标出相关单元的内容。提示：char 类型仅占 1 字节。

```
int StringLength (char string[]) {
    int index = 0;

    while (string[index] != '\0')
        index = index + 1;

    return index;
}
```

10-5 有如下程序：

```
#include <stdio.h>

void P ( int * );

int a = 3;
int b = 4;

int main ( )
{
    int* p = &a;
    P ( p );
    printf ( "%d\n", *p );
}
```

```
void P ( int* p )
{
        p = &b;
        *p = 5;
}
```

（1）说明程序的输出；

（2）请使用 GCC，生成 x86 汇编文件，并查看该汇编文件，画出调用 P 函数前后的运行时栈和静态数据区的情况，并标出相关单元的内容。

提示：a 和 b 是全局变量，位于静态数据区（.data）。

参考文献

[1] PATTERSON D A，HENNESSY J L. Computer organization and design RISC-V edition: the hardware software interface[M]. Morgan Kaufmann，2017.

[2] PATTERSON D A，HENNESSY J L. Computer organization and design: the hardware/software interface[M]. 2th ed. Morgan Kaufmann，1997.

[3] PATTERSON D A，HENNESSY J L. Computer organization and design: the hardware/software interface[M]. 3th ed. Morgan Kaufmann，2004.

[4]HENNESSY J L，PATTERSON D A. Computer architecture: a quantitative approach[M]. 6th ed. Morgan Kaufmann，2017.

[5]HENNESSY J L, PATTERSON D A. Computer architecture: a quantitative approach[M]. 2th ed. Morgan Kaufmann，1996.

[6] PATTERSON D，WATERMAN A. The RISC-V reader: an open architecture atlas[M]. Strawberry Canyon，2017.

[7] PATT Y, PATEL S. Introduction to computing systems: from bits & gates to C & beyond[M]. 2th ed. McGraw-Hill Higher Education，2004.

[8] PATT Y, PATEL S. Introduction to computing systems: from bits & gates to C/C++ & beyond[M]. 3th ed. McGraw-Hill Higher Education，2019.

[9] KERNIGHAN B W，RITCHIE D M. The C programming language[M]. 2th ed. Prentice-Hall，1988.

[10] GAJSKI D D. Principles of digital design[M]. Prentice-Hall，1996.

[11] IRVINE K R. Assembly language for x86 processors[M]. 7th ed. Pearson，2014.